河北蔚县壶流河湿地
鸟类图鉴

赵志军 主编

中国林业出版社
China Forestry Publishing House

图书在版编目（CIP）数据

河北蔚县壶流河湿地鸟类图鉴 / 赵志军主编. -- 北京：中国林业出版社，2024.5
　　ISBN 978-7-5219-2705-4

Ⅰ.①河… Ⅱ.①赵… Ⅲ.①沼泽化地—鸟类—蔚县—图集 Ⅳ.①Q959.708-64

中国国家版本馆CIP数据核字(2024)第094867号

策划编辑：肖　静
责任编辑：袁丽莉　肖　静
装帧设计：北京八度出版服务机构

———————————

出版发行：中国林业出版社
　　　　（100009，北京市西城区刘海胡同7号，电话 83143577）
电子邮箱：cfphzbs@163.com
网址：www.cfph.net
印刷：河北京平诚乾印刷有限公司
版次：2024年5月第1版
印次：2024年5月第1次
开本：710mm×1000mm　1/16
印张：17.25
字数：200千字
定价：88.00元

《河北蔚县壶流河湿地鸟类图鉴》
编辑委员会

主　　　任：刘瑞格　付中权
副 主 任：支向阳　任明星
委　　　员：赵志军　陈克林　吕　咏　杨秀芝　邢小军
　　　　　　王　静　闫东波　张文军　贾　忠

策　　　划：李瑞林
顾　　　问：李星生　张喜德　李新威　吴素琴　郑　颖
监　　　制：陈　江

主　　　编：赵志军
执行主编：陈克林
编　　　委：吕　咏　杨秀芝　邢小军　王宝军　刘建刚
　　　　　　董绍献　郭利雄　张　捷　解　君
摄　　　影：李星生　张喜德　吴素琴　郭联忠　冉志刚
　　　　　　乔春夏　曲永静　马　汉　谢宏伟　张弘强
　　　　　　张永刚　赵全胜　王　葳　聂延秋　乔振忠
　　　　　　邢小军　王　涛　普小燕　单国锋　张汉军
　　　　　　杨　芳　戎志强　袁　晓　浴室先生

河北蔚县壶流河湿地 鸟类图鉴

目 录

引　言　/001

雁形目 ANSERIFORMES
鸭科 Anatidae　/005
斑头雁　/005
灰雁　/006
鸿雁　/008
豆雁　/010
小天鹅　/011
大天鹅　/012
赤麻鸭　/014
鸳鸯　/016
白眉鸭　/018
琵嘴鸭　/019
赤膀鸭　/020
罗纹鸭　/021
赤颈鸭　/022
斑嘴鸭　/023
绿头鸭　/024
针尾鸭　/025
绿翅鸭　/026
红头潜鸭　/027
凤头潜鸭　/028
鹊鸭　/030
斑头秋沙鸭　/031
普通秋沙鸭　/032

鸡形目 GALLIFORMES
雉科 Phasianidae　/033
斑翅山鹑　/033
雉鸡　/034
石鸡　/036

䴙䴘目 PODICIPEDIFORMES
䴙䴘科 Podicipedidae　037
小䴙䴘　/037
凤头䴙䴘　/038
黑颈䴙䴘　/039

鹳形目 CICONIIFORMES
鹳科 Ciconiidae　/040
黑鹳　/040

鹈形目 PELECANIFORMES
鹮科 Threskiornithidae　/041
黑头白鹮　/041
白琵鹭　/042
鹭科 Ardeidae　/043
大麻鳽　/043
黄苇鳽　/044
紫背苇鳽　/045

栗苇鳽　/046
夜鹭　/047
绿鹭　/048
池鹭　/049
牛背鹭　/050
苍鹭　/051
草鹭　/052
大白鹭　/054
白鹭　/055
鹈鹕科 Pelecanidae　/056
　卷羽鹈鹕　/056

鲣鸟目 SULIFORMES
鸬鹚科 Phalacrocoracidae　/057
　普通鸬鹚　/057

鹰形目 ACCIPITRIFORMES
鹗科 Pandionidae　/058
　鹗　/058
鹰科 Accipitridae　/060
　凤头蜂鹰　/060
　金雕　/061
　赤腹鹰　/062
　雀鹰　/063
　苍鹰　/064
　白腹鹞　/065
　白尾鹞　/066
　草原鹞　/067
　鹊鹞　/068
　黑鸢　/070
　大鵟　/071

鸨形目 OTIDIFORMES
鸨科 Otididae　/072
　大鸨　/072

鹤形目 GRUIFORMES
秧鸡科 Rallidae　/074
　普通秧鸡　/074

黑水鸡　/075
白骨顶　/076
小田鸡　/077
鹤科 Gruidae　/078
　白枕鹤　/078
　蓑羽鹤　/079
　丹顶鹤　/080
　灰鹤　/082

鸻形目 CHARADRIIFORMES
反嘴鹬科 Recurvirostridae　/084
　黑翅长脚鹬　/084
　反嘴鹬　/085
鸻科 Charadriidae　/086
　凤头麦鸡　/086
　灰头麦鸡　/087
　金斑鸻　/088
　金眶鸻　/089
　环颈鸻　/090
　蒙古沙鸻　/092
　铁嘴沙鸻　/093
丘鹬科 Scolopacidae　/094
　白腰杓鹬　/094
　斑尾塍鹬　/095
　黑尾塍鹬　/096
　翻石鹬　/097
　阔嘴鹬　/098
　长嘴半蹼鹬　/100
　丘鹬　/102
　针尾沙锥　/103
　大沙锥　/104
　扇尾沙锥　/105
　矶鹬　/106
　白腰草鹬　/107
　红脚鹬　/108
　林鹬　/110

鹤鹬　/112
青脚鹬　/113
燕鸻科 Glareolidae　/114
　普通燕鸻　/114
鸥科 Laridae　/115
　红嘴鸥　/115
　遗鸥　/116
　普通海鸥　/118
　西伯利亚银鸥　/119
　黄腿银鸥　/120
　白额燕鸥　/121
　普通燕鸥　/122
　须浮鸥　/123

鸽形目 COLUMBIFORMES
鸠鸽科 Columbidae　/124
　岩鸽　/124
　山斑鸠　/125
　灰斑鸠　/126
　火斑鸠　/127
　珠颈斑鸠　/128

鹃形目 CUCULIFORMES
杜鹃科 Cuculidae　/129
　四声杜鹃　/129
　大杜鹃　/130

鸮形目 STRIGIFORMES
鸱鸮科 Strigidae　/131
　纵纹腹小鸮　/131
　领角鸮　/132
　短耳鸮　/133

夜鹰目 CAPRIMULGIFORMES
夜鹰科 Caprimulgidae　/134
　普通夜鹰　/134

雨燕目 APODIFORMES
雨燕科 Apodidae　/135
　普通雨燕　/135

白腰雨燕　/136

佛法僧目 CORACIIFORMES
佛法僧科 Coraciidae　/137
　三宝鸟　/137
翠鸟科 Alcedinidae　/138
　蓝翡翠　/138
　普通翠鸟　/139
　冠鱼狗　/140

犀鸟目 BUCEROTIFORMES
戴胜科 Upupidae　/141
　戴胜　/141

䴕形目 PICIFORMES
啄木鸟科 Picidae　/142
　蚁䴕　/142
　星头啄木鸟　/143
　大斑啄木鸟　/144
　灰头绿啄木鸟　/145

隼形目 FALCONIFORMES
隼科 Falconidae　/146
　红隼　/146
　红脚隼　/147
　燕隼　/148
　猎隼　/149
　游隼　/150

雀形目 PASSERIFORMES
鹃䴗科 Campephagidae　/151
　长尾山椒鸟　/151
伯劳科 Laniidae　/152
　牛头伯劳　/152
　红尾伯劳　/153
　楔尾伯劳　/154
黄鹂科 Oriolidae　/155
　黑枕黄鹂　/155
卷尾科 Dicruridae　/156
　发冠卷尾　/156

黑卷尾　/157
王鹟科 Monarchidae　/158
　　寿带　/158
鸦科 Corvidae　/159
　　松鸦　/159
　　灰喜鹊　/160
　　红嘴蓝鹊　/161
　　喜鹊　/162
　　星鸦　/163
　　红嘴山鸦　/164
　　达乌里寒鸦　/165
　　秃鼻乌鸦　/166
　　小嘴乌鸦　/167
　　白颈鸦　/168
　　大嘴乌鸦　/169
太平鸟科 Bombycillidae　/170
　　太平鸟　/170
山雀科 Paridae　/171
　　煤山雀　/171
　　黄腹山雀　/172
　　沼泽山雀　/173
　　褐头山雀　/174
　　大山雀　/175
攀雀科 Remizidae　/176
　　中华攀雀　/176
文须雀科 Panuridae　/177
　　文须雀　/177
百灵科 Alaudidae　/178
　　云雀　/178
　　凤头百灵　/179
鹎科 Pycnonotidae　/180
　　白头鹎　/180
燕科 Hirundinidae　/181
　　崖沙燕　/181
　　岩燕　/182

　　家燕　/183
　　烟腹毛脚燕　/184
　　金腰燕　/185
长尾山雀科 Aegithalidae　/186
　　银喉长尾山雀　/186
柳莺科 Phylloscopidae　/187
　　云南柳莺　/187
　　棕眉柳莺　/188
　　巨嘴柳莺　/189
　　褐柳莺　/190
　　极北柳莺　/191
苇莺科 Acrocephalidae　/192
　　东方大苇莺　/192
　　黑眉苇莺　/194
　　钝翅苇莺　/194
扇尾莺科 Cisticolidae　/195
　　棕扇尾莺　/195
噪鹛科 Leiothrichidae　/196
　　山噪鹛　/196
鸦雀科 Paradoxornithidae　/197
　　山鹛　/197
　　棕头鸦雀　/198
绣眼鸟科 Zosteropidae　/199
　　暗绿绣眼鸟　/199
鹪鹩科 Troglodytidae　/200
　　鹪鹩　/200
䴓科 Sittidae　/201
　　黑头䴓　/201
旋壁雀科 Tichodromidae　/202
　　红翅旋壁雀　/202
旋木雀科 Certhiidae　/203
　　旋木雀　/203
椋鸟科 Sturnidae　/204
　　灰椋鸟　/204
　　北椋鸟　/205

鸫科 Turdidae　　/206
　　乌鸫　/206
　　白眉鸫　/207
　　赤胸鸫　/208
　　赤颈鸫　/209
　　斑鸫　/210
鹟科 Muscicapidae　　/211
　　乌鹟　/211
　　北灰鹟　/212
　　蓝喉歌鸲　/213
　　红喉歌鸲　/214
　　红胁蓝尾鸲　/215
　　白眉姬鹟　/216
　　鸲姬鹟　/217
　　红喉姬鹟　/218
　　北红尾鸲　/219
　　红腹红尾鸲　/220
　　红尾水鸲　/221
　　蓝矶鸫　/222
　　黑喉石䳭　/224
　　白顶䳭　/225
雀科 Passeridae　　/226
　　山麻雀　/226
　　麻雀　/228
岩鹨科 Prunellidae　　/229
　　领岩鹨　/229
　　棕眉山岩鹨　/230
鹡鸰科 Motacillidae　　/231
　　山鹡鸰　/231
　　黄鹡鸰　/232
　　黄头鹡鸰　/233
　　灰鹡鸰　/234
　　白鹡鸰　/235
　　理氏鹨　/236
　　树鹨　/237
燕雀科 Fringillidae　　/238
　　燕雀　/238
　　锡嘴雀　/239
　　黑尾蜡嘴雀　/240
　　普通朱雀　/241
　　中华朱雀　/242
　　长尾雀　/243
　　北朱雀　/244
　　金翅雀　/245
　　黄雀　/246
铁爪鹀科 Calcariidae　　/248
　　铁爪鹀　/248
鹀科 Emberizidae　　/250
　　白头鹀　/250
　　灰眉岩鹀　/252
　　三道眉草鹀　/253
　　白眉鹀　/254
　　栗耳鹀　/255
　　小鹀　/256
　　黄眉鹀　/257
　　田鹀　/258
　　黄喉鹀　/259
　　黄胸鹀　/260
　　栗鹀　/261
　　灰头鹀　/262
　　苇鹀　/263

中文名索引　/264
学名索引　/266

引 言

　　蔚县，古称蔚州，全国历史文化名城，地处河北省西北部，东临北京，南接保定，西依山西大同，北枕塞外古城张家口。壶流河发源于山西广灵，由西向东流经河北蔚县、阳原县，注入桑干河，流入渤海。其县内支流定安河，起源于河北省最高峰小五台山，汇入壶流河。壶流河是蔚县最大的常年河，被称为蔚县的"母亲河"，蔚县境内流长73千米。

　　壶流河流域有着深厚的历史文化。壶流河湿地周边名胜古迹众多，有200万年前的东亚人类起源地泥河湾遗址和6000多年前的新石器时代仰韶文化，有春秋战国时期的古代国遗址和辽代的南安寺塔、明代的玉皇阁，以及释迦寺、重泰寺、华严寺等。古城堡、古民居、古戏楼、古寺庙星罗棋布，被誉为"河北省古建筑艺术博物馆"。最负盛名的是古堡和戏楼，历史上就有"八百庄堡"之说，村村有堡，堡堡有庙宇戏楼，堡连堡成镇，现存比较完好的古堡仍有158座，古戏楼300多座。我国著名古建筑学家罗哲文先生这样评价蔚县："在世界的东方，存在着人类的一个奇迹，这是中国的万里长城。在长城脚下，还存在着另一个奇迹，那是河北蔚县的古城堡。"蔚县剪纸是第一批国家非物质文化遗产，享誉国内外，展现了蔚县壶流河湿地丰富的历史文化资源。

壶流河湿地属半干旱大陆性季风气候区，恒山、太行山、燕山三山交汇于此。该湿地与其东侧的河北蔚县小五台山国家级自然保护区、西南侧的山西广灵壶流河省级自然保护区和南侧的河北蔚县飞狐峪省级森林公园共同构成了完整的区域生态保护体系，重要且特殊的地理区位使其孕育了丰富的生物多样性。壶流河紧邻我国具有国际意义的35个生物多样性保护优先区域之一的太行山地区，是生物多样性保护和生物学研究的热点地区。壶流河湿地自然环境优良，湿地类型多样，为野生动植物生长、栖息营造了优良的环境，具有重要的生物多样性保育价值。壶流河不仅与下游桑干河、官厅水库的水生安全息息相关，还是永定河的上游，关系到北京地区的用水安全，壶流河湿地是推进首都北京水源涵养功能区和生态环境支撑区建设的坚实保障。由于其位置独特和生态环境条件优越，最大程度地保护壶流河生态环境，维护地区生物多样性，对促进京津冀协调发展具有十分重要的意义。

自2017年起，蔚县对境内壶流河沿线湿地进行生态修复和保护，建立壶流河湿地公园，提升水质，恢复河流生态系统。2017年12月，国家林业局批准设立河北蔚县壶流河国家湿地公园试点。自试点建设以来，蔚县县委、县政府采取措施，加强了保护工作，取得明显成效。

河北蔚县壶流河国家湿地公园是东亚—澳大利西亚候鸟迁徙路线上重要的通道和补给站，生态区位十分重要。

这里鸟类资源丰富，每年春秋两季，成千上万只鸟类迁徙途径壶流河湿地，在此停歇和觅食。其中，记录到鸟类20目61科235种。按目分类，种数最多的为雀形目和鸻形目；雀形目共包含33科（占科总数的54.1%）108种（占种总数的46.0%）；鸻形目包括5科（占科总数的8.2%）34种（占种总数的14.5%）；雁形目包含1科（占科总数的1.6%）22种（占种总数的9.4%）；鸡形目和鹤形目物种数分别为15种和12种。其中，水鸟共7个目，鸻形目的鸟类种数最多，为34种，占统计总数的14.5%；其次是雁形目种数22种，占统计总数的9.4%；鹈形目种数15种，占统计总数的6.4%；鹤形目种数8种，占统计总数的3.4%；鹳形目和鲣鸟目各1种，这两目的水鸟种类最少。

对照《世界自然保护联盟濒危物种红色名录》（以下简称《IUCN红色名录》），河北蔚县壶流河国家湿地公园有极危物种1种，为黄胸鹀（*Emberiza aureola*）；濒危物种1种，为猎隼（*Falco cherrug*）；易危物种9种，分别为鸿雁（*Anser cygnoides*）、红头潜鸭（*Aythya ferina*）、大鸨（*Otis tarda*）、白枕鹤（*Antigone vipio*）、丹顶鹤（*Grus japonensis*）、遗鸥（*Larus relictus*）、蓝翡翠（*Halcyon pileata*）、白颈鸦（*Corvus torquatus*）、田鹀（*Emberiza rustica*）；近危物种8种，分别为罗纹鸭（*Mareca falcata*）、黑头白鹮（*Threskiornis melanocephalus*）、卷羽鹈鹕（*Pelecanus crispus*）、草原鹞（*Circus macrourus*）、凤头麦鸡（*Vanellus vanellus*）、白腰杓鹬（*Numenius arquata*）、斑尾塍鹬（*Limosa lapponica*）、黑尾塍鹬（*Limosa limosa*）；共有19种水鸟被列入《IUCN红色名录》。

对照《中国国家重点保护野生动物名录（2021）》，河北蔚县壶流河国家湿地公园有国家重点保护鸟类44种。其中，国家一级保护鸟类9种，分别为黑鹳（*Ciconia boyciana*）、黑头白鹮（*Threskiornis melanocephalus*）、卷羽鹈鹕（*Pelecanus crispus*）、金雕（*Aquila chrysaetos*）、大鸨（*Otis tarda*）、白枕鹤（*Antigone vipio*）、丹顶鹤（*Grus japonensis*）、遗鸥（*Larus relictus*）、黄胸鹀（*Emberiza aureola*）；国家二级保护鸟类35种，包括白琵鹭（*Platalea leucorodia*）、小天鹅（*Cygnus columbianus*）、灰鹤（*Grus grus*）等。

本书共收录河北蔚县壶流河国家湿地公园记录的鸟类20目61科235种，对每种鸟的分类、学名、中文名、生态特征、生活习性、分布情况、食物及保护级别等，进行了详细描述。同时，为每个鸟种配以若干张生态图片，对这些鸟种的形态进行了生动展示。

本书的文字部分参考了《东亚鸟类野外手册》《中国鸟类野外手册（2022）》*A Field Guide to the Waterbirds of Asia*等；分类系统、排列顺序、学名、中文名、保护级别等，参考了《中国鸟类野外手册（2022）》和《中国观鸟年报——中国鸟类名录10.0（2022）》。在图片收集和编辑过程中，本书得到了当地政府有关部门和许多摄影爱好者的大力支持，在此表示衷心感谢。因本书为首版发行，限于编者水平，不到之处在所难免，请读者批评指正。

本书编辑委员会

2024年4月

雁形目　ANSERIFORMES

雁形目 ANSERIFORMES

鸭科 Anatidae

斑头雁（学名：*Anser indicus*）

中型雁类，体长62~85厘米，体重2~3千克。通体大都灰褐色。头和颈侧白色，头顶有2道黑色带斑，在白色头上极为醒目。

越冬于低地湖泊、河流和沼泽地。繁殖于高原湖泊，尤喜咸水湖，也选择淡水湖和开阔而多沼泽地带。性喜集群，繁殖期、越冬期和迁徙季节，均成群活动。

主要以禾本科和莎草科植物的叶、茎，以及青草和豆科植物种子等植物性食物为食，也吃贝类、软体动物和其他小型无脊椎动物。

分布于中亚地区、克什米尔地区及蒙古国，越冬于印度、巴基斯坦、缅甸和中国（云南）等地。

灰雁（学名：*Anser anser*）

体形较大，体长76~89厘米，体重2.5~4.1千克。喙粉红色，嘴基有一条窄的白纹，繁殖期间呈锈黄色，有时白纹不明显。头顶和后颈褐色；背和两肩灰褐色，具棕白色羽缘；腰灰色，腰的两侧白色，翅上初级覆羽灰色，其余翅上覆羽灰褐色至暗褐色，飞羽黑褐色，尾上覆羽白色，尾羽褐色，具白色端斑和羽缘；最外侧两对尾羽全白色。头侧、颏和前颈灰色，胸、腹污白色，杂有不规则的暗褐色斑，由胸向腹逐渐增多。两胁淡灰褐色，羽端灰白色，尾下覆羽白色。虹膜褐色，嘴肉色，跗跖亦为肉

雁形目 ANSERIFORMES

色。雌雄无明显差异。幼鸟上体暗灰褐色,胸和腹前部灰褐色,没有黑色斑块,两胁亦缺少白色横斑。

栖息于开阔的大型湖泊、水库、滩涂草洲和农田等湿地生境中。一般集大群活动,群体数量多时可达数千只。主要以滩涂草洲的各种草本植物为食,偶尔在农田中取食散落的稻谷。营巢于水边草丛或芦苇丛中。

分布于我国东北、西北、华北、东南沿海及长江中下游等地,欧洲、非洲(北部)、亚洲(中部)及俄罗斯、伊拉克、印度、印度尼西亚等地也有分布。

鸿雁（学名：Anser cygnoides）

　　体型较大，体长81～94厘米，体重2.85～3.5千克。喙长、黑色，且基部有狭窄白边。体色浅灰褐色，头顶到后颈暗棕褐色，前颈近白色。从远处看头顶和后颈黑色，前颈近白色，黑白两色分明，反差强烈。尾下覆羽亦为白色，两胁暗褐色，具棕白色羽端。翼下覆羽及腋羽暗灰色。虹膜红褐色或金黄色，跗蹠橙黄色或肉红色。雄鸟上嘴基部有一疣状突。

　　主要栖息于开阔平原和平原草地上的湖泊、水塘、河流、沼泽及其附近地区，特别是平原上湖泊附近水生植物茂密的地方，有时亦出现在山地平原和河谷地区。冬季则多栖息在大的湖泊、水库、海滨、河口和海湾及其附近的草地和农田。在换羽或幼鸟没有飞行能力时，多在河、湖、水库的水域或芦苇丛中活动，遇惊扰时向深水或芦苇中游去。飞行时颈向前伸直，脚贴在腹下，一个接着一个，排列极整齐，成"一"字形或"人"字形，速度缓慢，徐徐向前。性喜结群，常成群活动，特别是迁徙季节，常

雁形目　ANSERIFORMES

集成数十、数百，甚至上千只的大群。觅食多在傍晚和夜间。通常天黑即成群飞往觅食地，清晨才返回湖泊或江河中休息和游泳，有时也在岸边草地或沙滩休息。

主要以各种草本植物的叶、芽等植物性食物为食，包括陆生植物、水生植物等，也吃少量甲壳类和软体动物等动物性食物，特别是繁殖季节。冬季也常到偏远的农田、麦地、豆地觅食农作物。

分布于中国、俄罗斯西伯利亚南部、中亚，从鄂毕河、托博尔河往东，一直到鄂霍次克海岸、堪察加半岛和库页岛；越冬于朝鲜、韩国和日本。在我国主要繁殖于黑龙江、吉林、内蒙古；越冬于长江中下游、山东、江苏、福建、广东等沿海地区，偶见于台湾，也发现少数在辽宁和河北越冬；迁徙时见于新疆北部阿尔泰山脉、西部天山、青海柴达木盆地、河北和河南等地。

豆雁（学名：*Anser fabalis*）

大型鸟类，体长69～80厘米，体重约3千克。外形大小和形状似家鹅。上体灰褐色或棕褐色，下体污白色。嘴黑褐色，具橘黄色带斑。脖子较长。腿位于身体的中心支点，行走自如。有扁平的喙，边缘锯齿状，有助于过滤食物。

主要栖息于开阔平原草地、沼泽、水库、江河、湖泊及沿海海岸和附近农田地区。飞行时双翼拍打用力，振翅频率高。有迁徙的习性，迁飞距离也较远。喜群居，飞行时呈有序的队列，有"一"字形、"人"字形等。

以植物性食物为食。繁殖季节主要吃苔藓、地衣、植物嫩芽与嫩叶、芦苇和一些小灌木，也吃植物果实、种子和少量动物性食物。

豆雁在中国是冬候鸟，还未发现有在中国繁殖的报告。

繁殖于欧亚地区的泰加林，及北欧、西伯利亚从西至东接近北极地区，体形较小的 *johanseni* 亚种在新疆、青海和西藏越冬，*middcndorffii* 亚种迁徙时见于东北和华东，越冬于长江下游、东南沿海和海南。

雁形目 ANSERIFORMES

🕊 小天鹅（学名：*Cygnus columbianus*）

　　大型水禽，体长110～130厘米，体重4～7千克，雌鸟略小。小天鹅与大天鹅在体形上非常相似，同样有长长的脖颈、纯白的羽毛、黑色的脚和蹼，身体稍小一些，颈部和嘴略短，但很难分辩。最容易区分它们的方法是比较嘴基部的黄色部分的大小，大天鹅嘴基的黄色延伸到鼻孔以下，而小天鹅黄色仅限于嘴基的两侧，沿嘴缘不延伸到鼻孔以下。小天鹅的头顶至枕部常略沾棕黄色，虹膜为棕色，嘴端为黑色。小天鹅的鸣声清脆，似"叩、叩"的哨声，而大天鹅的鸣声像喇叭一样。

　　性喜集群，除繁殖期外常呈小群或家族群活动。有时也和大天鹅在一起混群，行动极为小心谨慎，常远离人群和其他危险物。在水中游泳和栖息时，也常在距离岸边较远的地方。性活泼，游泳时颈部垂直竖立。鸣声高而清脆，常常显得有些嘈杂。

　　非繁殖期集群分布于芦苇、水草等水生植物多的湖泊、水库、沼泽、河口和宽阔河流。和其他大天鹅一样集群飞行时呈"V"字形。

　　繁殖于欧亚大陆北部，越冬于欧洲、中亚，在中国越冬于长江中下游和东南沿海。*jankowskii*亚种繁殖于西伯利亚苔原。

　　国家二级保护野生动物。

河北蔚县壶流河湿地 鸟类图鉴

大天鹅（学名：*Cygnus cygnus*）

体形高大，体长120～160厘米，翼展218～243厘米，体重8～12千克，寿命20～25年。嘴黑，嘴基有大片黄色，黄色延至上喙侧缘成尖。游水时颈较疣鼻天鹅直。雄雌同形同色，通体洁白，颈部极长，体态优雅。该物种显著的鉴别特征在喙部，大天鹅的喙部由黑、黄两色组成，黄色区域位于喙的基部，与小天鹅相比，大天鹅喙部的黄色区域更大，超过了鼻孔的位置。

栖息于开阔、水生植物繁茂的浅水水域。性喜集群，除繁殖期外常成群生活，特别是冬季，常成家族群活动，有时成数百只的大群栖息在一

雁形目 ANSERIFORMES

起。昼夜均活动，性机警、胆怯、善游泳。候鸟，迁徙时以小家族为单位，呈"一"字、"人"字或"V"字形队伍飞行。飞行时较疣鼻天鹅静声得多。它是世界上飞得最高的鸟类之一（能和它比高的还有高山兀鹫），能飞越世界屋脊——珠穆朗玛峰，飞行高度可达9000米以上。

主要以水生植物的叶、茎、种子和根茎为食，除植物性食物外，也吃少量动物性食物，如软体动物、水生昆虫和其他水生无脊椎动物。

繁殖于格陵兰岛和欧亚大陆北部，越冬于中欧、中亚，在中国繁殖于新疆、内蒙古和东北，越冬集群活动于长江中下游流域。

国家二级保护野生动物。

河北蔚县壶流河湿地 鸟类图鉴

赤麻鸭（学名：Tadorna ferruginea）

大型戏水鸭。全身橙黄色，略带棕色。头和颈羽色浅，呈淡黄色或带灰色。翼和尾黑色，翼上覆羽白色。眼棕色。嘴端黑色。腿和脚红色，爪黑色。雄鸭生殖季节有黑色的颈环；雌鸭无黑色颈环，头部灰色或白色；雄鸭比雌鸭体形大。

栖息于开阔草原、湖泊、农田等环境中。生性好斗，在冬季，白天整日集群停栖于冰面，未见取食，傍晚鸭群飞离冰面取食。繁殖期4～5月，在草原或荒漠水域附近洞穴中营巢，每窝产卵6～15枚。

雁形目 ANSERIFORMES

　　以草、谷物、陆生植物嫩芽、沉水植物、陆生及水生无脊椎动物等为食，亦可取食小型鱼类与两栖类。

　　在中国分布于云南、东北、新疆、西藏和四川等地区，欧洲东南部、亚洲东部、蒙古及非洲西北部也有分布。

　　在中国曾经种群数量丰富，尤其北部冬季和迁徙期间最为丰富，是中国主要产业鸟类之一。自20世纪50年代以来，因过度狩猎和生境被破坏，赤麻鸭种群数量日趋减少。

鸳鸯（学名：*Aix galericulata*）

鸳指雄鸟，鸯指雌鸟，故鸳鸯属合成词。中型鸭类，大小介于绿头鸭和绿翅鸭之间，体长38～45厘米，体重约0.5千克。雌雄异色。雄鸟嘴红色，脚橙黄色，羽色鲜艳而华丽，头具艳丽的冠羽，眼后有宽阔的白色眉纹，翅上有一对栗黄色扇状直立羽，像帆一样立于后背，非常奇特和醒目，野外极易辨认。雌鸟嘴黑色，脚橙黄色，头和整个上体灰褐色，眼周白色，其后连一细的白色眉纹，亦极为醒目和独特。

主要栖息于山地、森林、河流、湖泊、水塘、芦苇沼泽和稻田地中。

雁形目 ANSERIFORMES

中国著名的观赏鸟类，之所以被看成爱情的象征，是因为人们见到的鸳鸯都出双入对，经常出现于中国古代文学作品和神话传说中。

每年3月末4月初陆续迁到东北繁殖地，9月末10月初离开繁殖地南迁。迁徙时成群，常成7~8只或10多只的小群迁飞，有时亦见有多达50余只的大群。在贵州、台湾等地，亦有部分鸳鸯不迁徙而为留鸟。

在国外分布于东北亚和东亚，在中国繁殖于东北、华北、西南及台湾，迁徙时见于华中和华东大部分地区，越冬于长江以南流域。

国家二级保护野生动物。

白眉鸭（学名：Spatula querquedula）

小型鸭类，大小和绿翅鸭相近，体长34～41厘米，体重不到0.5千克。雄鸭嘴黑色，头和颈淡栗色，具白色细纹；眉纹白色，宽而长，一直延伸到头后，极为醒目；上体棕褐色，两肩与翅为蓝灰色，肩羽延长成尖形，且呈黑白二色；翼镜绿色，前后均衬以宽阔的白边；胸棕黄色而杂以暗褐色波状斑；两胁棕白色而缀有灰白色波状细斑，这同前后的暗色形成鲜明对照。雌鸭上体黑褐色，下体白色而带棕色；眉纹白色，但不及雄鸭显著。

栖于沿海浅滩、鱼塘和潟湖中，冬季集大群，白天栖于水面，夜间觅食。为中国越冬最靠南的河鸭。

以水生植物的叶、茎、种子为食。

分布于英国南部、芬兰、法国、意大利、黑海、土耳其、西伯利亚、中国、蒙古国和俄罗斯（堪察加半岛）。越冬于欧洲南部、西非、中南半岛、埃及、肯尼亚、伊拉克、伊朗、印度、日本、菲律宾、印度尼西亚。

雁形目 ANSERIFORMES

琵嘴鸭（学名：*Spatula clypeata*）

中型鸭类，体形比绿头鸭稍小，体长43～51厘米，体重约0.5千克。雄鸭头至上颈暗绿色而具光泽；背黑色，背的两侧及外侧肩羽和胸白色，且连成一体；翼镜金属绿色；腹和两胁栗色；脚橙红色；嘴黑色，大而扁平，先端扩大成铲状，形态极为特别。雌鸭略较雄鸭小，外貌特征亦不及雄鸭明显，也有大而呈铲状的嘴。

通常栖息于淡水湖畔，亦成群活动于江河、湖泊、水库、海湾和沿海滩涂盐场等。脚趾间有蹼，但很少潜水，游泳时尾露出水面，善于在水中觅食、戏水和求偶交配。喜欢干净，常在水中和陆地上梳理羽毛精心打扮，睡觉或休息时互相照看。

以植物为主食，也吃无脊椎动物和甲壳动物。

广泛分布于整个北半球。繁殖于英国、欧洲大陆、中亚、西伯利亚、蒙古国、中国（东北和西北），一直到俄罗斯（堪察加半岛），越过白令海到美国阿拉斯加州，往南到美国加利福尼亚州，往东到大西洋沿岸。

赤膀鸭（学名：*Mareca strepera*）

中型鸭类，体形较家鸭稍小，体长44～55厘米，体重0.7～1千克。雄鸟嘴黑色，脚橙黄色；上体暗褐色，背上部具白色波状细纹，腹白色，胸暗褐色而具新月形白斑；翅具宽阔的棕栗色横带和黑白二色翼镜，飞翔时尤为明显。雌鸟嘴橙黄色，嘴峰黑色；上体暗褐色而具白色斑纹，翼镜白色。

春季于3月中旬至3月末见于华北地区；3月末至4月中旬见于东北地区，其中部分留在当地繁殖，其余继续北迁。秋季于9月末至10月中下旬见于东北地区南部；10月末至11月中旬迁至华北地区；11月中下旬大量到达南方越冬地。迁徙时常成家族群或由家族群组成的小群迁徙。

以水生植物为主食。常在水边水草丛中觅食。觅食时常将头沉入水中，有时也头朝下、尾朝上，倒栽在水中取食。

在中国繁殖于东北和新疆，迁徙时过境华中和华东大部，越冬于长江及以南流域、台湾及西藏（南部）。在国外繁殖于全北界至印度北部，包括东非与北非。

雁形目 ANSERIFORMES

罗纹鸭（学名：*Mareca falcata*）

中型鸭类，体形较家鸭略小，体长40～52厘米，体重0.4～1千克。雄鸭繁殖期头顶暗栗色，头侧、颈侧和颈冠铜绿色，额基有一白斑；颏、喉白色，其上有一黑色横带位于颈基处；三级飞羽长而弯曲，向下垂，呈镰刀状；下体满杂以黑白相间波浪状细纹；尾下两侧各有一块三角形乳黄色斑；明显有别于其他鸭类，在野外容易鉴别。雌鸭较雄鸭略小，上体黑褐色，满布淡棕红色"V"形斑；下体棕白色，满布黑斑。

非繁殖期喜集群停栖于江流、湖泊、水库和沼泽地，常与其他河鸭混群。

繁殖于西伯利亚东部、远东及中国黑龙江和吉林。越冬于中国、朝鲜、日本、缅甸和中南半岛、印度北部。

主要以水藻，以及水生植物的嫩叶、种子、草籽、草叶等植物性食物为食。

赤颈鸭（学名：*Mareca penelope*）

　　中型鸭类，体形较家鸭小，大小和罗纹鸭相似，体长41～52厘米，体重约0.6千克。雄鸟头和颈棕红色，额至头顶有一乳黄色纵带；背和两胁灰白色，满杂以暗褐色波状细纹；翼镜翠绿色，翅上覆羽纯白色；在水中时可见体侧形成的显著白斑，飞翔时和后面的绿色翼镜形成鲜明对照，容易和其他鸭类相区别。雌鸟上体大都黑褐色，翼镜暗灰褐色，上胸棕色，下体白色。

　　栖息于江河、湖泊、水塘、河口、海湾、沼泽等各类水域中。

　　主要以植物性食物为食。常成群在水边浅水处的水草丛中或沼泽地上觅食眼子菜、藻类和其他水生植物的根、茎、叶和果实。

　　分布于欧亚大陆北部。

雁形目 ANSERIFORMES

斑嘴鸭（学名：*Anas zonorhyncha*）

体形和绿头鸭相似，体长50～64厘米，体重约1千克。雌雄羽色相似。上嘴黑色，先端黄色。脚橙黄色。脸至上颈侧、眼先、眉纹、颏和喉均为淡黄白色，远处看起来呈白色，与深的体色呈明显反差。翼镜绿色，具金属光泽。虹膜黑褐色，外围橙黄色。嘴蓝黑色，具橙黄色端斑；嘴甲尖端微具黑色。跗跖和趾橙黄色，爪黑色。

通常栖息于淡水湖畔，亦成群活动于江河、湖泊、水库、海湾和沿海滩涂盐场等水域。脚趾间有蹼，但很少潜水，游泳时尾露出水面，善于在水中觅食、戏水和求偶交配。喜欢干净，常在水中和陆地上梳理羽毛精心打扮，睡觉或休息时互相照看。

以植物为主食，也吃无脊椎动物和甲壳动物。

分布于中国、日本、朝鲜、韩国、蒙古国、俄罗斯和不丹。

绿头鸭（学名：*Anas platyrhynchos*）

游禽，大型鸭类，外形大小和家鸭相似，体长47～62厘米，体重约1千克。雄鸟嘴黄绿色，脚橙黄色，头和颈灰绿色，颈部有一明显的白色领环；上体黑褐色，腰和尾上覆羽黑色，两对中央尾羽亦为黑色，且向上卷曲成钩状；外侧尾羽白色；胸栗色；翅、两肋和腹灰白色，具紫蓝色翼镜，翼镜具宽的白边，飞行时极醒目。雌鸭嘴黑褐色，嘴端暗棕黄色；脚橙黄色；具紫蓝色翼镜，翼镜具宽阔的白边。

常栖息于淡水湖畔，亦成群活动于江河、湖泊、水库、海湾和沿海滩涂盐场等水域。

除繁殖期外常成群活动，特别是迁徙和越冬期间，常集成数十、数百甚至上千只的大群。或游泳于水面，或栖息于水边沙洲或岸上。性好动，活动时常发出"嘎—嘎—嘎—"的叫声，响亮清脆，很远即可听见。

美国科学家研究发现，绿头鸭具有控制大脑部分保持睡眠状态、部分保持清醒状态的习性，即绿头鸭在睡眠中可睁一只眼闭一只眼。这是科学家发现的动物可对睡眠状态进行控制的首例证据。科学家指出，绿头鸭等鸟类具备的半睡半醒习性，可帮助它们在危险的环境中逃脱其他动物的捕食。

在中国繁殖于西北、东北、华北和西部高原，越冬于沿海地区，包括台湾。在国外繁殖于全北界的温带地区，越冬于南部，地区性常见。

雁形目 ANSERIFORMES

针尾鸭（学名：*Anas acuta*）

鸭科的中型游禽，水鸭类，体长43～72厘米，体重0.5～1千克。雄鸭背部满杂以淡褐色与白色相间的波状横斑；头暗褐色；颈侧有白色纵带与下体白色相连；翼镜铜绿色，正中一对尾羽特别延长。雌鸭体形较小，上体大都黑褐色，杂以黄白色斑纹；无翼镜；尾较雄鸟短，但较其他鸭尖长。

飞行迅速。在各种内陆河流、湖泊、低洼湿地都可以见到它们的身影，在开阔的沿海地带，如空旷的海湾、海港等地常能够见到数百只的集群。性喜成群，特别是迁徙季节和冬季，常成几十只至数百只的大群。活动和休息多在近岸边水域和开阔的沙滩和泥地上。游泳轻快敏捷，善飞翔，且快速有力，亦善在陆地上行走。性胆怯而机警，白天多隐藏在有水的芦苇丛中，或在远离岸边的水面游荡或休息，黄昏和夜晚才到浅水处觅食，稍有动静，立即飞离。

主要以草籽和其他水生植物，如浮萍、松藻、牵牛子、芦苇、菖蒲等植物嫩芽和种子等植物性食物为食，也到农田觅食部分散落的谷粒。

广泛分布于欧亚大陆北部和北美西部。越冬于东南亚、北非、中美洲和印度，少数终年留居南印度洋的岛屿上。

绿翅鸭（学名：*Anas crecca*）

小型鸭类，体长约37厘米，体重约0.5千克。嘴、脚均为黑色。雄鸟头至颈部深栗色，头顶两侧从眼开始有一条宽阔的绿色带斑一直延伸至颈侧，尾下覆羽黑色，两侧各有一黄色三角形斑，在水中游泳时，极为醒目。飞翔时，雄鸟与雌鸟的鸟翅上具有金属光泽的翠绿色翼镜和翼镜前后缘的白边，亦非常醒目。跗鳞盾片状。

每年3月初开始从中国南方越冬地北迁，3月中下旬到4月中旬大量出现在中国东北和华北地区，迁徙时常成40～50只或上百只的大群。秋季迁徙开始于9月上中旬，9月中下旬到达长江流域，10月初到达广东沿海一带。迁徙高峰期在9月末至10月末，少数个体留在东北和华北地区越冬。

飞行疾速、敏捷有力，两翼鼓动快且声响很大，头向前伸直，常成直线或"V"字队形。在水面起飞甚为灵巧，有时冲天直上，有时扇动两翅在水面掠过一段距离后才从水中升起。游泳亦很好，但在陆地上行走时显得有些笨拙。

繁殖于古北界，越冬于分布区南部。在我国繁殖于新疆和东北，指名亚种繁殖于东北各省及新疆西北部的天山，冬季近至我国南方大部分湿地，地区性常见。

雁形目 ANSERIFORMES

红头潜鸭（学名：*Aythya ferina*）

体长42～49厘米，翼展72～82厘米，体重0.7～1.1千克，寿命10年。雄鸟头顶呈红褐色，圆形，胸部和肩部黑色，其他部分大都为淡棕色；翼镜大部呈白色。雌鸟大都呈淡棕色；翼灰色；腹部灰白。幼年雄鸟下部羽色较深，与雌鸟颇相似。雄鸟覆羽与雌鸟同，但头和颈部的红色比较浅些。眼鲜红色或红棕色。喙蓝黑色。脚青灰色或铅灰色。蹼关节和爪黑色。

很少鸣叫，为深水鸟类，善于收拢翅膀潜水。有很好的潜水技能，在沿海或较大的湖泊越冬。

杂食性，主要以水生植物和鱼、虾、贝壳类为食。

在我国繁殖于新疆西北部，迁徙时见于西部、中部、东北和华北大部分地区。在国外繁殖于西欧至中亚，越冬于北非、印度。

凤头潜鸭（学名：*Aythya fuligula*）

中等体形矮扁结实的水鸭，体长40～47厘米，翼展67～73厘米，体重0.55～0.9千克，寿命15年。头带特长羽冠。雄鸟亮黑色，腹部及体侧白。雌鸟深褐色，两胁褐而羽冠短。飞行时二级飞羽呈白色带状。尾下羽偶为白色。雌鸟有浅色脸颊斑。雏鸟似雌鸟但眼为褐色。头形较白眼潜鸭顶部平而眉突出。

深水鸟类，善于收拢翅膀潜水。繁殖期雄鸭协助雌鸭选择营巢地点，

雁形目 ANSERIFORMES

在地面刨出浅坑或集一堆苇草筑巢。雌雄共同参与雏鸟的养育。在沿海或较大的湖泊越冬。

杂食性，主要以水生植物和鱼虾贝壳类为食。

繁殖于古北界北部，越冬于欧亚大陆南部、北非、朝鲜半岛、日本南部、菲律宾北部。在我国繁殖于东北，迁徙时经过我国大部分地区至华南、海南岛、台湾，地区性常见。

鹊鸭（学名：*Bucephala clangula*）

中型鸭类，体长32～69厘米，体重0.5～1千克。嘴短粗，颈亦短，尾较尖。雄鸟头黑色，两颊近嘴基处有大型白色圆斑；上体黑色，颈、胸、腹、两胁和体侧白色；嘴黑色，眼金黄色，脚橙黄色；飞行时头和上体黑色，下体白色，翅上有大型白斑，特征极明显，容易识别。雌鸟略小；嘴黑色，先端橙色；头和颈褐色，眼淡黄色；颈基有白色颈环；上体淡黑褐色，上胸、两胁灰色；下体白色。

主要栖息于平原森林地带中的溪流、水塘和水渠中，尤喜湖泊与流速缓慢的江河附近的林中溪流与水塘。游泳时尾翘起。白天成群活动，边游边潜水觅食。善潜水，一次能在水下潜泳30秒左右。

春季于3月初开始从南方越冬地迁往北方繁殖地，少数持续到4月初才迁走，亦有部分不参与繁殖的幼鸟留在更靠北的越冬地。秋季于10月初至11月从繁殖地南迁。常呈小群沿河流或海岸进行迁飞。一般不高飞，多贴水面飞行。

主要以昆虫及其幼虫、蠕虫、甲壳类、软体动物、小鱼、蛙及蝌蚪等为食。

繁殖于亚洲北部、全北界中北部，越冬于全北界南部。在我国繁殖于东北和西北地区，越冬于西南和黄河、长江、珠江流域至东南部沿海水域，迷鸟至台湾岛。

雁形目 | ANSERIFORMES

 斑头秋沙鸭（学名：*Mergellus albellus*）

水鸭，体长约420厘米。雄鸟体羽以黑白色为主；眼周、枕部、背黑色，腰和尾灰色；两翅灰黑色。雌鸟上体黑褐色，下体白色；头顶栗色。

栖息于湖泊、江河、水塘、水库、河口、海湾和沿海褐泽地带。繁殖期5～7月，巢营于绝壁上，也有的在洞穴中，每窝产卵6～10枚。

食物主要为小鱼，也大量捕食软体动物、甲壳类、石蚕等水生无脊椎动物，偶尔也吃少量植物性食物。

繁殖于内蒙古东北部的沼泽地带，越冬于松花江、鸭绿江、黄河、长江及珠江流域。在国外繁殖于北欧和北亚，越冬于古北界南部。

国家二级保护野生动物。

🐦 普通秋沙鸭（学名：Mergus merganser）

秋沙鸭中个体最大的一种，体长54～68厘米，体重最大可达2千克。雄鸟头和上颈黑褐色而具绿色金属光泽，枕部有短的黑褐色冠羽，使头颈显得较为粗大；下颈、胸及整个下体和体侧白色；背黑色；翅上有大型白斑；腰和尾灰色。雌鸟头和上颈棕褐色；上体灰色，下体白色；冠羽短，棕褐色；喉白色；具白色翼镜；特征亦甚明显，容易鉴别。

常成小群，迁徙期和冬季也常集成数十甚至上百只的大群。春季于3月初至3月中下旬开始从越冬地迁飞，4月初至4月中旬到达繁殖地。秋季于9月末10月初离开繁殖地，10月末至11月初到达最北边的越冬地，11月中下旬到达南方越冬地。

栖息于池塘、河流、水库、海湾和潮间带。繁殖于树洞中。

在我国繁殖于新疆北部、东北、青藏高原及内蒙古东北部的沼泽地带。冬季南迁时途经我国大部分地区。在国外繁殖于北欧和北亚，越冬于印度北部和日本。

鸡形目　GALLIFORMES

雉科 Phasianidae

斑翅山鹑（学名：*Perdix dauurica*）

又名沙半鸡、沙斑鸡，体形略小的灰褐色鹑类，体长25～31厘米。雄鸟的脸、喉中部及腹部橘黄色，腹中部有一倒"U"字形黑色斑块。雌鸟胸部无橘黄色及黑色，但有"羽须"。

栖息于平原、森林、草原、灌丛草地、低山丘陵和农田荒地等各类生境中。除繁殖期外，常成群活动。特别是秋节和冬季，常成15～25只，甚至50只的大群活动。冬末群体逐渐变小，到繁殖期则完全成对活动。

以植物性食物为食，包括灌木和草本植物的嫩叶、嫩芽、浆果、草秆等，也吃蝗虫、蚱蜢等昆虫和小型无脊椎动物。

分布于西伯利亚、乌苏里边区、帕米尔高原西部，以及中国东北、华北和西北等北方大部分地区。

雉鸡（学名：*Phasianus colchicus*）

雄鸟羽色鲜妍华丽，有较宽的白色环颈，故名环颈雉，亦称野鸡、山鸡。雄鸟头部具黑色光泽，有显眼的耳羽簇；眼周宽大，裸皮鲜红色；满身点缀着发光羽毛，多为墨绿色至铜色至金色；两翼灰色；尾长而尖，褐色带黑色横纹。雌鸟形小而色暗淡，周身密布浅褐色斑纹。

栖息于低山丘陵、平原、沼泽和农田。单独或成小群活动，善奔跑，特别是在灌丛中奔走极快，也善于藏匿。见人后一般在地上疾速奔跑，很快进入附近丛林或灌丛，有时奔跑一阵还停下来看看再走。在迫不得已时才起飞，边飞边发出"咯咯咯"的叫声和两翅"扑扑扑"的鼓动声。飞行速度较快，也很有力，但一般飞行不持久，飞行距离不远，常成抛物线式的飞行。落地前滑翔，落地后又急速在灌丛和草丛中奔跑窜行和藏匿，轻易不再起飞，有时人走至眼前才又突然飞起。秋季常集成几只至十多只的

鸡形目 GALLIFORMES

小群进到农田、林缘和村庄附近活动和觅食。繁殖期3～7月，一雄多雌制，窝卵数6～22枚，雏鸟早成。

杂食性，随季节变化而吃不同的植物性食物和小型无脊椎动物。

肉有一定的食疗价值，具有平喘补气、止痰化瘀、清肺止咳等功效。明朝李时珍在《本草纲目》中记载，雉鸡脑治"冻疤"，喙治"蚁瘘"等。雉鸡是世界上久负盛名的野味食品，肉质细嫩鲜美，营养丰富。雉鸡自古就被视为"吉祥鸟"，在中国明清瓷器中，例如筒瓶、棒槌瓶、花觚、将军罐，雉鸡和牡丹都经常被画在一起，寓意着吉祥和富贵。

在我国分布范围很广，除海南岛和西藏的羌塘高原外，遍及全国，在欧洲东南部、中亚、西亚，以及美国、蒙古国、朝鲜、俄罗斯、越南、缅甸等国也有分布。

河北蔚县壶流河湿地 鸟类图鉴

石鸡（学名：Alectoris chukar）

中型雉类，共有14个亚种，体长27～37厘米，体重0.44～0.58千克，比山鹑稍大。两胁具显著的黑色和栗色斑。第1枚初级飞羽介于第5和第6枚初级飞羽之间，或与第6枚初级飞羽等长；第3枚初级飞羽常是最长的。尾圆，尾长约为翅长的2/3，尾羽14枚。雄鸟具微小的瘤状距，嘴和足红色。雌鸟与雄鸟羽色一致，仅大小略有不同。嘴、脚珊瑚红色。虹膜栗褐色。眼的上方有1条宽宽的白纹。围绕头侧和黄棕色的喉部有完整的黑色环带。上体紫棕褐色，胸部灰色，腹部棕黄色，两胁各具十余条黑、栗色并列的横斑。

栖息于低山丘陵地带的岩石坡和沙石坡上，以及平原、草原、荒漠等地区。性喜集群。

以草本植物和灌木的嫩芽、嫩叶、浆果、种子，以及苔藓、地衣和昆虫为食。

分布于南欧、小亚细亚、喜马拉雅山脉、蒙古国。在我国广泛分布于北方地区。

鹛䴘目 PODICIPEDIFORMES

鹛䴘目 PODICIPEDIFORMES

鹛䴘科 Podicipedidae

小䴘䴘（学名：*Tachybaptus ruficollis*）

体长25~29厘米，翼展40~45厘米，体重0.1~0.2千克，寿命13年。成鸟上颈部具黑褐色，上体黑褐色，下体白色。枕部具黑褐色羽冠。

栖息于湖泊、水塘、水渠、池塘和沼泽地带，也见于水流缓慢的江河和沿海芦苇沼泽中。善游泳和潜水，常潜水取食。通常单独或成分散小群活动。繁殖期在水上相互追逐并发出叫声，有占据地盘的习性。在沼泽、池塘、湖泊中丛生的芦苇、灯芯草、香蒲等地营巢，每窝产卵4~7枚，卵形钝圆，污白色，雌雄轮流孵卵。大多为留鸟，部分为候鸟。

以水生昆虫及其幼虫、鱼、虾等为食。

在我国东北、西北和华北为夏候鸟，在南方地区为冬候鸟，*Capchsis*亚种为西北部留鸟。在国外分布于亚欧大陆、非洲、东南亚和南亚。

凤头䴙䴘（学名：*Podiceps cristatus*）

又名冠䴙䴘、浪里白。全长约56厘米。颈修长，有显著的黑色羽冠。下体近乎白色而具光泽，上体灰褐色。上颈有1圈带黑端的棕色羽，形成皱领。后颈暗褐色。两翅暗褐色，杂以白斑。眼先、颊白色。胸侧和两胁淡棕色。冬季黑色羽冠不明显，颈上饰羽消失。

生境选择类似其他䴙䴘，繁殖期成鸟头顶和上体棕褐色，头顶羽毛延长成羽冠，并且成对作求偶炫耀，相互对视，挺直上体，并同时做点头动作。有时还叼着食物。

东北至青藏高原的夏候鸟，在长江以南大部分地区越冬。

䴙䴘目 PODICIPEDIFORMES

🐦 黑颈䴙䴘（学名：*Podiceps nigricollis*）

中小型鸟类。繁殖期成鸟头顶、颈部和上体黑色，眼后具有橙黄色扇形的饰羽，两胁红褐色，颏部白色延至眼后并呈月牙状，飞行时下覆羽不白。幼鸟似成鸟冬羽，喙略微上翘，虹膜红色，脚黑色。

类似于其他䴙䴘，集群繁殖，冬季集群于湖泊和南部沿海湿地。

在国外繁殖于欧亚大陆、北美西部和北非，在分布区以南越冬。在我国繁殖于新疆西北部、黑龙江和吉林，指名亚种为罕见繁殖鸟和冬候鸟。迁徙时见于中国大部分地区，越冬于华南、东南沿海和西南部的河流中。

国家二级保护野生动物。

鹳形目 CICONIIFORMES

鹳科 Ciconiidae

黑鹳（学名：*Ciconia nigra*）

体态优美，体色鲜明，活动敏捷，性情机警的大型涉禽。成鸟的体长为1～1.2米，体重2～3千克。嘴长而粗壮，头、颈、脚均甚长，嘴和脚红色。身上的羽毛除胸腹部为纯白色外，其余都是黑色，在不同角度的光线下，可以映出多种颜色。

在高树或岩石上筑大型的巢，飞时头颈伸直。栖息于河流沿岸、沼泽山区溪流附近，有沿用旧巢的习性。繁殖期4～7月，营巢于偏僻和人类干扰小的地方。

以鱼为主食，也捕食其他小动物。

大多数是迁徙鸟类，只有在西班牙为留鸟，仅有少数经过直布罗陀海峡到非洲西部越冬。此外，在南非繁殖的种群也不迁徙，仅在繁殖期后向周围地区扩散游荡。白俄罗斯的国鸟。

国家一级保护野生动物。

鹈形目　PELECANIFORMES

鹈形目
PELECANIFORMES

Threskiornithidae

鹮科

黑头白鹮（学名：*Threskiornis melanocephalus*）

体形较大的一种涉禽，体长65~76厘米。头黑色，嘴长而下弯，尾被灰色的蓬松丝状三级覆羽所覆盖。虹膜红褐色。嘴黑色。脚黑色。通常无声，但繁殖季节发出奇怪的咕哝声。

每年春暖花开的3~5月进入繁殖季节。"一夫一妻"制，找到了中意的伴侣后，便一起在近水岸边的大树上筑巢。每窝产2~4枚白色或淡蓝色卵，孵化20天左右，幼雏破壳而出，喂养30天左右便能独立飞行。

分布于印度、巴基斯坦、尼泊尔、日本、斯里兰卡。在中国的黑龙江、吉林、福建和广东也可见。

国家二级保护野生动物。

🪶 白琵鹭（学名：*Platalea leucorodia*）

大型涉禽，体长约85厘米。全身羽毛白色，眼先、眼周、颏、上喉裸皮黄色。嘴长直，扁阔似琵琶。胸及头部冠羽黄色（冬羽纯白色）。颈、腿均长，腿下部裸露呈黑色。

栖息于沼泽地、河滩、苇塘等地。飞行时颈和脚伸直，交替地拍动翅膀和滑翔。常聚成大群繁殖，筑巢于近水高树上或芦苇丛中，每窝产卵3~4枚，白色无斑或钝端有稀疏斑点；雌雄轮流孵卵约25天，雏鸟留巢期约40天。

涉水啄食小型动物，有时也食水生植物。

在中国北方繁殖的种群均为夏候鸟。春季于4月初至4月末从南方越冬地迁到北方繁殖地，秋季于9月末至10月末南迁。

在我国繁殖于东北、内蒙古及新疆西北部地区。在东南沿海、台湾、澎湖列岛、长江中下游地区越冬。在国外繁殖于欧亚大陆北部，在印度、非洲北部越冬。

国家二级保护野生动物。

鹈形目　PELECANIFORMES

鹈形目 PELECANIFORMES

鹭科 Ardeidae

大麻鸦（学名：*Botaurus stellaris*）

大型鹭类，体长59～77厘米。身较粗胖，嘴粗而尖。颈、脚较粗短。头黑褐色。背黄褐色，具粗著的黑褐色斑点。下体淡黄褐色，具黑褐色粗著纵纹。嘴黄褐色。脚黄绿色。

栖息于山地丘陵和山脚平原地带的河流、湖泊、池塘边的芦苇丛。除繁殖期外常单独活动，秋季迁徙季节也集成5～8只的小群。夜行性，多在黄昏和晚上活动，白天多隐蔽在水边芦苇丛和草丛中，有时亦见白天在沼泽草地上活动。

主要以鱼、虾、蛙、蟹、螺、水生昆虫等动物性食物为食。

分布甚广，欧洲、非洲、亚洲均有。

黄苇鳽（学名：*Ixobrychus sinensis*）

中型涉禽。雄鸟额、头顶、枕部和冠羽铅黑色，微杂以灰白色纵纹，头侧、后颈和颈侧棕黄白色。雌鸟似雄鸟，但头顶为栗褐色，具黑色纵纹。

栖息于平原和低山丘陵地带富有水边植物的开阔水域中。尤其喜欢栖息在既有开阔明水面又有大片芦苇和蒲草等挺水植物的中小型湖泊、水库、水塘和沼泽中。繁殖期为5～7月，营巢于浅水处芦苇丛和蒲草丛中。每窝产卵通常为5～6枚，卵白色稍沾淡绿，圆形。育雏期14～15天。

主要以小鱼、虾、蛙、水生昆虫等动物性食物为食。

在我国东北、华北和长江以南地区曾经是相当常见的夏候鸟。该物种分布范围广，不接近物种生存的脆弱濒危临界值标准，种群数量趋势稳定，因此被评价为无生存危机的物种。

鹈形目　PELECANIFORMES

紫背苇鳽（学名：*Ixobrychus eurhythmus*）

体长约33厘米。头顶黑色，后头至尾上覆羽暗栗褐色。翅上覆羽橄榄黄色。下体浅棕黄色。

多生活于水库和山脚边的稻田、芦苇丛、滩涂及沼泽草地，在西藏见于海拔2300米的农田，营巢于草丛或苇丛中。

以鱼、虾为主食，育雏中后期，也吃较多的蛙、蝌蚪、泥鳅及其他水生昆虫。

在我国繁殖于东北、华北、华南等地，4月末至5月初迁到繁殖地，9月末10月初开始迁离繁殖地。在国外繁殖于西伯利亚东南部、朝鲜和日本，越冬于东南亚等地。

栗苇鳽（学名：*Ixobrychus cinnamomeus*）

中型涉禽，体长30~38厘米。外形和紫背苇鳽相似。雄鸟上体从头顶至尾包括两翅飞羽和覆羽全为同一的栗红色，下体淡红褐色；喉至胸有一褐色纵线，胸侧缀有黑白两色斑点；野外特征极为明显，容易辨认。雌鸟头顶暗栗红色；背面暗红褐色，杂有白色斑点；腹面土黄色；从颈至胸有数条黑褐色纵纹。

栖息于芦苇沼泽、水塘、溪流和水稻田中。夜行性，多在晨昏和夜间活动，白天也常活动和觅食，但在隐蔽阴暗的地方。

主要以小鱼、蛙、泥鳅和水生昆虫为食。

除在中国广东、台湾和海南岛为留鸟不迁徙外，在中国其他地区繁殖的种群均为夏候鸟。每年春、秋两季均在繁殖地和越冬地之间来回迁徙。迁离和到达时间随南北所处位置不同而异。在东北和华北地区，春季4月末5月初迁来，秋季10月初至10月中下旬迁走。

在我国为常见的低海拔夏候鸟，繁殖于东北、华北、华东、华南和西南地区，在台湾、海南岛、广东等地为留鸟。在国外见于印度、东南亚、马来群岛，越冬于热带地区。

鹈形目 PELECANIFORMES

夜鹭（学名：*Nycticorax nycticorax*）

中型涉禽，体长46～60厘米。体较粗胖，颈较短。嘴尖细，微向下曲，黑色。胫裸出部分较少，脚和趾黄色。头顶至背黑绿色而具金属光泽。上体余部灰色，下体白色。枕部披有2～3枚长带状白色饰羽，下垂至背上，极为醒目。

栖息和活动于平原和低山丘陵地区的溪流、水塘、江河、沼泽和水田地上。夜出性。喜结群。

主要以鱼、蛙、虾、水生昆虫等动物性食物为食。

在我国地区性常见于华东、华中、华南的低海拔地区，以及东部季风区，冬季迁徙至南方沿海地区和海南岛。在国外分布于美洲、非洲、大巽他群岛和印度次大陆。

绿鹭（学名：*Butorides striata*）

体形小。头顶黑色，枕冠亦黑色。上体蝉灰绿色，下体两侧银灰色。前额至后枕及冠羽墨绿色，眼后有一白斑，颊纹黑色。颚纹白色，后颈、颈侧和体侧烟灰色。背部披灰绿色矛状长羽，羽干纹灰白色。腰至尾上覆羽暗灰，尾黑色具青铜绿色光泽，尾下羽灰白色。虹膜金黄色，嘴缘褐色。脚和趾黄绿色。

栖息于山区沟谷、河流、湖泊、水库林缘与灌木草丛中，有树木和灌丛的河流岸边，海岸和河口两旁的红树林里，特别是溪流纵横、水塘密布而有树木生长的河流水淹地带和茂密的植被带。

常在水边缩颈等待吃游过的鱼类、蛙类、节肢动物和水生昆虫。

部分迁徙，部分为留鸟。在中国长江以南繁殖的种群多为留鸟，长江以北繁殖的种群多要迁徙。通常在4月中旬至4月末迁来北方繁殖地，9月中旬至9月末离开北方繁殖地迁往南方越冬地。

在中国数量比较稀少，分布范围亦较窄，近年来由于生境条件恶化，数量更为稀少。

鹈形目　PELECANIFORMES

 池鹭（学名：*Ardeola bacchus*）

　　体形较小的涉禽，体长约47厘米。两翼白色，身体具有褐色纵纹。繁殖期头颈栗红色，有几条冠羽延伸至头后，前胸有赤者褐色羽毛，部分呈分散状。非繁殖期无冠羽和黑色蓑羽。

　　栖于稻田和其他涨水地区，如池塘、沼泽地等。食性与其他鹭类相似，单独或集小群觅食。飞行时振翅缓慢，翼显短。繁殖期与其他鹭类常混群在树上营巢。

　　冬季见于长江流域及其以南地区，夏季向北扩展至华北、西北、东北西南地区，偶见于西藏南部。在国外繁殖于孟加拉国和东南亚。

049

牛背鹭（学名：Bubulcus coromandus）

　　体较肥胖，喙和颈较短粗。夏羽大都白色；头和颈橙黄色；前颈基部和背中央具羽枝分散成发状的橙黄色长形饰羽；前颈饰羽长达胸部，背部饰羽向后长达尾部；尾和其余体羽白色。冬羽通体全白色，个别头顶缀有黄色，无发丝状饰羽。

　　与家畜，尤其是水牛，形成了依附关系，常跟随在家畜后捕食被家畜从水草中惊飞的昆虫，也常在牛背上歇息，故得名。繁殖期4～7月，营巢于树上或竹林上。常成群营群巢，也常与白鹭和夜鹭在一起营巢。每窝产卵4～9枚，雌雄亲鸟轮流孵卵，孵化期21～24天。

　　是唯一不以鱼而以昆虫为主食的鹭类，也捕食蜘蛛、黄鳝、蚂蟥和蛙等其他小型动物。

　　分布于全球温带地区，在中国见于长江以南各省份。

鹈形目　PELECANIFORMES

苍鹭（学名：*Ardea cinerea*）

鹭科鹭属鸟类，大型涉禽，鹭属的模式种。头、颈、脚和嘴均甚长，因而身体显得细瘦。上半身灰色，腹部白色。成鸟的过眼纹及冠羽黑色；飞羽、翼角及两道胸斑黑色；头、颈、胸及背白色；颈具黑色纵纹，余部灰色。幼鸟的头及颈灰色较重，但无黑色；虹膜黄色；喙黄绿色；脚偏黑。深沉的喉音"呱呱"声极似鹅的叫声。

栖息于江河、溪流、湖泊、水塘、海岸等水域岸边及其浅水处。性格孤僻，严冬时节在沼泽边常可以看到独立寒风中的苍鹭。

在浅水区觅食，主要捕食鱼及青蛙，也吃哺乳动物和鸟。

分布于非洲、欧亚大陆、日本、马来群岛和菲律宾。在中国为常见水鸟，全境均有分布。

草鹭（学名：*Ardea purpurea*）

大中型涉禽，体形呈纺锤形，额和头顶蓝黑色，枕部有2枚灰黑色长形羽毛形成的冠羽，悬垂于头后，状如辫子，胸前有饰羽。具有"三长"的特点，即喙长、颈长、腿长。腿部被羽，胫部裸露，脚三趾在前一趾在后。没有明显的嗉囊，食道中部膨大，整个食道都能储存食物。飞时头颈弯曲。

选择固定的地点筑巢，主要栖息于开阔平原和低山丘陵地带的湖泊、河流、沼泽、水库和水塘岸边及其浅水处，特别是生长有大片芦苇和水生植物的水域最为喜欢。常成小群栖息于稠密的芦苇沼泽地上或水域附近灌丛中。

鹈形目　PELECANIFORMES

寿命25年。

主要以小鱼、蛙、甲壳类、蜥蜴、蝗虫等动物性食物为食。

部分为留鸟，部分迁徙，特别是在中国东北和华北繁殖的种群多要迁徙，春季最早于3月末4月初迁来繁殖地，秋季于10月中下旬南迁，在更靠南的地方甚至持续到12月中旬才最后迁走，迁徙时常集成3～5只的小群迁飞，也有多至10余只到数十只的大群迁飞。

我国南北方各地均有分布，其中，*manilehsis*亚种为华东、华南、海南及台湾低海拔地区为常见留鸟。在国外见于欧亚大陆、东南亚和非洲。

大白鹭（学名：*Ardea alba*）

大型鹭科鸟类，体长约95厘米。夏羽的成鸟乳白色；鸟喙铁锈色；头有短小羽冠；肩及肩间着生成丛的长蓑羽，一直向后伸展，通常超过尾羽尖端10多厘米；蓑羽羽干基部强硬，至羽端渐小，羽支纤细分散。冬羽的成鸟背无蓑羽，头无羽冠，虹膜呈淡黄色。

栖息于海滨、水田、湖泊、红树林及其他湿地。常与其他鹭类及鸬鹚等混在一起。只在白天活动，步行时颈收缩成"S"形；飞时颈亦如此，脚向后伸直，超过尾部。

以甲壳类、软体动物、水生昆虫、小鱼、蛙、蝌蚪和蜥蜴等动物性食物为食。主要在水边浅水处涉水觅食，也常在水域附近的草地上慢慢行走，边走边啄食。

分布于全球温带地区。在黑龙江流域、呼伦池、新疆中部和西部、福建西北部及云南东南部为繁殖鸟；在内蒙古、甘肃、青海、广东及长江中下游等地为旅鸟或冬候鸟；偶见于辽宁、河北、四川、湖北、台湾及海南岛。

鹈形目　PELECANIFORMES

白鹭（学名：*Egretta garzetta*）

中型鹭科鸟类，体长约60厘米，体形纤瘦。嘴及腿黑色，趾黄色，繁殖期羽纯白色。颈背具细长饰羽，背及胸具蓑状羽。虹膜黄色。脸部裸露皮肤黄绿色，繁殖期为淡粉红色。

喜稻田、河岸、沙滩、泥滩及沿海小溪流。成散群进食，常与其他种类混群。有时飞越沿海浅水追捕猎物。夜晚飞回栖处时呈"V"字形队。

与其他水鸟集群营巢。于繁殖巢中发出"呱呱"叫声，其余时间安静无声。

分布于中国长江流域等地，非洲、欧洲中南部、西亚、中亚、东亚、东南亚、大洋洲等地均有分布。

鹈形目 PELECANIFORMES

鹈鹕科 Pelecanidae

卷羽鹈鹕（学名：*Pelecanus crispus*）

鹈鹕科鹈鹕属鸟类。成鸟体羽以灰白色为主，肩、背、翼上覆羽及尾上覆羽等具有黑色羽轴，冠羽卷曲而凌乱；初级飞羽和初级覆羽为黑色，初级飞羽基部白色；次级飞羽外侧黑褐色带白色羽缘，内侧褐色，端部具宽白色羽缘。虹膜黄白色。喙铅灰色带黄色喙尖和边缘。喙下的喉囊和眼周裸露皮肤为皮黄色。脚铅灰色。

栖息于湖泊、河流、水库、河口等水域。常成群游弋，喜游泳、翱翔与陆地行走，觅食时从高空直扎入水中捕食。

主要以鱼类、甲壳类、软体动物、两栖动物等为食。卷羽鹈鹕繁殖期为4～6月，营巢于树上，窝卵数为3～4枚，雌雄亲鸟轮流孵化。

迁徙时经过中国北方及沿海地区，在长江中下游和东南沿海区域越冬，部分个体固定在香港越冬。在国外分布于欧洲东南部、非洲北部，及印度北部。

国家一级保护野生动物。

鲣鸟目　SULIFORMES

鲣鸟目
SULIFORMES

鸬鹚科
Phalacrocoracidae

普通鸬鹚（学名：*Phalacrocorax carbo*）

大型水鸟，体长72~87厘米，体重大于2千克。通体黑色，头颈具紫绿色光泽，两肩和翅具青铜色光彩。嘴角和喉囊黄绿色。眼后下方白色。繁殖期间脸部有红色斑，头颈有白色丝状羽，下胁具白斑。

栖息于河流、湖泊、池塘、水库、河口及其沼泽地带。常成小群活动。善游泳和潜水，游泳时颈向上伸得很直、头微向上倾斜，潜水时首先半跃出水面，再翻身潜入水下。

以各种鱼类为食。主要通过潜水捕食。

多数为留鸟，特别是在中国南方繁殖的种群一般不迁徙；在黄河以北繁殖的种群，冬季一般都要迁到黄河或长江以南地区越冬。春季迁到北方繁殖地的时间一般在3月末4月初，秋季一般于9月末10月初开始迁离北方繁殖地，往南方越冬地迁徙。迁徙时常集成小群，有时亦有多达近百只的大群。

分布于我国各地。在北方为夏候鸟，在南方越冬，包括台湾。在国外主要见于北美东部沿海、欧洲，以及其他几大洲。

鹰形目 ACCIPITRIFORMES

鹗科 Pandionidae

鹗（学名：*Pandion haliaetus*）

鹗科鹗属的仅有的一种中型猛禽，体长51~64厘米，体重1~1.75千克。雌雄相似。头部白色，头顶具有黑褐色的纵纹，枕部的羽毛稍微呈披针形延长，形成一个短的羽冠。头的侧面有一条宽阔的黑带，从前额的基部经过眼睛到后颈部，并与后颈的黑色融为一体。上体为暗褐色，略微具有紫色的光泽；下体为白色，胸部的暗色纵纹和飞羽以及尾羽上相间排列的横斑均极为醒目。虹膜淡黄色或橙黄色。眼周裸露皮肤铅黄绿色。嘴黑色。蜡膜铅蓝色。脚和趾黄色。爪黑色。

栖息于湖泊、河流、海岸或开阔地，尤其喜欢在山地森林中的河谷或有树木的水域地带活动。常见在江河、湖沼及海滨一带飞翔，在天气晴朗之日，盘旋于水面上空，发现猎物后俯冲而下，将猎物捕获。巢常营于海岸或岛屿的岩礁上。

主要以鱼为食，有时也捕食蛙、蜥蜴、小型鸟类等其他小型陆栖动物。

除了南极和北极，亚洲、北美洲等地均有分布。

国家二级保护野生动物。

鹰形目 ACCIPITRIFORMES

鹰形目 ACCIPITRIFORMES

鹰科 Accipitridae

凤头蜂鹰（学名：*Pernis ptilorhynchus*）

大型猛禽，体长57～79厘米，体重约1.2～1.9千克。虹膜为淡黄色或橘红色，喙黑色，蜡膜铅蓝黑色，爪黑色，脚和趾暗黄色，前额纯白色，头后羽冠较短，长体暗褐色，飞羽黑褐色，尾部具有两条粗的黑色横带。

尤喜食蜂类，主要以黄蜂、胡蜂、蜜蜂和其他蜂类为食，也吃其他昆虫和昆虫幼虫。

通常栖息于密林中，一般筑巢于大而多叶的树上，繁殖期为4～6月。每窝产卵约2枚。

在中国境内的东北小兴安岭、丹东、朝阳等地繁殖。在四川南充、峨眉，云南腾冲、丽江及西双版纳为夏候鸟或旅鸟。迁徙时见于新疆（喀什）、河北、山东（烟台、青岛）、江苏、福建、青海（西宁）、云南、贵州（金沙）、广西、广东等地。在台湾、海南为罕见冬候鸟。

在国外分布于西伯利亚、日本和朝鲜半岛，越冬于印度次大陆、中南半岛、印度尼西亚和菲律宾。

国家二级保护野生动物。

鹰形目 ACCIPITRIFORMES

金雕（学名：*Aquila chrysaetos*）

鹰科雕属的猛禽，体长76～102厘米，翼展达2.3米，体重2～6.5千克。头具重色羽冠，飞行时白色腰部明显，虹膜栗褐色，喙端为黑色，基部为蓝褐色或蓝灰色，腊膜和趾黄色，爪黑色。上体棕褐色。雌雄同色。身体其余部分暗褐色。羽尾灰白色，羽端部黑色。成年个体翼和尾部均无白色，其跗跖部全部被羽毛覆盖。

栖息于森林、草原、荒漠等各种环境中，一般在高原、山地、丘陵地区活动，最高海拔可达4000米以上。冬季亦常到海拔较低的山地丘陵和山脚平原地带活动。繁殖季筑巢于山谷峭壁的凹陷处，偶尔在高大乔木上筑巢。

以其敏捷的飞行能力著称于世，以中大型的鸟类和兽类为食。

分布于北美洲、欧洲、中东、东亚及西亚、北非。

国家一级保护野生动物。

赤腹鹰（学名：Accipiter soloensis）

鹰科鹰属的小中型猛禽，体长27～36厘米，体重108～132克。翅膀尖而长，因外形像鸽子，所以也叫鸽子鹰。雌、雄鸟体色大致相同。头部至背部蓝灰色，翅膀和尾羽灰褐色，外侧尾羽有4～5条暗色横斑，虹膜淡黄色或黄褐色，喙黑色，下嘴基部淡黄色，蜡膜黄色脚和趾为橘黄色或黄色。爪黑色。

栖息于山地森林和林缘地带，也见于低山丘陵和山麓平原地带的小块丛林，农田地缘和村庄附近。常单独或成小群活动，休息时多停息在树木顶端或电线杆上。

主要以蛙、蜥蜴等动物性食物为食，也吃小型鸟类、鼠类和昆虫。主要在地面上捕食，常站在树顶等高处，见到猎物则突然冲下捕食。

在我国南半部均有繁殖，多为夏候鸟，在华南、海南岛越冬。在国外繁殖于朝鲜半岛，越冬于菲律宾、马来西亚、印度尼西亚至新几内亚。

国家二级保护野生动物。

鹰形目 ACCIPITRIFORMES

雀鹰（学名：*Accipiter nisus*）

鹰科鹰属小型猛禽，雀鹰俗称鹞子，体长30～41厘米。雄鸟上体暗灰色，雌鸟灰褐色。雄鸟具有细密的红褐色横斑，雌鸟具有褐色横斑。虹膜为橙黄色，喙为暗铅灰色，尖端黑色，基部黄绿色，腊膜为黄色或黄绿色，脚和趾为橙黄色，爪黑色。下体白色或淡灰白色。通常快速鼓动两翅飞一阵后接着又滑翔一会儿。

栖息于针叶林、混交林、阔叶林等山地森林和林缘地带。日出性。常单独生活。

以小鸟、昆虫和鼠类为食，亦捕食野兔和蛇。

在我国繁殖于东北各省和新疆西北部天山，越冬迁至东南部、中部、台湾和海南。在国外繁殖于古北界，越冬迁至非洲、南亚次大陆和东南亚。

国家二级保护野生动物。

苍鹰（学名：*Accipiter gentilis*）

中小型猛禽，体长可达60厘米，翼展约1.3米。头顶、枕和头侧黑褐色，枕部有白羽尖，眉纹白杂黑纹。背部棕黑色。虹膜重黄色，喙黑色，嘴基呈铅蓝灰色，蜡膜黄绿色，爪黑褐色，脚和趾为黄色或黄绿色，上体深苍灰色，下体污白色。

栖息于不同海拔的针叶林、混交林和阔叶林等森林地带，也见于山施平原和丘陵地带的疏林和小块林内。视觉敏锐，善于飞翔。白天活动。性甚机警，亦善隐藏。通常单独活动，叫声尖锐洪亮。

肉食性，主要以森林鼠类、野兔、雉类、榛鸡、鸠鸽类和其他小型鸟类为食。

见于整个北半球温带森林及寒带森林。繁殖于东北地区的大、小兴安岭和西北地区的天山西，冬季迁至长江以南。在国外分布于北美、欧亚大陆和北非。

国家二级保护野生动物。

鹰形目 ACCIPITRIFORMES

白腹鹞（学名：*Circus spilonotus*）

中型猛禽，体长50～60厘米。雄鸟头顶至上背白色，雄鸟，喉、胸黑并具白色纵纹。虹膜黄色或浅褐色；上体黑褐色，尾上覆羽白色，喉和胸具黑褐色纵纹。雌鸟暗褐色，雌鸟腰部无浅色，初级飞羽翼下白斑无深色杂斑。头顶至后颈皮黄白色，具锈色纵纹；飞羽暗褐色，尾羽黑褐色，外侧尾羽肉桂色。幼鸟暗褐色，头顶和喉皮黄白色。

喜开阔地，尤其是多草沼泽地带或芦苇地。从植被上优雅滑翔掠过，有时停滞空中。飞行时显沉重，不如草原鹞轻盈。

我国仅有指名亚种，在我国繁殖于东北和内蒙古地区，分布于我国大部分地区，迁徙时经过东部地区，在长江中下游地区、海南岛和台湾越冬。在国外分布于俄罗斯远东，朝鲜、日本等地。

国家二级保护野生动物。

河北蔚县壶流河湿地 鸟类图鉴

白尾鹞（学名：*Circus cyaneus*）

中型猛禽，体长41～53厘米。雄鸟上体蓝灰色，头和胸较暗，翅尖黑色，尾上覆羽白色，腹、两胁和翅下覆羽白色；飞翔时，从上面看，蓝灰色的上体、白色的腰和黑色翅尖形成明显对比；从下面看，白色的下体，较暗的胸和黑色的翅尖亦形成鲜明对比。雌鸟上体暗褐色，尾上覆羽白色，下体皮黄白色或棕黄褐色，杂以粗的红褐色或暗棕褐色纵纹；常贴地面低空飞行，滑翔时两翅上举成"V"字形，并不时地抖动。

栖息于平原和低山丘陵地带，尤其是平原上的湖泊、沼泽、河谷、草原、荒野，以及低山、林间沼泽和草地、农田、沿海沼泽和芦苇塘等开阔地区。

主要以小型鸟类、鼠类、蛙、蜥蜴和大型昆虫等动物性食物为食。

繁殖于全北界；冬季南迁至北非、中国南方、东南亚及婆罗洲。

国家二级保护野生动物。

草原鹞（学名：*Circus macrourus*）

鹰科鹞属鸟类。中型猛禽，体长43.5～52厘米，体重0.311～0.55千克。雄性成鸟眼先、额和颊侧白色，嘴须黑；头顶背和覆羽石板灰色，褐色；尾羽有明显的灰白色横斑，中央尾羽灰色，具暗色横斑，尾上覆羽也具灰色横斑；耳羽灰色；爪黑色，尾窄而长，呈方尾形。

主要栖息于草原和开阔平原，偶见于林缘。

食物为草原鼠类，也吃草原上的鸟类如百灵、鹨类，还吃蛙、蜥蜴和昆虫等。

分布于亚洲和欧洲大陆，在东欧和中亚的南部繁殖，冬季主要在印度和东南亚越冬。草原开荒种地、草原荒漠化对该物种的生存造成严重威胁。

国家二级保护野生动物。

河北蔚县壶流河湿地 鸟类图鉴

鹊鹞（学名：*Circus melanoleucos*）

鹰科鹞属鸟类，中型猛禽，体长42～48厘米，体重0.25～0.38千克。两翼细长。体色比较独特，与其他鹞类不同，头部、颈部、背部和胸部均为黑色，尾上的覆羽为白色，尾羽为灰色，翅膀上有白斑，下胸部至尾下覆羽和腋羽为白色。站立时外形很像喜鹊，所以得名。虹膜黄色。嘴黑色或暗铅蓝灰色，下嘴基部黄绿色。蜡膜也为黄绿色。脚和趾黄色或橙黄色。

栖息于开阔的低山丘陵、山脚平原、草地、旷野、河谷、沼泽、林缘

鹰形目 ACCIPITRIFORMES

灌丛和沼泽草地。常单独活动，多在林边草地和灌丛上空低空飞行。

主要以小型鸟类、鼠类、林蛙、蜥蜴、蛇、昆虫等小型动物为食。

常在林缘和疏林中的灌丛、草地上捕食。繁殖期为5～7月。

繁殖于东北，迁徙时见于东部和西南地区，越冬于长江中下游地区。在国外繁殖于东北亚、俄罗斯远东地区及朝鲜半岛，越冬于印度次大陆、中南半岛。

国家二级保护野生动物。

黑鸢（学名：*Milvus migrans*）

中型猛禽，共有5个亚种，体长54～69厘米。上体暗褐色，下体棕褐色，均具黑褐色羽干纹。尾较长，呈叉状，具宽度相等的黑色和褐色相间排列的横斑；飞翔时翼下左右各有一块大的白斑。雌鸟显著大于雄鸟。

栖息于开阔平原、草地、荒原和低山丘陵地带。白天活动，常单独在高空飞翔，秋季有时亦成2～3只的小群。

主要以小型鸟类、鼠、蛇、蛙、鱼、野兔、蜥蜴和昆虫等动物性食物为食。一般通过在空中盘旋来观察和寻找食物。

分布于欧亚大陆、非洲和印度，至澳大利亚。

国家二级保护野生动物。

鹰形目 ACCIPITRIFORMES

大鵟（学名：*Buteo hemilasius*）

鹰科鵟属鸟类，大型猛禽，体长57～76厘米。头顶和后颈白色，各羽贯褐色纵纹。头侧白色，有褐色髭纹。上体淡褐色，有3～9条暗色横斑；下体大都棕白色。跗跖前面通常被羽，飞翔进翼下有白斑。虹膜黄褐色。嘴黑色。爪黑色。

栖息于山地、山脚平原和草原等地区，以及海拔4000米以上的高原和山区。喜停栖在高树或高凸物上。

主要以啮齿动物、蛙、石鸡和昆虫等动物性食物为食。

繁殖于我国东北部、青藏高原东部及南部，越冬于北方中部和东部地区。国外繁殖区自亚洲中部到蒙古和朝鲜半岛北部。越冬于印度、缅甸和日本。

国家二级保护野生动物。

鸨形目 OTIDIFORMES

鸨科 Otididae

大鸨（学名：*Otis tarda*）

鸨科鸨属的大型地栖鸟类。翅长超过400厘米。嘴短，头长、基部宽大于高。翅大而圆，第3枚初级飞羽最长。雄鸟的喉部两侧有刚毛状的须状羽，上身有少量的羽瓣。跗跖等于翅长的1/4。雄鸟的头、颈及前胸灰色；颈背至背栗棕色，密布宽阔的黑色横斑；下体灰白色，颏下有细长向两侧伸出的须状纤羽。雌鸟的两翅覆羽均为白色，在翅上形成大的白斑，飞翔时十分明显。

栖息于广阔草原、半荒漠地带及农田、草地，通常成群活动。善于奔跑。

鸨形目 OTIDIFORMES

主要以野草、甲虫、蝗虫、毛虫等为食。

大鸨为古北界种类。在我国普通亚种繁殖于东北三省，内蒙古东北部及阿拉善盟西北部也有零散繁殖区；指名亚种繁殖于新疆西部天山等地。迁徙时见于内蒙古中部、河西走廊东部，越冬于甘肃、陕西、河南、河北、天津、山东等中部地区。在国外分布于欧洲西北部、中东、中亚，越冬于分布区以南地区。

国家一级保护野生动物。

鹤形目 GRUIFORMES

秧鸡科 Rallidae

🕊 普通秧鸡（学名：*Rallus indicus*）

秧鸡科秧鸡属的鸟类，中型涉禽，全长约29厘米。额羽毛较硬。嘴长直而侧扁稍弯曲；鼻孔呈缝状，位于鼻沟内。翅短，向后不超过尾长，第2枚初级飞羽最长，第1枚初级飞羽的长度介于第6枚和第8枚之间。尾羽短而圆。跗跖长短于中趾或中趾连爪的长度，趾细长。上体多纵纹，头顶褐色，脸灰色，眉纹浅灰色而眼线深灰色。颏白，颈及胸灰色，两胁具黑白色横斑。亚成鸟翼上覆羽具不明晰的白斑。

栖于水边植被茂密处、沼泽及红树林。习性羞怯，性畏人，常单独行动，见人迅速逃匿。在迁飞和越冬时，行动轻快敏捷，能在茂密的草丛中快速奔跑。也善游泳和潜水，但飞行的时候不多。

杂食性。动物性食物包括小鱼、甲壳类动物、蚯蚓、蚂蟥、软体动物、虾、蜘蛛、陆生和水生昆虫及其幼虫，植物性食物包括植物的嫩枝、根、种子、果实。秋冬季节吃的植物性食物比例较多。

繁殖于中国东北地区，迁徙季节偶见于华南，越冬于东南地区、台湾和海南。在国外繁殖于古北界东部。

鹤形目 GRUIFORMES

黑水鸡（学名：*Gallinula chloropus*）

秧鸡科的鸟类，中型涉禽，共有12个亚种，体长24～35厘米。嘴长度适中，鼻孔狭长。头具额甲，后缘圆钝。嘴和额甲色彩鲜艳。翅圆形，第2枚初级飞羽最长，或第2枚和第3枚初级飞羽等长，第1枚约与第5枚或第6枚等长。尾下覆羽白色。趾很长，中趾不连爪约与跗跖等长；趾具狭窄的直缘膜或蹼。通体黑褐色。嘴黄色，嘴基与额甲红色。两胁具宽阔的白色纵纹，尾下覆羽两侧亦为白色，中间黑色，黑白分明，甚为醒目。脚黄绿色，脚上部有一鲜红色环带，亦甚醒目。游泳时身体露出水面较高，尾向上翘，露出尾后两团白斑，很远即能看见。

栖息于灌木丛、蒲草丛、苇丛，善潜水，多成对活动。

以水草、小鱼、虾和水生昆虫等为食。

在中国繁殖于新疆西部、华东、华南、西南、海南岛、台湾及西藏东南部。在北纬23度以南越冬。为较常见留鸟和夏候鸟。

广布于除大洋洲以外的世界各地。

河北蔚县壶流河湿地 鸟类图鉴

白骨顶（学名：*Fulica atra*）

秧鸡科骨顶鸡属鸟类。嘴长度适中，高而侧扁。头具额甲，白色，端部钝圆。翅短圆，第1枚初级飞羽较第2枚短。跗跖短，短于中趾不连爪，趾均具宽而分离的瓣蹼。体羽全黑色或暗灰黑色，多数尾下覆羽白色，两性相似。

栖息于有水生植物的大面积静水或近海的水域。善游泳，能潜水捕食小鱼和水草。游泳时尾部下垂，头前后摆动，遇敌害能较长时间潜水。

杂食性，但主要以植物为食，例如，水生植物的嫩芽、叶、根、茎，也吃昆虫、蠕虫、软体动物等。

在中国分布甚广，几乎遍布全国各地，北至黑龙江、内蒙古，东至吉林长白山，西至新疆天山、西藏喜马拉雅山，南至云南、广西、广东、福建、香港、台湾和海南岛。

鹤形目 GRUIFORMES

小田鸡（学名：*Zapornia pusilla*）

秧鸡科的鸟类，小型涉禽，共有7个亚种，体长17~18厘米。嘴短。背部具白色纵纹。两胁及尾下具白色细横纹。雄鸟头顶及上体红褐色，具黑白色纵纹；胸及脸灰色。雌鸟色暗，耳羽褐色。幼鸟颏偏白色，上体具圆圈状白色点斑。与姬田鸡区别为上体褐色较浓且多白色点斑，两胁多横斑，嘴基无红色，腿偏粉色。

栖息于沼泽型湖泊及多草的沼泽地带。快速而轻巧地穿行于芦苇中，极少飞行。常单独行动，性胆怯，受惊即迅速窜入植物中。

杂食性，但以水生昆虫及其幼虫为主食。

繁殖于我国东北、河北、陕西、河南和新疆喀什地区，迁徙时经过我国大多数省区，在广东可见越冬群体，迷鸟至台湾。在国外见于北非和欧亚大陆，南迁至印度尼西亚、菲律宾、新几内亚及澳大利亚。

河北蔚县壶流河湿地 鸟类图鉴

鹤形目
GRUIFORMES

鹤科
Gruidae

🦅 **白枕鹤（学名：Antigone vipio）**

上体石板灰色。尾羽为暗灰色，末端具有宽阔的黑色横斑。

取食时主要用喙啄食，或用喙先拨开表层土壤，然后啄食埋藏在下面的种子和根茎，边走边啄食。

主要繁殖于黑龙江、吉林等省或更北的地区，冬天部分迁徙到江苏、安徽、江西等省的湿地越冬。

在我国的东北和西北繁殖，越冬于我国长江中下游的湖泊和河岸滩地，迷鸟至福建和台湾。在国外分布于西伯利亚、蒙古北部，越冬于朝鲜和日本。

国家一级保护野生动物。

鹤形目 GRUIFORMES

蓑羽鹤（学名：*Grus virgo*）

大型涉禽，体长68～92厘米，是鹤类中体形最小者。通体蓝灰色，眼先、头侧、喉和前颈黑色，眼后有一白色耳簇羽极为醒目。前颈黑色羽延长，悬垂于胸部。脚黑色，飞翔时翅尖黑色。

栖息于高原、草原、沼泽、半荒漠及寒冷荒漠，海拔5000米也有分布。飞行时呈"V"字编队，颈伸直。叫声如号角，似灰鹤，但较尖而少起伏。

除繁殖期成对活动外，多成家族群或小群活动，有时也见单只。常活动在水边浅水处或水域附近地势较高的羊草草甸上。性胆小而机警，善奔走，常远远地避开人类，也不愿与其他鹤类合群。

繁殖于我国东北、西北、内蒙古西部鄂尔多斯高原。在国外分布于古北界的东南部至中亚，越冬于南亚。

国家二级保护野生动物。

河北蔚县壶流河湿地 鸟类图鉴

丹顶鹤（学名：*Grus japonensis*）

大型涉禽，体长120～160厘米。颈、脚较长。身体大多白色，喉和颈黑色，耳至头枕白色，脚黑色。站立时颈、尾部飞羽和脚黑色，裸出的头顶红色，其余全白色，特征明显，极易识别。幼鸟头、颈棕褐色，体羽白色而缀栗色。

常成对、成家族群或小群活动。迁徙季节和冬季，常由数个或数十个家族群结成较大的群体。有时集群多达40～50只，甚至100余只。但活动

鹤形目 GRUIFORMES

时仍在一定区域内分散成小群或家族群活动。夜间多栖息于四周环水的浅滩上或苇塘边。

主要以鱼、虾、水生昆虫、软体动物、蝌蚪、沙蚕、蛤蜊、钉螺,以及水生植物的茎、叶、块根、球茎和果实为食。

分布于中国东北部、蒙古国东部、俄罗斯乌苏里江东岸、朝鲜、韩国和日本北海道。

国家一级保护野生动物。

河北蔚县壶流河湿地 鸟类图鉴

灰鹤（学名：*Grus grus*）

大型涉禽，体长95～125厘米，翼展180～200厘米。野外鉴别特征明显，颈、脚甚长。全身羽毛大都灰色，头顶裸出皮肤鲜红色，并具稀疏的黑色发状短羽。眼后至颈侧有一灰白色纵带。脚黑色。

栖息于开阔平原、草地、沼泽、河滩、旷野、湖泊及农田地带，尤为喜欢富有水边植物的开阔湖泊和沼泽地带。春季于3月中下旬开始往繁殖地迁徙，秋季于9月末10月初迁往越冬地。迁徙时常为数个家族群组成的

鹤形目 GRUIFORMES

小群迁飞,有时也成40～50只的大群。繁殖期4～7月,每窝通常产卵2枚,雌鸟与雄鸟轮流孵卵,孵化期28～30天。

以昆虫、收获后遗落的农作物、坚果、小型哺乳动物、两栖动物和爬行动物为主食。

繁殖范围横贯欧亚大陆和非洲大陆,从北欧和西欧到蒙古北部、中国北部和西伯利亚东部均有分布。

国家二级保护野生动物。

河北蔚县壶流河湿地 鸟类图鉴

鸻形目
CHARADRIIFORMES

反嘴鹬科
Recurvirostridae

黑翅长脚鹬（学名：*Himantopus himantopus*）

修长的黑白色涉禽。共4个亚种。体长约37厘米。细长的嘴黑色，两翼黑色，长长的腿红色，体羽白色。颈背具黑色斑块。幼鸟褐色较浓，头顶及颈背沾灰。

栖息于开阔平原草地中的湖泊、浅水塘和沼泽地带。非繁殖期也见于河流浅滩、水稻田、鱼塘和海岸附近的淡水或盐水水塘和沼泽地带。常单独、成对或成小群活动。

主要以软体动物、虾、甲壳类、环节动物、昆虫、昆虫幼虫，以及小鱼、蝌蚪等动物性食物为食。繁殖期为5～7月，每窝产卵4枚。

在中国繁殖于新疆、青海、内蒙古、辽宁、吉林和黑龙江省，迁徙期间经过中国河北、山东、河南、山西、四川、云南、西藏、江苏、福建、广东、香港和台湾。部分留在广东、香港和台湾越冬。

鸻形目 CHARADRIIFORMES

 反嘴鹬（学名：*Recurvirostra avosetta*）

中型涉禽，体长40～45厘米。嘴黑色，细长而向上翘。脚亦较长，青灰色。头顶从前额至后颈黑色，翼尖和翼上及肩部2条带斑黑色，其余体羽白色。飞翔时黑色头顶、黑色翅尖，以及背间部和翅上的黑带与白色的体羽及远远伸出于尾后的暗色脚形成鲜明对比，甚为醒目，野外不难识别。

栖息于平原和半荒漠地区的湖泊、水塘和沼泽地带，有时也栖息于海边水塘和盐碱沼泽地。迁徙期亦常见于水稻田和鱼塘。冬季多栖息于海岸及河口地带。

主要以小型甲壳类、水生昆虫、昆虫幼虫、蠕虫和软体动物等小型无脊椎动物为食。

在中国分布于新疆、青海、内蒙古、辽宁、黑龙江、吉林等地区，越冬于西藏南部、广东、福建和香港等南部沿海地区，迁徙期间经过河北、山东、山西、陕西、江苏、湖南和四川等地区，偶尔也见于台湾地区。

河北蔚县壶流河湿地 鸟类图鉴

鸻形目 CHARADRIIFORMES

鸻科 Charadriidae

凤头麦鸡（学名：*Vanellus vanellus*）

体形较大的黑白色涉禽。头顶具有细长而稍向前弯的黑色冠羽，上体具有绿黑色金属光泽，耳羽黑色，头侧和喉部污白色，胸部偏黑色，腹部白色。

通常栖息于湿地、水塘、水渠、沼泽等，有时也远离水域，如农田、旱草地和高原地区。

以蝗虫、蛙类、小型无脊椎动物、植物种子等为主食。

在我国繁殖于北方大部地区，在中国北部为夏候鸟，南方为冬候鸟。越冬于北纬32度以南地带。在国外繁殖于古北界，越冬于南亚次大陆和东南亚北部。

鸻形目 CHARADRIIFORMES

灰头麦鸡（学名：*Vanellus cinereus*）

中型水鸟。头、颈、胸灰色，下胸具黑色横带，其余下体白色，背茶褐色，尾上覆羽和尾白色，尾具黑色端斑。嘴黄色，先端黑色，脚较细长，亦为黄色。飞翔时除翼尖和尾端黑色外，翅下和从胸至尾全为白色，翅上初级飞羽和次级飞羽黑白分明。

活动于近水的开阔地带，飞行速度较慢。

以蚯蚓、昆虫、螺类等为食。

在中国繁殖于东北地区及江苏、福建一带，越冬于广东和云南等地。

金斑鸻（学名：*Pluvialis fulva*）

中型涉禽。体长230~252毫米，体重0.98~1.4千克。夏季全身羽毛大都呈黑色，背上有金黄色斑纹。翅膀又尖又长，喙短而厚，贯眼纹、脸和下体浅色，翼上无白色横纹。雄鸟繁殖期脸、喉、胸部中央和腹部均为黑色；雌鸟下体黑色，但没有雄鸟多。

栖息于海滨、岛屿、河滩、湖泊、池塘、沼泽、水田、盐湖等湿地之中。迁徙性鸟类，具有极强的飞行能力，秋天迁徙飞到很远的地方去越冬。通常沿海岸线、河道迁徙。生活环境多与湿地有关，离不开水。

常单独或成小群活动。性羞怯而胆小，见人立即跑开，若人迫近，则立刻起飞，边飞边叫。飞行快速，活动时常不断地站立和抬头观望，行动极为谨慎小心。善于在地上疾走。

以甲虫、鞘翅目、直翅目和鳞翅目昆虫、蠕虫、小螺、软体动物和甲壳类等动物性食物为食。

分布于亚洲和北美洲靠近北冰洋及北纬高纬度的沿海地区。

鸻形目 CHARADRIIFORMES

金眶鸻（学名：*Charadrius dubius*）

小型鸻科鸟。体长15.3～18.3厘米，体重0.28～0.048千克。上体黑色和褐色，下体白色。其下有明显的黑色领圈，眼后白斑向后延伸至头顶相连，黄色眼圈明显。羽毛的颜色为灰褐色，常随季节和年龄而变化。

常栖息于湖泊沿岸、河滩或水稻田边。单个或成对活动，活动时行走速度甚快，常边走边觅食，并伴随着一种单调而细弱的叫声。通常急速奔走一段距离后稍微停停，然后再向前走。候鸟，在非洲过冬，其他时候则在欧洲和亚洲西部栖息繁殖。春季于3月末4月初即见有个体迁到中国东北繁殖地，秋季于9月末10月初迁离中国东北繁殖地往南迁徙。

以昆虫为主食，兼食植物种子、蠕虫等。

我国常见鸟，*curdonicus*亚种繁殖于华北、华东、华南、四川南部及云南等地，迁徙途经东部省份，至云南南部、海南岛、广东、福建、台湾越冬。在国外分布于古北界、北非，在分布区以南越冬。

环颈鸻（学名：*Charadrius alexandrinus*）

中小型涉禽，全长约16厘米。羽毛的颜色为灰褐色，常随季节和年龄而变化。跗跖黑色，飞行时可见白色翼斑，尾羽外侧更白，与金眶鸻的区别在于无深色头顶前端纹，白色眉纹更宽。

迁徙性鸟类，具有极强的飞行能力。通常沿海岸线、河道迁徙。生活环境多与湿地有关，离不开水。栖息于海滨、岛屿、河滩、湖泊、池塘、沼泽、水田、盐湖等湿地之中。迁徙期集群活动，有时与其他小型鸻鹬类结群觅食。在集小群觅食时，啄食频次显著大于不集群的时候。在南方一些地方并不迁离，而是游荡。具有很强的返回繁殖地或越冬地的能力。在中国山东、河北有一定的繁殖种群，并且在台湾和海南有少量的留鸟。

鸻形目 CHARADRIIFORMES

以蠕虫、昆虫、软体动物为食，兼食植物种子、植物碎片。

主要威胁来自当地居民毁巢和拣蛋，田鼠和黄鼬也会偷食鸟蛋和雏鸟。如果亲鸟遇见危险，常常装扮成受伤的样子，将一侧的翅膀拖拉在地面。自然灾害（如大雨、洪水等）也对鸟巢和卵产生较大的破坏。

在我国为较常见鸟，指名亚种繁殖于西北及中北部地区，越冬于四川、云南西北部、贵州、西藏东南部。在国外分布于美洲、非洲及古北界南部，在南方越冬。

蒙古沙鸻（学名：*Charadrius mongolus*）

小型涉禽，体长约20厘米。上体灰褐色；下体包括颏、喉、前颈、腹部白色。脸具有黑色斑纹，额全黑色。虹膜褐色。脚深灰色。喙短而纤细。

迁徙性鸟类，具有极强的飞行能力。通常沿海岸线、河道迁徙。生活环境多与湿地有关，离不开水。栖息于海边沙滩、河口三角洲、水田、盐田，繁殖季节见于内陆高原的河流、沼泽、湖泊附近的耕地、沙滩、戈壁和草原等。垂直分布高度从海平面至青藏高原（海拔5500米以上）。

在我国有4个亚种，亚种 *pamirensis* 繁殖于新疆西部天山及喀什地区；*atrifrons* 繁殖于青藏高原；*mongolus* 繁殖于西伯利亚但迁徙时经过东部，*stegmanni* 在台湾越冬。这些亚种较常见。在国外繁殖于中亚至东北亚，越冬于非洲沿海、印度、马来西亚及澳大利亚。

鸻形目 CHARADRIIFORMES

铁嘴沙鸻（学名：*Charadrius leschenaultii*）

中小型涉禽，体长19.1～22.7厘米，体重0.055～0.086千克。羽毛的颜色为灰色、褐色及白色。嘴短。常随季节和年龄而变化。上体暗沙色，下体白色。嘴较长、黑色，额白色，额上部有一黑色横带横跨于两眼之间，眼先和一条贯眼纹经眼到耳羽黑色，后颈和颈侧淡棕栗色。胸栗棕红色，往两侧延伸与后颈棕栗色相连，飞翔时白色翼带明显。虹膜暗褐色。嘴黑色。腿和脚灰色，或常带有肉色或淡绿色。

通常沿海岸线、河道迁徙。生活环境多与湿地有关，离不开水。栖息于海滨、岛屿、河滩、湖泊、池塘、沼泽、水田、盐湖等湿地之中。迁徙性鸟类，具有极强的飞行能力。常成2～3只的小群活动，偶尔也集成大群。喜欢在地上奔跑，且奔跑迅速，常常跑跑停停，行动极为谨慎小心。

主要以软体动物、小虾、昆虫、淡水螺类、杂草等为食。

在我国繁殖于新疆西部、内蒙古河套地区及黄河以北，迁徙时经我国全境，少数个体越冬于台湾和华南沿海。在国外繁殖于土耳其至中东、中亚、蒙古国，越冬于非洲沿海、南亚次大陆、东亚和澳大利亚。

河北蔚县壶流河湿地 鸟类图鉴

鸻形目 CHARADRIIFORMES

丘鹬科 Scolopacidae

白腰杓鹬（学名：*Numenius arquata*）

鹬科杓鹬属鸟类。头顶和上体淡褐色。头、颈、上背具黑褐色羽轴纵纹。飞羽为黑褐色与淡褐色相间横斑，颈与前胸淡褐色，具细的褐色纵纹。下背、腰及尾上覆羽白色。尾羽白色，具黑褐色细横纹。腹、胁部白色，具粗重黑褐色斑点。下腹及尾下覆羽白色。

栖于水边沼泽地带及湿地草甸和稻田中。

以甲壳类、软体动物、小鱼、昆虫、植物种子为食。

在我国，繁殖于东北，迁徙时途经大部分地区，数量较少。在国外繁殖于古北界北部，越冬于印度尼西亚和澳大利亚。

鸻形目 CHARADRIIFORMES

斑尾塍鹬（学名：*Limosa lapponica*）

体形中等，体长32.6~38.6厘米，体重0.245~0.32千克。繁殖期羽多有棕栗色。嘴较尾长，直或略微向上翘。跗跖长度居中，后缘具盾状鳞。中趾与外趾之间具退化的蹼，中趾外侧有栉状缘。冬季头顶灰白色，具黑褐色纵纹，肩、上背黑褐色，羽缘浅棕色，下背、腰、尾上覆羽白色沾棕色，具灰褐色羽干纹，尾羽棕色，具灰褐色横斑；眉纹棕白色，颏、喉白色，前胸浅褐色，其余下体淡棕色。嘴长而上翘，红色，尖端黑色。脚黑褐色。

多栖息于在沼泽湿地、稻田与海滩。海边退潮时，迁徙季节出没于海滨潮间带、河口、盐田、沼泽等。喜欢集小群迁徙，罕见于内陆地区。每窝产卵多为4枚。

主要以昆虫、软体动物为食。

分布于欧亚大陆北部和北美，冬季抵非洲和大洋洲。

🦅 黑尾塍鹬（学名：*Limosa limosa*）

中型涉禽，体长36～44厘米。嘴、脚、颈皆较长，是一种细高而鲜艳的鸟类。嘴长而直、微向上翘，尖端较钝、黑色，基部肉色。夏季头、颈和上胸栗棕色，腹白色，胸和两胁具黑褐色横斑；头和后颈具细的黑褐色纵纹，背具粗着的黑色、红褐色和白色斑点；眉纹白色，贯眼纹黑色；尾白色且具宽阔的黑色端斑。冬季上体灰褐色、下体灰色，头、颈、胸淡褐色，虽无显著的羽色特征，但通过长直而微向上翘的嘴、细长的脚和颈以及翼上翼下的白斑，亦容易辨认。

栖息于平原草地和森林平原地带的沼泽、湿地、湖边和附近的草地与低湿地上。单独或成小群活动，冬季有时偶尔也集成大群。繁殖于欧亚大陆北部，越冬于南非、印度、中南半岛国家，往南到澳大利亚。主要以水生和陆生昆虫、昆虫幼虫、甲壳类和软体动物为食。

在中国主要为旅鸟；部分在东北、内蒙古和新疆繁殖，为夏候鸟；部分越冬于云南、海南岛、香港和台湾，为冬候鸟。迁徙经过我国的时间春季为3～4月，秋季为9～10月。

繁殖于新疆西北部天山、内蒙古呼伦贝尔、达赉湖地区，大群迁徙鸟途经我国大部分地区，少数个体越冬于华南沿海和台湾。在国外繁殖于古北界北部，越冬于非洲和澳大利亚、新西兰。

鸻形目 CHARADRIIFORMES

翻石鹬（学名：*Arenaria interpres*）

体长18～24厘米，体重0.082～0.135千克。在繁殖季时体色非常醒目，由栗色、白色和黑色交杂而成；嘴短，黑色；脚橙红色。到了冬天，身上的栗红色就会消失，而换上单调且朴素的深褐色羽毛。虹膜暗褐色，嘴短，黑色，嘴基部较淡；脚短，橙红色。

平时喜欢栖息在潮间带、河口沼泽或礁石海岸等湿地环境，觅食时常用微向上翘的嘴翻开海草或小圆石，找下面隐藏的食物。

主要以沙蚕、螃蟹等小动物为食。也常吃腐尸。

在中国为旅鸟和冬候鸟。春季于4～5月迁徙，秋季于9～10月迁徙。常单独或成小群活动。迁徙期间也常集成大群。行走时步态有点蹒跚，但善奔跑，飞行有力而直，通常不高飞。

在我国迁徙时经过多个东部省份，有部分个体留在台湾、福建和广东越冬，还有部分非繁殖鸟夏季活动在海南岛。在国外繁殖于全北界高纬度地区，冬季迁往美洲、非洲和亚洲热带地区至澳大利亚、新西兰。

国家二级保护野生动物。

阔嘴鹬（学名：*Calidris falcinellus*）

涉禽，体长约17厘米。特征为翼角常具明显的黑色块斑并具双眉纹。与黑腹滨鹬平滑下弯的嘴相比，嘴具微小纽结，使其看似破裂。上体具灰褐色纵纹；下体白色，胸具细纹。腰及尾的中心部位黑色而两侧白色。

性孤僻，喜潮湿的沿海泥滩、沙滩及沼泽地区。翻找食物时嘴垂直向

鸻形目 CHARADRIIFORMES

下。遇警时蹲伏。

在我国为较常见的冬候鸟和过境鸟，迁徙期见于新疆和整个东部沿海，越冬于广东沿海、海南岛和台湾。在国外繁殖于欧亚大陆和西伯利亚北部，越冬于热带地区，最南至澳大利亚。

国家二级重点保护野生动物。

长嘴半蹼鹬（学名：*Limnodromus scolopaceus*）

鹬科的小型涉禽，体长27～30厘米，体重约0.115千克。嘴较长而笔直、黑色，基部较淡。脚亦较长，淡绿色。上体呈黑褐斑杂状，下体呈锈红色。胸和两侧具黑色横斑，下背具白色楔状斑，腰和尾白色具黑色横斑。冬羽灰色、腹白色、尾下覆羽具黑色横斑。虹膜暗褐色，嘴较长、黑褐色，基部较淡，为黄绿色。脚灰色或褐绿色。

鸻形目 CHARADRIIFORMES

　　夏季主要栖息于北极冻原和冻原森林地带，迁徙期和越冬期主要栖息于沿海海岸及其附近沼泽地带。会在地上近水源位置筑巢。常单独或成小群活动。喜欢在小水塘、沼泽边和潮涧地带活动和觅食。
　　主要以昆虫、昆虫幼虫和软体动物及甲壳类动物为食，有时也会吃植物。
　　分布于西伯利亚和阿拉斯加，冬天至巴拿马，会迁徙至美国南部及中美洲，有些甚至会迁徙到西欧。

丘鹬（学名：*Scolopax rusticola*）

体长约35厘米，体形肥胖，腿短，嘴长且直。与沙锥相比体形较大，头顶及颈背具斑纹。起飞时振翅"嗖嗖"作响。占域飞行缓慢，于树顶高度起飞时嘴朝下。飞行看似笨重，翅较宽。

栖息于阴暗潮湿、林下植物发达、落叶层较厚的阔叶林和混交林中，有时也见于林间沼泽、湿草地和林缘灌丛地带。夜行性的森林鸟。白天隐蔽，伏于地面，夜晚飞至开阔地进食。

主要以鞘翅目、双翅目、鳞翅目昆虫及昆虫幼虫，以及蚯蚓、蜗牛等小型无脊椎动物为食，有时也食植物根、浆果和种子。

在我国主要为冬候鸟，部分地区为夏候鸟。春季最早于3月末4月初迁到东北长白山，秋季于9月初至10月末南迁。

在我国繁殖于黑龙江北部、新疆西北部的天山、四川和甘肃南部，迁徙时途经我国大部分地区，越冬于北纬32°以南多数地区，包括海南岛和台湾。

鸻形目 CHARADRIIFORMES

针尾沙锥（学名：*Gallinago stenura*）

小型涉禽，体长21～29厘米。头顶中央冠纹和眉纹白色或棕白色。上体杂有红棕色、绒黑色和白色纵纹和斑纹，嘴基淡色，眉较暗色，贯眼纹宽。下体污白色且具黑色纵纹和横斑。外侧尾羽特别窄而硬挺，较中央尾羽明显短，尾呈扇形。虹膜黑褐色。嘴细长而直，尖端稍微弯曲；嘴尖端黑褐色，基部黄绿色或角黄色。跗跖和趾黄绿色或灰绿色，爪黑色。

栖息于沼泽、稻田、草地。常结成小群，常将嘴插于泥中摄取食物，在水稻田（尤其是收割后的水稻田）中常可遇见。羽色与杂草相混，不容易被发现，有时常由人脚边突然飞起。

主要以昆虫、昆虫幼虫、甲壳类和软体动物等小型无脊椎动物为食。

在我国为多数省区常见过境迁徙鸟，越冬群体见于福建、广东、海南、香港、台湾。在国外繁殖于东北亚，越冬于印度和东南亚，及印度尼西亚。

河北蔚县壶流河湿地 鸟类图鉴

大沙锥（学名：*Gallinago megala*）

小型涉禽，体长26～29厘米。外形很像针尾沙锥，但体形较大，嘴和尾较长。上体绒黑色，杂有棕白色和红棕色斑纹；下体白色，两侧具黑褐色横斑。外侧尾羽窄而短小，站立时尾远远超过翅尖，飞翔时脚露出尾外很少，翼下较暗，具密集的黑褐色斑点。

繁殖季节主要栖息于针叶林或落叶阔叶林中的河谷、草地和沼泽地带。非繁殖期主要栖息于开阔的湖泊、河流、水塘、芦苇沼泽和水稻田地带。

主要以昆虫、昆虫幼虫、环节动物、蚯蚓、甲壳类等小型无脊椎动物为食。

在我国繁殖于东北及西北天山地区，迁徙时常见于东部及中部地区，越冬于广东、海南、台湾及香港，偶见于河北。在国外繁殖于东北亚，越冬于加里曼丹岛北部和印度尼西亚，南至澳大利亚。

鸻形目 CHARADRIIFORMES

扇尾沙锥（学名：*Gallinago gallinago*）

小型涉禽，体长24～30厘米。嘴粗长而直，上体黑褐色，头顶具乳黄色或黄白色中央冠纹。侧冠纹黑褐色，眉纹乳黄白色，贯眼纹黑褐色。背、肩具乳黄色羽缘，形成4条纵带。颈和上胸黄褐色，具黑褐色纵纹。下胸至尾下覆羽白色。尾具宽阔的棕色亚端斑和窄的白色端斑。外侧尾羽不变窄，次级飞羽具宽的白色端缘，在翅上形成明显的白色翅后缘，翅下覆羽亦较白，较少黑褐色横斑。

繁殖期主要栖息于冻原和开阔平原上的淡水或盐水湖泊、河流、芦苇塘和沼泽地带，尤其喜欢富有植物和灌丛的开阔沼泽和湿地，也出现于林间沼泽。非繁殖期除河边、湖岸、水塘等水域生境外，也出现于水田、鱼塘、溪沟、水洼地、河口沙洲和林缘水塘等生境。飞翔时极明显。惊飞时常发出一声鸣叫，并不断地急转弯，呈锯齿状曲折飞行。

主要以蚂蚁、金针虫、小甲虫、鞘翅目等昆虫、昆虫幼虫、蠕虫、蜘蛛、蚯蚓和软体动物为食，偶尔也吃小鱼和杂草种子。

在中国繁殖于新疆西部、黑龙江、吉林和内蒙古东北部；越冬于西藏南部、云南、贵州、四川和长江以南地区，以及香港、海南和台湾。偶尔有少数个体留在河北越冬。迁徙时经过辽宁、河北、内蒙古、甘肃、青海，向南达长江流域。在国外繁殖于古北界，越冬于非洲、印度及东南亚地区。

矶鹬（学名：*Actitis hypoleucos*）

小型鹬类，体长16~22厘米。嘴、脚均较短，嘴暗褐色，脚淡黄褐色且具白色眉纹和黑色过眼纹。上体黑褐色，下体白色，并沿胸侧向背部延伸。翅折叠时在翼角前方形成显著的白斑，飞翔时明显可见尾两边的白色横斑和翼上宽阔的白色翼带。飞翔姿势两翅朝下扇动，身体呈弓状。站立时不住地点头、摆尾。

栖息于低山丘陵和山脚平原一带的江河沿岸、湖泊、水库、水塘岸边，也出现于海岸、河口和附近沼泽湿地。常单独或成对活动，非繁殖期亦成小群。常活动在多沙石的浅水河滩和水中沙滩或江心小岛上。

主要以鞘翅目、直翅目昆虫，以及夜蛾、蝼蛄、甲虫等为食，也吃螺、蠕虫等无脊椎动物和小鱼。

在我国北部为夏候鸟，南部为冬候鸟。春季于3月末4月初即有个体迁到长白山繁殖地，大量迁徙在4月中下旬，秋季于9~10月迁离繁殖地。常单独、成对或成小群迁徙。

在我国繁殖于西北、华北、东北，冬季南迁至不冻的沿海、河流和湿地。在国外繁殖于古北界以及喜马拉雅山脉，冬季南迁至非洲、印度次大陆、东南亚和澳大利亚。

鸻形目 CHARADRIIFORMES

白腰草鹬（学名：*Tringa ochropus*）

小型涉禽，体长20～24厘米，是一种黑白两色的内陆水边鸟类。夏季上体黑褐色且具白色斑点，腰和尾白色，尾具黑色横斑；下体白色，胸具黑褐色纵纹；白色眉纹仅限于眼先，与白色眼周相连，在暗色的头上极为醒目。冬季颜色较灰，胸部纵纹不明显，为淡褐色。飞翔时翅上翅下均为黑色，腰和腹白色，容易辨认。

主要栖息于山地或平原森林中的湖泊、河流、沼泽和水塘附近，海拔可达3000米。常单独或成对活动，多活动在水边浅水处、砾石河岸、泥地、沙滩、水田和沼泽地上。

以蠕虫、虾、蜘蛛、小蚌、田螺、昆虫、昆虫幼虫等小型无脊椎动物为食，偶尔也吃小鱼和稻谷。

在中国东北为夏候鸟，在其他地区为旅鸟和冬候鸟。春季于4月初迁徙至东北繁殖地，秋季于9月中旬至9月末迁离繁殖地往南。

红脚鹬（学名：*Tringa totanus*）

体长约28厘米。上体褐灰色，下体白色，胸具褐色纵纹。飞行时腰部白色明显，次级飞羽具明显白色外缘。尾上具黑白色细斑。虹膜黑褐色。嘴长直而尖，基部橙红色，尖端黑褐色。脚较细长，亮橙红色，繁殖期变为暗红色。幼鸟橙黄色。

鸻形目 CHARADRIIFORMES

常成小群迁徙。生活于草地、湖泊、沿海等地。

主要以各种小型动物为食。在中国繁殖于东北地区，为夏候鸟和冬候鸟。春季于3~4月迁到东北繁殖地，秋季于9~10月迁离繁殖地。

该物种分布广泛，世界各地均有分布，繁殖于非洲及古北界，冬季南移远及苏拉威西、东帝汶及澳大利亚。

林鹬（学名：*Tringa glareola*）

体形略小，体长约20厘米，纤细。褐灰色，腹部及臀偏白色，腰白色。上体灰褐色而极具斑点。眉纹长，白色。尾白色而具褐色横斑。飞行时尾部的横斑、白色的腰部及下翼以及翼上无横纹为其特征。脚远伸于尾后。与白腰草鹬区别在腿较长，黄色较深，翼下色浅，眉纹长，外形纤细。

栖息于林中或林缘开阔沼泽、湖泊、水塘与溪流岸边，也栖息和活动于有稀疏矮树或灌丛的平原水域和沼泽地带。在中国主要为旅鸟，部分在东北和新疆为夏候鸟，在广东、海南、香港和台湾为冬候鸟。春季迁经我国的时间为3~4月，3月末即有个体到达长白山繁殖地，秋季于9月末10月初从东北往南迁徙。

主要以直翅目和鳞翅目昆虫、昆虫幼虫、蠕虫、虾、蜘蛛、软体动物和甲壳类等小型无脊椎动物为食。

鸻形目 CHARADRIIFORMES

🐦 鹤鹬（学名：*Tringa erythropus*）

小型涉禽，体长26～33厘米。夏季通体黑色，眼圈白色，在黑色的头部极为醒目；背具白色羽缘，使上体呈黑白斑驳状，头、颈和整个下体纯黑色，仅两胁具白色鳞状斑；嘴细长、直而尖，下嘴基部红色，余为黑色；脚亦长细、暗红色。冬季背灰褐色，腹白色，胸侧和两胁具灰褐色横斑；眉纹白色，脚鲜红色；腰和尾白色，尾具褐色横斑，飞翔时红色的脚伸出于尾外，与白色的腰和暗色的上体成鲜明对比。

栖息于北极冻原和冻原森林带，单独或成分散的小群活动。

主要以甲壳类、软体动物、蠕形动物及水生昆虫为食物。

在我国仅繁殖于新疆。在国外繁殖于欧洲北部冻原带，从挪威横跨西伯利亚北部，往东一直到楚科奇半岛，越冬于地中海、非洲、波斯湾、印度和中南半岛等地。

鸻形目 CHARADRIIFORMES

青脚鹬（学名：*Tringa nebularia*）

体长30～35厘米，翼展53～60厘米，体重0.14～0.27千克。寿命12年。上体灰黑色，有黑色轴斑和白色羽缘；下体白色，前颈和胸部有黑色纵斑。嘴微上翘，腿长、近绿色。飞行时脚伸出尾端甚长。

栖息于苔原森林和亚高山杨桦矮曲林地带的湖泊、河流、水塘和沼泽地带，常单独或成对在水边浅水处涉水觅食，有时也进到齐腹深的深水中。

以虾、蟹、小鱼、螺、水生昆虫和昆虫幼虫为食。

在我国为常见冬候鸟，迁徙时见于全国大部分地区，结大群在西藏东南部及长江以南大部分地区越冬。

河北蔚县壶流河湿地 鸟类图鉴

鸻形目 CHARADRIIFORMES

燕鸻科 Glareolidae

普通燕鸻（学名：*Glareola maldivarum*）

小型水边鸟类，体长20~28厘米。嘴短，基部较宽，尖端较窄而向下曲。翼尖长。尾黑色，呈叉状。夏羽上体茶褐色，腰白色；喉乳黄色，外缘黑色；颊、颈、胸黄褐色，腹白色；翼下覆羽棕红色，飞翔时极明显；嘴黑色，基部红色。冬羽和夏羽相似，但嘴基无红色，喉斑淡褐色，外缘黑线较浅淡，其内也无白缘。

飞行和栖息姿势很像家燕。相似种灰燕鸻体形显著为小，上体较淡、灰色，尾为浅叉状，无喉斑。翼下覆羽不为棕红色而为黑色，具显著的白色翼后缘，无论飞翔或栖立时都易区别。

形态优雅，以小群至大群活动，性喧闹。与其他涉禽混群，栖于开阔地、沼泽地及稻田。善走，头不停点动。飞行优雅似燕，于空中捕捉昆虫。常见于飞机场。

夏候鸟或旅鸟。春季于4~5月迁来，秋季于9~10月离开。

在我国繁殖于东北、华北、华东、新疆及海南和台湾，留鸟见于台湾，迁徙时见于我国大部分地区。在国外繁殖于东亚，冬季南迁至印度尼西亚和澳大利亚。

鸻形目 CHARADRIIFORMES

鸥科 Laridae

红嘴鸥（学名：*Chroicocephalus ridibundus*）

鸥科、鸥属鸟类。又称"水鸽子"，体形和毛色都与鸽子相似，体长37～43厘米，翼展94～105厘米，体重225～350克，寿命32年。嘴和脚皆呈红色，身体大部分的羽毛是白色，尾羽黑色。脚和趾赤红色，冬时转为橙黄色。爪黑色。

数量大，喜集群，在世界的许多沿海港口、湖泊都可看到。一般生活在江河、湖泊、水库、海湾。

主食是鱼、虾、昆虫、水生植物和人类丢弃的食物残渣。

在中国主要为冬候鸟，部分为夏候鸟。春季迁到东北繁殖地的时间为3～4月。秋季于9～10月离开繁殖地往南迁徙。

在我国分布范围较广，在多数省区为常见鸟。繁殖于西部地区、东北地区湿地，越冬于华东、华南，云南昆明有大量在此越冬。在国外繁殖于欧亚大陆北部和北美洲北部，有些在欧洲部分地区为常年留鸟，越冬于亚洲南部至非洲北部和地中海沿岸。

河北蔚县壶流河湿地 鸟类图鉴

遗鸥（学名：*Ichthyaetus relictus*）

中型水禽，体长为40厘米左右。成鸟夏羽整个头部深棕褐色至黑色，上沿达后颈，下沿至下喉及前颈，深棕褐色由前向后逐渐过渡成纯黑色，与白色颈部相衔接。眼的上、下方及后缘具有显著的白斑，颈部白色。背淡灰色。腰、尾上覆羽和尾羽纯白色。

喜欢栖息于开阔平原和荒漠与半荒漠地带的咸水或淡水湖泊中，在内蒙古鄂尔多斯桃力庙—阿拉善湾海子、陕西红碱淖分布较多。遗鸥每年春天都成群地来到这里，站立时头颈伸得很直。每当晴好天气的黄昏时刻，

鸻形目 CHARADRIIFORMES

众多外出觅食的遗鸥纷纷归来，在岛屿及附近水面上嬉戏，一片十分喧闹壮观的景象。濒危候鸟。栖息于海拔1200～1500米的沙漠咸水湖和碱水湖中，繁殖期在5月初至7月初。

杂食性，繁殖期以水生昆虫等动物性食物为主。10月南迁。

繁殖地集中在蒙古国、哈萨克斯坦、俄罗斯和中国，越冬地在中国和韩国亦有发现。

国家一级保护野生动物。

普通海鸥（学名：*Larus canus*）

中等体形，体长约45厘米。腿及无斑环的细嘴绿黄色，尾白色。初级飞羽羽尖白色，具大块的白色翼镜。冬季头及颈散见褐色细纹，有时嘴尖有黑色。第一年的鸟尾具黑色次端带，头、颈、胸及两胁具浓密的褐色纵纹，上体具褐斑。第二年鸟似成鸟但头上褐色较深，翼尖黑色而翼镜小。

繁殖期一般不集群，非繁殖期集群活动。多巢常为铺垫有植物的浅环形状。巢址多样。

在国内分布于内蒙古、黑龙江、辽宁、河北、河南、长江，向南到云南、海南、台湾。在国外繁殖于欧亚大陆北部，越冬至太平洋西北部、东北部和大西洋北部。

鸻形目 CHARADRIIFORMES

西伯利亚银鸥（学名：*Larus vegae*）

体长55~73厘米，体重约1.1千克，貌似凶狠的浅灰色鸥。雌雄同色。在冬季，头及颈背具深色纵纹，并及胸部。浅色的初级飞羽及次级飞羽内边与白色翼下覆羽对比不明显。虹膜浅黄色至偏褐。嘴黄色，上具红点。腿脚粉红。

主要栖息于港湾、岛屿、近海沿岸及江河湖泊地带。喜欢成群低飞于水面上空，飞行时轻快敏捷，常利用热气流滑翔以节省体力。叫声非常嘹亮，在两三声短促有力的鸣叫后，往往跟着一串稍弱但连贯的鸣叫，很有节奏感。

杂食性，主要以小鱼、虾、甲壳类、昆虫等小型动物为食。

其与海鸥的区别在于海鸥体形较小，嘴尖无红斑，脚为黄色；与灰背鸥的区别在于灰背鸥上体较暗，多为黑灰色；与银鸥的区别在于银鸥色浅，而西伯利亚银鸥色深。

分布于北美洲和东亚。

黄腿银鸥（学名：*Larus cachinnans*）

大型鸥类，全长57～64厘米。雌雄同色。上体浅灰色至中灰色，冬季头及颈背无褐色纵纹，三级飞羽及肩羽具白色的月牙形扇，翼合拢时通常可见白色羽尖，飞行时初级飞羽外侧具大翼镜。眼深黄色。喙小而头圆，呈黄色，下喙端具标志性红点，有时略具黑色带。腿黄色或橙黄色，有时带粉色。

栖息于内陆湿地、海洋浅海、海洋潮间带、海洋海岸、岩外群岛、人工陆地和人工水域。繁殖期为4～7月，一般成群营巢。

主要以鱼类、无脊椎动物（昆虫、软体动物等）、爬行动物、小型哺乳动物（田鼠、地松鼠等）、鸟蛋和雏鸟为食。有时也会在垃圾中寻找食物。

在我国指名亚种繁殖于新疆西部的天山及喀什地区的湿地周围，越冬至以色列、波斯湾、印度洋，有少量在香港越冬。在国外繁殖于中亚、俄罗斯南部、蒙古国，越冬相同。

鸻形目 CHARADRIIFORMES

白额燕鸥（学名：*Sternula albifrons*）

体长22～27厘米，体重0.055～0.06千克。夏羽头顶、颈背及贯眼纹黑色，额白色。冬羽头顶及颈背的黑色减少至月牙形。幼鸟似非繁殖期成鸟但头顶及上背具褐色杂斑，尾白色而尾端褐。

栖息于海岸、河口、沼泽。常集群活动。为中国常见的夏季繁殖鸟。从东北至西南及华南沿海和海南以及内陆沿海的大部分地区均有繁殖。

以鱼虾、水生昆虫为主食。

在中国台湾部分为留鸟，在大陆为夏候鸟，春季于4～5月迁来，秋季于9～10月迁走。在我国繁殖于新疆喀什，以及从东北至西南、华南沿海，海南大部分地区。在国外以美国西部沿海、古北界西部、北非、印度洋、南亚次大陆、东亚、东南亚、印度尼西亚、澳大利亚，迁徙时记录于台湾。

河北蔚县壶流河湿地 鸟类图鉴

普通燕鸥（学名：*Sterna hirundo*）

头顶黑色，尾分叉。繁殖期头顶全黑色，胸灰色。非繁殖期上翼及背灰色，尾上覆羽及尾为白色，额白色，下体白色。

燕鸥常结群在海滨或河流活动。巢置于沼泽地的沙土窝中。每产卵2～3枚，淡灰色或淡黄色。孵化期21天。

大部分燕鸥都会潜水捕鱼，并会先悬停一时，但浮鸥属会吃淡水面上的昆虫。燕鸥很少会滑翔，只有少数物种，如乌燕鸥，会在海面上空翱翔。除了洗澡外，它们很少会游泳。

主要食鱼类，春秋季节嗜吃蝗虫、草地螟等，为草原和农业地区的益鸟。

在国内分布于新疆、青海、甘肃、四川、陕西、西藏、黑龙江、吉林、辽宁、内蒙古、河北、山东、山西等，迁徙经河北、湖北、陕西、福建、广东、香港、海南和台湾。在国外，分布于北极及附近地区，繁殖区为北极及欧洲、亚洲和北美洲东及中部。候鸟，有很强的迁移性，在热带及亚热带海洋越冬。

鸻形目 CHARADRIIFORMES

 须浮鸥（学名：*Chlidonias hybrida*）

体形略小的浅色燕鸥，体长约25厘米。夏季腹部深色，尾浅开叉。繁殖期额黑色，胸腹灰色。非繁殖期。额白色，头顶具细纹，顶后及颈背黑色，下体白色，翼、颈背、背及尾上覆羽灰色。幼鸟似成鸟但具褐色杂斑。与非繁殖期白翅浮鸥区别在头顶黑色，腰灰色，无黑色颊纹。

栖息于开阔平原湖泊、水库、河口、海岸和附近沼泽地带。有时也出现于大湖泊与河流附近的小水渠、水塘和农田地上空。

鸽形目 COLUMBIFORMES

鸠鸽科 Columbidae

岩鸽（学名：*Columba rupestris*）

嘴爪平直或稍弯曲，嘴基部柔软，被以蜡膜，嘴端膨大而具角质。颈和脚均较短。

主要栖息于山地岩石和悬崖峭壁处，最高可达海拔5000米以上的地区。常成群活动。多结成小群到山谷和平原田野上觅食。性较温顺。叫声"咕咕"，和家鸽相似。鸣叫时频频点头。

主要以植物种子、果实、球茎、块根等植物性食物为食。

在我国为常见留鸟和候鸟，常见于新疆西部和西藏，繁殖于华北、东北及华中地区，部分秋、冬季南迁，分布可至海拔6000米左右。在国外见于喜马拉雅山脉及中亚地区。

鸽形目 COLUMBIFORMES

山斑鸠（学名：*Streptopelia orientalis*）

共有6个亚种。体长约32厘米。嘴、爪平直或稍弯曲，嘴基部柔软，被以蜡膜，嘴端膨大而具角质。颈和脚均较短，胫全被羽。上体的深色扇贝斑纹体羽羽缘棕色，腰灰色，尾羽近黑色，尾梢浅灰；下体多偏粉色，脚红色。起飞时带有高频"噗噗"声。

成对或单独活动，多在开阔农耕区、村庄、房前屋后、寺院周围或小沟渠附近活动，取食于地面。

以颗粒状谷类为食。

在我国为常见鸟，分布广泛，指名亚种可见于西藏南部至东北的大部分地区，留鸟也见于西北、云南和台湾，冬季群体南迁越冬。在国外见于喜马拉雅山脉、印度、东北亚及日本。

灰斑鸠（学名：*Streptopelia decaocto*）

全身灰褐色。翅膀上有蓝灰色斑块。尾羽尖端为白色。颈后有黑色颈环，环外有白色羽毛围绕。虹膜红色，眼睑也为红色，眼周裸露皮肤白色或浅灰色。嘴近黑色。脚和趾暗粉红色。

栖息于平原、山麓和低山丘陵地带树林中，也常见于农田、耕地、果园、灌丛、城镇和村屯附近。群居物种，多成小群或与其他斑鸠混群活动。繁殖期4~8月。

以各种植物果实与种子为食，也吃草籽、农作物谷粒和昆虫。

主要分布于欧洲南部、亚洲的温带、亚热带地区及非洲北部。在我国除新疆北部、东北北部、台湾等地外，几乎均有分布。

火斑鸠（学名：*Streptopelia tranquebarica*）

全长21~24厘米。雄鸟头顶和后颈蓝灰色，颏和上喉蓝白色，后颈基有一道明显而狭窄的黑色半领圈；背、肩、翅上覆羽及下体均葡萄红色，但下体色略浅，向后转至白色；初级飞羽近黑色，腰、尾上覆羽等暗蓝灰色，中央尾暗褐色，其余尾羽灰黑色而有宽的白色端斑。雌鸟头顶淡褐色而沾灰色，颈基的黑色半领圈不明显，上体深土褐色，下体浅土褐色而略带粉红，肛周和尾下覆羽转为蓝白色。

常结群活动于开阔田野、村庄附近，有时和山斑鸠、珠颈斑鸠等混合成群。

在中国华南、华东和华北均有分布。

珠颈斑鸠（学名：*Spilopelia chinensis*）

小型鸟类。体长27~34厘米。头为鸽灰色，上体大都褐色，下体粉红色，后颈有宽阔的黑色，其上满布以白色细小斑点形成的领斑，在淡粉红色的颈部极为醒目。留鸟。

常成小群活动，有时亦与其他斑鸠混群，通常在天亮后离开栖息树到地上觅食，离开栖息地前常鸣叫一阵。

主要分布于东亚、东南亚、澳大利亚。

鹃形目　CUCULIFORMES

鹃形目 CUCULIFORMES
杜鹃科 Cuculidae

四声杜鹃（学名：*Cuculus micropterus*）

又名布谷鸟。其体色主要为灰色，头颈部浅灰色，背部、两翼、腰部为深灰色。胸腹部白色，并具有较宽的深色横纹。尾羽背面为深灰色，末端边缘为白色，次末端为较宽的黑色横斑，两侧具白色纹。腹面为深灰色并具白斑。雌鸟灰色中略带棕色，幼鸟的头颈及背部具白色或皮黄色的鱼鳞状纹。虹膜褐色，眼圈黄色。上嘴黑灰色，下嘴前段黄绿色，后段黄色。脚黄色。

栖息于山地和平原地区的树林中。通常单独或成对活动。繁殖期为5~7月。不营巢、孵卵和育雏，产卵于苇莺、鹤科等鸟类的巢中。

分布于中国东北至西南及东南地区。

大杜鹃（学名：*Cuculus canorus*）

又名喀咕、布谷、子规、杜宇、郭公、获谷等。体长约32厘米，翅长约21厘米。雄鸟上体纯暗灰色；两翅暗褐色，翅缘白色而杂以褐斑；尾黑，先端缀白；中央尾羽沿着羽干的两侧有白色细点；颏、喉、上胸及头和颈等的两侧均浅灰色，下体余部白色，杂以黑褐色横斑。雌雄外形相似，但雌鸟上体灰色沾褐色，胸呈棕色。

栖息于开阔林地，特别在近水的地方。常晨间鸣叫，每分钟24～26次，连续鸣叫半小时方稍停息。性懦怯，常隐伏在树叶间。平时仅听到鸣声，很少见到。飞行急速，循直线前进，在停落前，常滑翔一段距离。

分布于中国西部和南部。

鸮形目 STRIGIFORMES

鸮形目 STRIGIFORMES

鸱鸮科 Strigidae

纵纹腹小鸮（学名：*Athene noctua*）

体长约23厘米。无耳羽簇。头顶平，眼亮黄而长凝不动。上体为沙褐色或灰褐色，并散布有白色的斑点；下体为棕白色而有褐色纵纹。

栖息于低山丘陵、林缘灌丛和平原森林地带，也出现在农田、荒漠和村庄附近的丛林中。

分布于欧洲、非洲东北部、亚洲西部和中部等地。在中国为常见留鸟，广布于北部和西部的大部分地区，高可至海拔4600米处。

国家二级保护野生动物。

领角鸮（学名：*Otus lettia*）

小型鸟类，体长23~25厘米。具小型耳羽簇。上体偏灰色或沙褐色，个别亚种具差异，有浅黄色的杂纹或斑块；下体浅黄色，夹杂深色细条纹。面部呈白色或浅黄色。眼睛呈橙色或棕色。雌雄外形无明显差异。虹膜深褐色。鸟喙黄色。脚爪污黄色。

栖息于森林、灌木丛、次生森林，以及开阔的乡村和城镇周围的树林和竹林。范围从平原至海拔约2400米的山地高度。大部分夜间栖于低处，繁殖季节叫声哀婉。从栖处跃下地面捕捉猎物。

在中国较常见，高至海拔1600米处，甚至城郊林荫道也可见。

国家二级保护野生动物。

鸮形目　STRIGIFORMES

短耳鸮（学名：*Asio flammeus*）

体长38～40厘米。体矮，翼长。黄褐色。面庞显著，短小的耳羽簇于野外不可见。眼为光艳的黄色，眼圈暗色。上体黄褐色，满布黑色和皮黄色纵纹；下体皮黄色，具深褐色纵纹。飞行时黑色的腕斑显而易见。

栖息于开阔田野，白天亦常见。成群营巢于地面。

分布最广的鸮类之一。在中国大部分地区为不常见候鸟，指名亚种繁殖于东北地区，越冬于华北以南海拔1500米以下的大部地区。

国家二级保护野生动物。

夜鹰目 CAPRIMULGIFORMES

夜鹰科 Caprimulgidae

普通夜鹰（学名：Caprimulgus jotaka）

又名贴树皮、鬼鸟、夜鹰。头顶中央具黑色纹。眼睛较大，眼深褐色。喙短小但嘴裂甚大，嘴边具须，嘴黑色。喉黑色，其下具一白斑。翼较尖，翼角具白斑。脚甚短小，呈黑褐色。整体体色似树皮，呈斑驳的灰褐色。上体灰褐色，具黑褐色和灰白色的虫蠹斑；下体浅灰褐色，具黑色横斑。尾羽具深色横斑，外侧尾羽近末端具宽阔的浅色斑。雄鸟为白色，雌鸟为皮黄色。

栖息于山地阔叶林和混交林中、农田、果园等生境。单独或成对活动。夜行性，白天多蹲伏于林中草地上或卧伏于阴暗的树干上。繁殖期5~8月，直接将卵产在林地地面上。卵灰白色，布满褐色斑点。

在中国分布于华东、华南至西南的绝大多数地区。

雨燕目 APODIFORMES

雨燕目 APODIFORMES

雨燕科 Apodidae

普通雨燕（学名：*Apus apus*）

又名普通楼燕、雨燕、楼燕、北京雨燕。体长16～19厘米。两翼窄而长，飞时向后弯曲如镰刀，体羽几纯黑褐色。虹膜为褐色。嘴黑色。白色的喉及胸部为一道深褐色的横带所隔开。脚黑色。体大（21厘米）的雨燕尾略叉开，全身除颈和喉为污白色外，几乎纯为黑色。特征为白色的喉及胸部为一道深褐色的横带所隔开。两翼相当宽。

栖息于多山地区，不能从地面一跃而起，只能从悬崖或高楼上俯冲飞起。飞行速度可达110千米/时。

繁殖于古北界，越冬于非洲南部。在我国于繁殖区内极常见，繁殖于北方大部分地区，南至四川，迁徙途经华东和西部地区。

白腰雨燕（学名：Apus pacificus）

又名白尾根麻燕、大白腰野燕、太平洋雨燕等。体长约18厘米。通体黑褐色。嘴黑色。虹膜棕褐色。头顶、背及双翼黑褐色并具浅色羽缘，双翼狭长，腰白色。下体胸、腹及尾下覆羽黑褐色，羽端白色呈细横纹状。尾黑色，长且呈深叉状。脚短，黑褐色，爪黑色。

栖息于水体附近的陡坡、岩壁、悬崖周围。通常集群活动。繁殖期为5～7月，每窝产卵2～3枚。孵化期为20～23天。营巢于崖壁的缝隙中，巢为杯状或碟状，以干草、树皮、苔藓、羽毛及唾液附于岩壁上。

在中国大部地区均有分布。在中国为常见夏候鸟，指名亚种繁殖于东北、华北、华东、东南和台湾。

佛法僧目 CORACIIFORMES

佛法僧目 CORACIIFORMES
佛法僧科 Coraciidae

三宝鸟（学名：*Eurystomus orientalis*）

中小型攀禽，共有10个亚种。体长26～29厘米，体重0.107～0.194千克。通体蓝绿色。头和翅较暗，呈黑褐色。初级飞羽基部具淡蓝色斑，飞翔时甚明显。虹膜暗褐色。嘴、脚红色。常长时间站在林缘路边高大乔木顶端枯枝上，或在空中成圈飞翔和上下飞翔，边飞边"嘎嘎"地鸣叫。

如发现飞行中昆虫，则追赶捕食，如果在地上发现蜥蜴或昆虫，则如伯劳采饵，在地上以跳跃代步行的方式捕食。

繁殖于树洞、崖壁或岩石窟窿，亦利用啄木鸟或喜鹊等旧巢，产3个具有光泽的白色卵。雌雄共同孵卵育雏，雏鸟约4星期后离巢，第3年才开始繁殖。求偶期以漂亮的求爱飞行闻名。

分布于西伯利亚东部，中国东北、华北、华中，东北亚及喜马拉雅地区。冬季南迁至中国华南、东南亚和印度等地避寒。在台湾为稀有的冬候鸟，或过境鸟。

佛法僧目 CORACIIFORMES

翠鸟科 Alcedinidae

🐦 蓝翡翠（学名：*Halcyon pileata*）

嘴粗长似凿，基部较宽，嘴峰直。翼圆。体色以蓝色、白色及黑色为主；额、头顶、头侧和枕部黑色；后颈白色，向两侧延伸与喉胸部白色相连，形成一宽阔的白色领环；眼下有一白色斑；颏、喉、颈侧、颊和上胸白色；胸腹部和翼下覆羽橙棕色；翅上覆羽黑色，形成一大块黑斑；初级飞羽黑褐色，外侧基部白色，内侧基部有一大块白斑；背、腰、尾及尾上覆羽蓝色。

栖息于山溪、河流、水塘及沼泽地带，喜大河流两岸、河口及红树林。

繁殖期5～7月，营巢于土崖壁上或河流的堤坝上。每窝产卵4～6枚。卵白色，椭圆形。孵化期20天。由雌雄亲鸟共同孵卵，但以雌性为主。

常见于中国华北、华东、华中、华南、海南、台湾。

佛法僧目 CORACIIFORMES

普通翠鸟（学名：*Alcedo atthis*）

中型水鸟。自额至枕蓝黑色，密杂以翠蓝横斑，背部辉翠蓝色，腹部栗棕色。头顶有浅色横斑。嘴和脚均赤红色。从远处看很像啄木鸟。因背和面部的羽毛翠蓝色发亮而被称为翠鸟。

常出没于开阔郊野的淡水湖泊、溪流、鱼塘、沟渠和红树林。栖于岩石或水面上方的枝头上，不断点头观察鱼类，钻入水中捕食。

在中国为海拔1500米以下地区常见留鸟，分布于包括海南和台湾在内的东北、华北、华东、华中、华南、西南大部地区。

河北蔚县壶流河湿地 鸟类图鉴

冠鱼狗（学名：*Megaceryle lugubris*）

共3个亚种，中国分布2种。体长为24～26厘米，嘴粗直且长而坚硬，翼尖突出，翅膀短而圆。尾巴短而圆，头部较大且颈部短。头部有明显的羽冠。脚非常短且趾弱细。身体羽毛为黑色，上有许多白色的椭圆形或其他形状的斑点。

栖息于林中溪流、山脚平原、灌丛或疏林、水清澈而缓流的小河、溪涧、湖泊及灌溉渠等。多沿溪流中央飞行，平时常独栖在近水边的树枝顶上、电线杆顶或岩石上，伺机猎食。

食物以小鱼为主，兼吃甲壳类和多种水生昆虫及其幼虫，也啄食小型蛙类和少量水生植物。繁殖期多数在5～6月，每窝产卵3～7枚，孵化期约21天，雌雄共同孵卵。

在中国分布于华中、华东及华南，海南海拔2000米以下地区的偶见留鸟。

犀鸟目　BUCEROTIFORMES

犀鸟目 BUCEROTIFORMES
戴胜科 Upupidae

戴胜（学名：*Upupa epops*）

体长26～28厘米，翼展42～46厘米，体重0.055～0.08千克。头顶羽冠长而阔，呈扇形。颜色为棕红色或沙粉红色，具黑色端斑和白色次端斑。头侧和后颈淡棕色，上背和肩灰棕色。下背黑色而杂有淡棕白色宽阔横斑。初级飞羽黑色，飞羽中部具1道宽阔的白色横斑，其余飞羽具多道白色横斑。翅上覆羽黑色，也具较宽的白色或棕白色横斑。腰白色，尾羽黑色而中部具一白色横斑。颏、喉和上胸葡萄棕色。腹白色而杂有褐色纵纹。虹膜暗褐色。嘴细长而向下弯曲，黑色，基部淡肉色。脚和趾铅色或褐色。

栖息于山地、平原、森林、林缘、路边、河谷、农田、草地、村屯和果园等开阔地方，尤其以林缘耕地生境较为常见。性活泼，喜开阔潮湿地面，长长的嘴在地面翻动寻找食物。有警情时冠羽立起，起飞后松懈下来。每年5月或6月繁殖，选择天然树洞和啄木鸟凿空的蛙树孔里营巢产卵，有时也建窝在岩石缝隙、堤岸洼坑、断墙残垣的窟窿中。每窝产卵5～9枚。

以虫类为食，在树上的洞内做窝。

主要分布在欧洲、亚洲和北非地区，在中国广泛分布。

河北蔚县壶流河湿地 鸟类图鉴

鴷形目 PICIFORMES
啄木鸟科 Picidae

蚁鴷（学名：*Jynx torquilla*）

又名欧亚蚁鴷，小型鸟类，有6个亚种，全长约17厘米。全身体羽黑褐色，斑驳杂乱。上体及尾棕褐色，自后枕至下背有一暗黑色菱形斑块；下体具有细小横斑，尾较长，有数条黑褐色横斑。

栖息于低山丘陵和山脚平原的阔叶林或混交林的树木上。喜欢单独活动。受惊时颈部像蛇一样扭转，俗称"歪脖"。在旧的啄木鸟洞穴中营巢，每窝产卵5～14枚，12～14天出雏。

取食蚂蚁，舌长，具钩端及黏液，可伸入树洞或蚁巢中取食。

在我国地区性常见，繁殖于华中、华北和东北，越冬于华南、东南、海南和台湾。

鴷形目 PICIFORMES

🦅 星头啄木鸟（学名：*Yungipicus canicapillus*）

小型鸟类，体长14～18厘米。额至头顶灰色或灰褐色，具一宽阔的白色眉纹自眼后延伸至颈侧。雄鸟在枕部两侧各有一深红色斑，上体黑色，下背至腰和两翅呈黑白斑杂状，下体具粗的黑色纵纹。

主要栖息于山地和平原阔叶林、针阔叶混交林和针叶林中，常单独或成对活动。

在中国分布广泛但并不常见，见于海拔2000米以下的各类林地。

河北蔚县壶流河湿地 鸟类图鉴

大斑啄木鸟（学名：*Dendrocopos major*）

又名赤鴷、臭奔得儿木、花奔得儿木、花啄木、白花啄木鸟、啄木冠、叼木冠。小型鸟类，体长20～25厘米。上体主要为黑色，额、颊和耳羽白色，肩和翅上各有一块大的白斑；下体污白色，无斑；下腹和尾下覆羽鲜红色。尾黑色，外侧尾羽具黑白相间横斑，飞羽亦具黑白相间的横斑。雄鸟枕部红色。

适应林地类型最为广泛。灵活，在树干、细枝、挂有果子的枝丫间觅食，也会到地面活动。凿树洞营巢。

在中国为分布最广的啄木鸟，见于整个温带林区、农耕区和城市园林中，有8个亚种。

灰头绿啄木鸟（学名：*Picus canus*）

雄鸟额及头顶前部朱红色，眼先和颊纹黑色，枕部黑色，头后和颈部灰色，背和翼上覆羽绿黄色，飞羽黑褐色且具白斑，尾羽色深或染绿色，并具深色横斑，颊、喉、胸和腹部灰色，两胁染绿色，尾下覆羽灰色。雌鸟顶冠灰色而无红斑。

繁殖期为4～6月。营巢于树洞中，每窝产卵8～11枚。孵化期为12～13天。栖息于低山林区，秋冬季则常出现于路旁、农田边疏林，也常到村庄附近小树林内活动。常单独或成对活动。

在中国广泛分布于各类林地及城市园林中。

隼形目 FALCONIFORMES

隼科 Falconidae

红隼（学名：*Falco tinnunculus*）

小型猛禽。体长30.5～36厘米，体重0.173～0.335千克。翅狭长而尖，尾亦较长，外形和共同爪隼非常相似。雄鸟头蓝灰色，背和翅上覆羽砖红色，具三角形黑斑；腰、尾上覆羽和尾羽蓝灰色，尾具宽阔的黑色次端斑和白色端斑，眼下有1条垂直向下的黑色口角髭纹。下体颏、喉乳白色或棕白色，其余下体乳黄色或棕黄色，具黑褐色纵纹和斑点。雌鸟上体从头至尾棕红色，具黑褐色纵纹和横斑；下体乳黄色；除喉外均被黑褐色纵纹和斑点；具黑色眼下纵纹。脚、趾黄色，爪黑色。

栖息于山地和旷野中，多单个或成对活动，飞行较高。以猎食时有翱翔习性而著名。呈现两性色型差异，雄鸟的颜色更鲜艳，这在鹰中是罕见的。

以大型昆虫、鸟和小型哺乳动物为食。

在中国为较常见的留鸟和候鸟，指名亚种繁殖于东北和西北。北方种群冬季迁至华南、海南和台湾越冬。

国家二级保护野生动物。

隼形目　FALCONIFORMES

红脚隼（学名：*Falco amurensis*）

小型猛禽，又名青燕子、青鹰、红腿鹞子、蚂蚱鹰等。迁徙旅程最远的猛禽，单程13000～16000千米。具有长而狭窄的尾和翼。腿部、腹部和臀部均为棕色。飞行时间见其白色翼下覆羽。

多白天单独活动，飞翔时两翅快速扇动，间或进行一阵滑翔，也能通过两翅的快速扇动在空中作短暂的停留。

在我国繁殖于中部和东北，在其繁殖区内甚常见。候鸟见于华东和华南地区。

国家二级保护野生动物。

河北蔚县壶流河湿地 鸟类图鉴

燕隼（学名：*Falco subbuteo*）

小型猛禽，体形比猎隼、游隼等都小。体长约36厘米，体重0.14~0.34千克。上体深蓝褐色，下体白色，具暗色条纹。腿羽淡红色。

大多数个体都是迁徙性。中国猛禽中较为常见的种类，栖息于有稀疏树木生长的开阔平原、旷野、耕地、海岸、疏林和林缘地带，有时也到村庄附近，但很少在浓密的森林和没有树木的裸露荒原出没。经常出没在广阔的平原上散布着小树林的地区，由于天生热衷于狩猎，经常光顾这些地方的沼泽地带来捕食昆虫。

主要以麻雀、山雀等雀形目小型鸟类为食，也吃昆虫。

在我国为地区性留鸟和候鸟，繁殖于华北，越冬于南部。

国家二级保护野生动物。

隼形目 FALCONIFORMES

🦅 猎隼（学名：*Falco cherrug*）

中型猛禽，体长45～55厘米。周身浅褐色羽毛，颈部偏白色。眼上有白色眉纹，眼睛下方有黑色的条纹。胸腹部偏白色且有黑褐色斑纹。虹膜褐色。喙灰色。蜡膜浅黄色。脚黄色。幼体羽毛颜色比成体更深，胸部布满纵纹。

以平原、干旱草原、荒漠和山地丘陵等生境为栖息地。一般在小的岩石突起上或陡岩上营巢，或营巢于高大树木上，有时也会利用其他鸟的旧巢。产卵3～6枚，雌雄共同孵卵，孵化期为28天。

主要以中小型鸟类、野兔和啮齿类为食。

在我国大部地区分布。

国家一级保护野生动物。

河北蔚县壶流河湿地 鸟类图鉴

游隼（学名：*Falco peregrinus*）

中型猛禽，共18个亚种。体长41~50厘米，翼展95~115厘米，体重0.647~0.825千克。寿命11年。翅长而尖。眼周黄色。颊有一粗着的垂直向下的黑色髭纹。头至后颈灰黑色，其余上体蓝灰色，尾具数条黑色横带。

主要栖息于山地、丘陵、半荒漠、沼泽与湖泊沿岸地带。

分布于世界各地。是阿拉伯联合酋长国和安哥拉的国鸟。

国家二级保护野生动物。

雀形目　PASSERIFORMES

雀形目 PASSERIFORMES

鹃鵙科 Campephagidae

长尾山椒鸟（学名：*Pericrocotus ethologus*）

中型黑色山椒鸟。具红色或黄色斑，尾较长。雄鸟红色。

常栖息于多种植被类型的生境中，如阔叶林、杂木林、混交林、针叶林，也见于开垦地附近的林间。常在开阔的高大树木及常绿林的树冠上空盘旋降落。常成3~5只的小群活动，有时也见10多只的大群，或单独活动。叫声尖锐单调，其声似"tsi—tsi—tsi"，常边飞边叫。

主要以昆虫为食，包括金龟子、金花虫、瓢虫、蝽象、甲虫、石蚕蛾、毛虫、凤蝶幼虫等鳞翅目、鞘翅目、半翅目、直翅目和膜翅目昆虫。

在部分地区为夏候鸟，在部分地区为留鸟，在四川和长江以北地区繁殖的多为夏候鸟。每年春季于3月末4月初开始迁往北方繁殖地，秋季于9~10月南迁。

在我国常见于海拔1000~2000米处，指名亚种繁殖于华中、西南并记录于河北。

分布于阿富汗，向东经尼泊尔、锡金、不丹、印度、孟加拉国、中南半岛及中国大陆的西藏、云南、河北、河南、山西、陕西、甘肃、青海、四川、东北等地。

雀形目 PASSERIFORMES

伯劳科 Laniidae

牛头伯劳（学名：*Lanius bucephalus*）

又名红头伯劳。中型鸟类，体长可达22厘米。喙强健且具钩和齿，头顶及枕部栗红。背羽灰褐色，尾羽褐色，黑色贯眼纹明显；下体羽棕白，两胁深棕色。

主要栖息于低山、丘陵和平原地带的疏林和林缘灌丛草地，性活跃，鸣声粗且洪亮。

主要以昆虫为食。

在我国为常见留鸟。繁殖于黑龙江、吉林、辽宁、内蒙古、河北等地。

雀形目　PASSERIFORMES

红尾伯劳（学名：*Lanius cristatus*）

又名褐伯劳。中型鸟类，体长18～21厘米。上体棕褐色或灰褐色，两翅黑褐色，头顶灰色或红棕色且具白色眉纹和粗着的黑色贯眼纹。尾上覆羽红棕色，尾羽棕褐色，尾呈楔形。颏、喉白色，其余下体棕白色。

栖息于温湿地带森林鸟类、常见于平原、丘陵至低山区以及多筑巢于林缘、开阔地附近。

所吃食物主要有直翅目蝗科、螽斯科、鞘翅目步甲科、叩头虫科、金龟子科、瓢虫科、半翅目蝽科和鳞翅目昆虫。偶尔吃少量草籽。

在中国一般常见于海拔1500米以下地区，繁殖于吉林、辽宁、华北、华中和华东，冬季南迁。

楔尾伯劳（学名：*Lanius sphenocercus*）

伯劳中最大的个体，全长25.5～31.5厘米。喙强健且具钩和齿。黑色贯眼纹明显。上体灰色，中央尾羽及飞羽黑色，翼表具大型白色翅斑。尾特长，凸形尾。

主要栖息于低山、平原和丘陵地带的疏林和林缘灌丛草地，常单独或成对活动。喜站在高的树冠顶枝上守候，伺机捕猎附近出现的猎物。

主要以昆虫为食，也捕食小型脊椎动物。

在我国不常见，主要分布于我国北部和东部。指名亚种繁殖于内蒙古、华北和东北。

雀形目 PASSERIFORMES

雀形目 PASSERIFORMES

黄鹂科 Oriolidae

黑枕黄鹂（学名：*Oriolus chinensis*）

又名黄莺、黄鹂、金衣公子等。中型鸣禽。体长23～27厘米。嘴略下弯，粉色。飞羽黑色，具黄色羽缘，三级飞羽上的黄色较多。尾羽黑色，除中央尾羽外，皆具黄色端斑，脚灰黑色。自额基、眼先、过眼而至枕部，连成一条宽阔的黑纹，故名黑枕黄鹂。

主要栖息于低山至平原地带的阔叶林、混交林等具阔叶树种的林地，偏爱山林和距离水域较近的林地。一般单独或成对活动于树冠层，鸣声响亮而多变，也会有模仿其他鸟叫声的较复杂的鸣唱。繁殖期5～7月，营巢于树上，巢呈吊篮状，编织于水平树枝的末端枝杈处。

主要以昆虫为食。

广泛分布于我国，在除新疆和青藏高原以外大部分地区为夏候鸟，地区性常见于海拔1600米以下地带。

雀形目 PASSERIFORMES

卷尾科 Dicruridae

发冠卷尾（学名：*Dicrurus hottentottus*）

又名山黎鸡、黑铁练甲、大鱼尾燕。中型鸟类，体长28～35厘米。通体绒黑色缀蓝绿色金属光泽，额部具发丝状羽冠，外侧尾羽末端向上卷曲，前额有一束发丝状冠羽，头顶前部两侧羽毛稍延长，颈部羽毛狭长呈披针形，头顶、后颈和胸的羽端均具金属蓝色或绿色滴状斑。雌鸟和雄鸟基本相似，额部发丝状羽亦较短小，不及雄鸟发达，虹膜暗褐色或暗红褐色。

以鞘翅目、鳞翅目、直翅目、膜翅目等昆虫为食。

在我国主要为夏候鸟，每年4月末5月初到达北部繁殖地，9月末10月初开始南迁。在北京地区首见时间在5月中旬，经过长途旅程，迁徙到达繁殖地区。

分布在我国各地，印度、东南亚及大巽他群岛也有分布，栖息在海拔700～1500米，活动于丘陵及山区高大树林中，共31个亚种，中国分布2个亚种。

雀形目　PASSERIFORMES

黑卷尾（学名：*Dicrurus macrocercus*）

中型鸟类，全长约30厘米。通体黑色，上体、胸部及尾羽具辉蓝色光泽。尾长为深凹形，最外侧一对尾羽向外上方卷曲。

栖息于山麓或沿溪的树顶上，在开阔地常落在电线上。繁殖期有非常强的领域行为，性凶猛，非繁殖期喜结群打斗。数量多，常成对或集成小群活动，动作敏捷，边飞边叫。

从空中捕食飞虫，主要以夜蛾、蝽象、蚂蚁、蝼蛄、蝗虫等害虫为食。

在我国为常见繁殖鸟和留鸟，见于低海拔开阔荒野，偶尔北至海拔1600米处。

河北蔚县壶流河湿地 鸟类图鉴

雀形目 PASSERIFORMES

王鹟科 Monarchidae

寿带（学名：*Terpsiphone incei*）

又名绶带、白带子、长尾巴练、长尾翁、练鹊、三光鸟、一枝花、赭练鹊、紫长尾、紫带子。寿带有白色型和紫色型，这两种色型并非不同亚种。棕色型头部及头冠为带光泽的黑色，具暗灰色后颈环和胸带。上背、两翼及尾部淡棕褐色，腹部和肛周白色。尾长，尤其是成年雄鸟的中央尾羽特别长，突出约30cm，几乎是其余尾羽的两倍长。

几乎完全以昆虫为食。喜欢在森林的下层捕食昆虫，是著名的农林益鸟。

在我国，繁殖于华北、华中和华中大部分地区，迁徙途经华南，偶见于台湾。在国外，繁殖于俄罗斯东南部和韩国北部，非繁殖区见于东南亚。

雀形目　PASSERIFORMES

雀形目 PASSERIFORMES

鸦科 Corvidae

松鸦（学名：*Garrulus glandarius*）

小型鸟类。成鸟额至头顶和后颈及眼先、颊、耳羽、颈侧呈浅棕红。前额基和鼻翼端缀黑色；背及肩羽和翅上覆羽为葡萄灰棕褐色，并沾紫灰色，腰部较淡。尾上覆羽白色。下嘴基部的颚纹黑色，较粗着。胸和两胁及腋羽棕红褐色。肛周和尾下覆羽白色。尾羽大部黑色。两翅黑色，翅缘和翅下覆羽栗褐色。虹膜灰褐色。嘴黑色。跗跖和趾肉色，爪暗褐色。幼鸟羽毛与成鸟颜色相似。寿命约15年。

栖息于海拔1200～2500米的针阔叶林及针叶林混交林带。除繁殖期外，常三五成群活动，多隐匿于树冠中，有时在树间做短距离飞行。繁殖期在4～7月。营巢于森林中邻近水源处，窝卵5～8枚，雌鸟孵卵，孵化期约17天。

杂食性，以果实、种子及松毛虫、金龟甲、蚂蚁等昆虫为食。

在我国分布广泛，常见于华北、华中和华东大部分地区。

灰喜鹊（学名：*Cyanopica cyanus*）

中型鸟类。外形酷似喜鹊，但稍小。体长33～40厘米。嘴、脚黑色。额至后颈黑色。背灰色。两翅和尾灰蓝色，初级飞羽端部白色。尾长，呈凸状具白色端斑。下体灰白色。外侧尾羽较短，不及中央尾羽之半。

栖息于开阔的松林及阔叶林、公园和城镇居民区。

杂食性，但以动物性食物为主，主要吃半翅目的蝽象、鞘翅目的昆虫及幼虫，兼食一些植物果实及种子。

在我国常见并广泛分布于华北、华东和东北地区，西至内蒙古、安徽、山西、甘肃、四川及长江中下游，直至福建。

雀形目 PASSERIFORMES

红嘴蓝鹊（学名：*Urocissa erythroryncha*）

大型鸟类，体长54～65厘米。嘴、脚红色。头、颈、喉和胸黑色。头顶至后颈有1块白色至淡蓝白色或紫灰色块斑，其余上体紫蓝灰色或淡蓝灰褐色。尾长呈凸状，具黑色亚端斑和白色端斑。下体白色。

被誉为"幸福的青鸟"，能发出多种不同的叫声和哨声。主要栖息于山区常绿阔叶林、针叶林、针阔叶混交林和次生林等不同类型的森林中，也见于竹林、林缘疏林、村旁、地边树上。海拔从山脚平原、低山丘陵到3500米左右的高原山地均有分布。性喧闹，结小群活动。主动围攻猛禽。

以果实、小型鸟类及卵、昆虫为食，常在地面取食。

在我国常见并广布于华中、西南、华南和东南地区。

喜鹊（学名：*Pica serica*）

小型鸟类，体长40～50厘米。雌雄羽色相似，头、颈、背至尾均为黑色，并自前往后分别呈现紫色、绿蓝色、绿色等光泽。双翅黑色而在翼肩有一大形白斑，尾远较翅长，呈楔形。嘴、腿、脚纯黑色。腹面以胸为界，前黑后白。

栖息地多样，常出没于人类活动区，喜欢将巢筑在民宅旁的大树上。每窝产卵5～8枚。卵淡褐色，有灰褐色斑点。雌鸟孵卵，孵化期18天左右，幼鸟1个月左右离巢。

留鸟。中国有4个亚种，见于除草原和荒漠地区外的全国各地。喜鹊在中国是吉祥的象征，自古有画鹊兆喜的风俗。

雀形目 PASSERIFORMES

星鸦（学名：*Nucifraga caryocatactes*）

体长29～36厘米，翼展55厘米，体重0.05～0.2千克，寿命8年。体羽大都咖啡褐色，具白色斑。飞翔时翅黑色，白色的尾下覆羽和尾羽白端很醒目。

单独或成对活动，偶成小群。星鸦是一种典型的针叶林鸦类。栖息于果园、花园、树林和公园草地。

以松子为食。也埋藏其他坚果以备冬季食用。

分布于古北界北部、日本、中国台湾，以及喜马拉雅山脉至中国西南部及中部。

河北蔚县壶流河湿地 鸟类图鉴

红嘴山鸦（学名：*Pyrrhocorax pyrrhocorax*）

大型鸦类，体长36~48厘米。雌雄羽色相似，全身羽毛纯黑色具蓝色金属光泽。两翅和尾纯黑色具蓝绿色金属光泽。虹膜褐色或暗褐色。嘴和脚朱红色。相似种黄嘴山鸦嘴为黄色而不为红色，野外不难区别。

主要栖息于开阔的低山丘陵和山地，最高海拔可到4500米。常见于河谷岩石、高山草地、稀树草坡、草甸灌丛、高山裸岩、半荒漠、海边悬岩等开阔地带。地栖性，常成对或成小群在地上活动和觅食，也喜欢成群在山头上空和山谷间飞翔。

主要以金针虫、天牛、金龟子、蝗虫、蚱蜢、螽斯、蝽象、蚊子、蚂蚁等昆虫为食，也吃植物果实、种子、草籽、嫩芽等植物性食物。

分布于古北界。在中国见于华北和华东。

雀形目 PASSERIFORMES

达乌里寒鸦（学名：*Coloeus dauuricus*）

小型鸟类，体长30～35厘米。全身羽毛主要为黑色，仅后颈有一宽阔的白色颈圈向两侧延伸至胸和腹部，在黑色体羽衬托下极为醒目。

栖息于山地、丘陵、平原、农田、旷野等各类生境中，尤以河边悬岩和河岸森林地带较常见。常在林缘、农田、河谷、牧场处活动，晚上多栖于附近树上和悬岩岩石上。喜成群，有时也和其他鸦混群活动。

主要以蝼蛄、甲虫、金龟子等昆虫为食。

在我国尤其是北方常见于海拔2000米以下地区，繁殖于华北、华中和西南，越冬于东南，迷鸟至台湾。

秃鼻乌鸦（学名：*Corvus frugilegus*）

体形略大，体长可达53厘米。嘴基部裸露皮肤浅灰白色。幼鸟脸全被羽，易与小嘴乌鸦相混淆，区别为头顶更显拱圆形，嘴圆锥形且尖，腿部的松散垂羽更显松散。飞行时尾端楔形，两翼较长窄，翼尖"手指"显着，头显突出。成鸟的尖嘴基部的皮肤常色白且光秃。雄雌同形同色，除了嘴基部外通体漆黑，无论是喙、虹膜和双足均是饱满的黑色。

常栖息于平原丘陵低山地形的耕作区，有时会接近人群密集的居住区。与其他乌鸦一样，该物种叫声为粗粝嘶哑的"呱呱"声，非常难听。

杂食性，垃圾、腐尸、昆虫、植物种子，甚至青蛙、蟾蜍都出现在它们的食谱中。

在我国曾常见，如今数量已大为下降，繁殖于东北、华东和华中大部地区，冬季南迁至东南沿海。

雀形目 PASSERIFORMES

小嘴乌鸦（学名：*Corvus corone*）

外形与大嘴乌鸦相似，体长45～53厘米。体色为黑色且带有紫色光泽。后颈的毛羽，羽瓣较明显，呈现比较结实的羽毛构造，羽翼明显并发亮。喙比秃鼻乌鸦的稍高，并且小嘴喙端不是直形而是略形弯曲。与秃鼻乌鸦的区别在嘴基部被黑色羽；与大嘴乌鸦的区别在于额弓较低，喙虽强劲但形显细小。

喜结大群栖息，但不像秃鼻乌鸦那样结群营巢。

杂食性，以腐尸、垃圾等为食，亦取食植物的种子和果实，是自然界的清洁工。

在我国繁殖于华中和华北部分地区，冬季南迁至华南和东南。

白颈鸦（学名：*Corvus torquatus*）

大型鸟类。额、头顶、头侧、颏和喉全为黑色，喉部羽毛呈披针形，并具紫绿色金属光泽。枕、后颈、上背、颈侧和胸部为白色，形成一条白色宽领环。小翼羽和初级飞羽泛绿色金属光泽。虹膜褐色。喙和脚均为黑色。雌鸟与雄鸟羽色相似。

常栖息于低山丘陵至山脚平原的树林、灌丛中。除繁殖期外，成小群活动，也与大嘴乌鸦混群。善行走，性机警，鸣声响亮。清晨到田野觅食，傍晚飞回附近村落或林缘的树上过夜。繁殖期在2～8月，在长江以北每年繁殖1～2窝，在长江以南每年繁殖1～3窝，营巢于村寨附近的高大乔木上，以枯枝、毛发和纤维等材料构成碗状巢，窝卵数3～7枚。

主要以蝗虫、蝼蛄、甲虫、毛虫、蜗牛、蛙、蜥蜴、小鸟等小型动物为食，也食农作物、植物种实、垃圾和腐肉。

智商较高，情绪表现较其他种属乌鸦丰富。白颈鸦主要栖息于人类居住地附近，然而，大量农药和化肥的使用、环境污染等问题，导致其种群数量已明显减少，在不久的将来会面临濒危或灭绝的危险。

分布于我国的华北、西北、黄河和长江的中下游地区及东南沿海地区。

雀形目 PASSERIFORMES

大嘴乌鸦（学名：*Corvus macrorhynchos*）

又名巨嘴鸦，俗称老鸦、老鸹。是雀形目鸟类中体形较大的，体长可达50厘米。雌雄同形同色，通身漆黑，除头顶、后颈和颈侧之外的其他部分羽毛带有一些显蓝色、紫色和绿色的金属光泽。嘴粗大，嘴峰弯曲，峰嵴明显，嘴基有长羽，伸至鼻孔处。额较陡突。尾长、呈楔状。后颈羽毛柔软松散如发状，羽干不明显。

栖息于低山、平原和山地阔叶林、针阔叶混交林、针叶林、次生杂木林、人工林等各种森林类型中。喜欢在林间路旁、河谷、海岸、农田、沼泽和草地上活动，有时甚至出现于山顶灌丛和高山苔原地带。

主要以蝗虫、金龟甲、金针虫、蝼蛄、蛴螬等昆虫，以及昆虫幼虫和蛹为食。

主要分布于亚洲东部地区，我国全境可见。

河北蔚县壶流河湿地 鸟类图鉴

雀形目 PASSERIFORMES

太平鸟科 Bombycillidae

太平鸟（学名：*Bombycilla garrulus*）

小型鸣禽，体长约18厘米，翼展34～35厘米，体重0.04～0.064千克，寿命13年。全身基本上呈灰褐色。头部色深而呈栗褐色，头顶有一细长呈簇状的羽冠，一条黑色贯眼纹从嘴基经眼到后枕，位于羽冠两侧，在栗褐色的头部极为醒目。颏、喉黑色。翅具白色翼斑，次级飞羽羽干末端具红色滴状斑。尾具黑色次端斑和黄色端斑。

栖息于针叶林、针阔叶混交林和杨桦林中。除繁殖期成对活动外，其他时候多成群活动，有时甚至集成近百只的大群。体态优美、鸣声清柔，为冬季园林内的观赏鸟类。

主要以油松、桦木、蔷薇、忍冬、卫矛、鼠李等植物果实，以及种子、嫩芽等植物性食物为食。

在我国多数地区见于冬季和春、秋迁徙季节，属于冬候鸟和旅鸟。

雀形目 PASSERIFORMES

山雀科 Paridae

🕊 煤山雀（学名：*Periparus ater*）

山雀科的鸣禽，共21个亚种。小型鸟类，体长11厘米。头顶、颈侧、喉及上胸黑色。翼上具2道白色翼斑以及颈背部的大块白斑使之有别于褐头山雀及沼泽山雀。背灰色或橄榄灰色，白色的腹部或有或无皮黄色。多数亚种具尖状的黑色冠羽。与大山雀及绿背山雀的区别在胸中部无黑色纵纹。虹膜褐色。嘴黑色，边缘灰色。脚青灰色。

主要栖息于海拔3000米以下的低山和山麓地带的次生阔叶林、阔叶林和针阔叶混交林中，也出没于竹林、人工林和针叶林，性活跃，常在枝头跳跃，在树皮上剥啄昆虫，或在树间作短距离飞行。非繁殖期喜集群。在树洞或岩缝中筑巢，每窝产卵5～12枚，由雌鸟孵化约12天，双亲育雏约3周。

以鳞翅目、双翅目、鞘翅目、半翅目、直翅目、同翅目、膜翅目等昆虫和昆虫幼虫为食，此外也吃少量蜘蛛、蜗牛等其他小型无脊椎动物，以及草籽、花等植物性食物。

在我国常见于西北、西藏南部、华中、东北、华北东部等地区。

河北蔚县壶流河湿地 鸟类图鉴

黄腹山雀（学名：*Pardaliparus venustulus*）

小型鸟类，体长9～11厘米。雄鸟头和上背黑色，脸颊和后颈各具一白色块斑，在暗色的头部极为醒目。下背、腰亮蓝灰色，翅上覆羽黑褐色，中覆羽和大覆羽具黄白色端斑，在翅上形成2道翅斑，飞羽暗褐色，羽缘灰绿色；尾黑色，外侧一对尾羽大部分白色；颏至上胸黑色，下胸至尾下覆羽黄色。雌鸟上体灰绿色，颏、喉、颊和耳羽灰白色；其余下体淡黄色绿色。

单独、成对或成小群活动，有时与其他种类混群。叫声似灰蓝山雀，高音的喊喊喳喳声极似责骂声，复杂鸣声包括高调颤音。

我国特有鸟类。地区性常见于华南、东南、华中和华东的落叶混交林中，北至北京。

雀形目 PASSERIFORMES

沼泽山雀（学名：*Poecile palustris*）

体形比大山雀稍小的鸟类，体重0.01~0.014千克，体长11.3~13.8厘米。前额、头顶至后颈辉黑色。眼以下脸颊至颈侧白色，上体沙灰褐色。颏、喉黑色，其余下体白色或苍白色。相似种煤山雀上体较灰，翅上有2道白色翅带，脸部白色部分不与下体联通。

主要栖息于森林地带，常活动于针叶林、针、阔叶混交林的树冠，或攀附于树枝上取食昆虫，也常到灌丛间啄食。一般在近水源或潮湿的林区比较常见，在果园、庭院等亦能见到。

攀附于树枝上取食昆虫，也常到灌丛间啄食，食物以昆虫为主。

在我国常见于东北、华东和西南地区。

褐头山雀（学名：*Poecile montanus*）

小型山雀。头顶及颏褐黑色，上体褐灰色，颊白色，颏和喉黑色，下体近白色，腹部棕色，两胁皮黄色，无翼斑或项纹。与沼泽山雀易混淆，但一般具浅色翼纹，黑色顶冠较大而少光泽，头显比例较大。

栖息于海拔800～4000米的湿润的山地针叶林中。除繁殖期间和冬季单独活动或成对活动外，其他季节多成群活动，有时也与其余山雀混群，大群可多至100只。常活动在树冠层中下部，群较松散。性活泼，行动敏捷，在枝丫间穿梭寻觅食物。

主要以昆虫和昆虫幼虫为食，也吃少量植物性食物，动物性食物约占84.2%，植物性食物占15.8%。

在我国为留鸟，分布于河北、山西、内蒙古、黑龙江、吉林、辽宁、宁夏、甘肃、青海、新疆、四川、云南和西藏。

雀形目　PASSERIFORMES

大山雀（学名：*Parus minor*）

中小型鸟类，体长13～15厘米。整个头呈黑色，头两侧各有一大型白斑，喙呈尖细状，便于捕食。上体为蓝灰色，背沾绿色；下体白色。胸、腹有1条宽阔的中央纵纹与颏、喉黑色相连。

栖息于低山和山麓地带的次生阔叶林、阔叶林和针阔叶混交林中，也出入人工林和针叶林。性较活泼而大胆，不甚畏人。行动敏捷，常在树枝间穿梭跳跃，或从一棵树飞到另一棵树上，边飞边叫，略呈波浪状飞行，波峰不高。

主要以金花虫、金龟子、毒蛾幼虫、蚂蚁、蜂、松毛虫、蠹斯等昆虫为食。也喜欢吃油质的种子，如瓜子、花生仁、核桃仁等，以及人造的糕点。在北方的冬季，种仁是它们的主要食物。

分布于古北界。在我国大部分地区常见。

雀形目 PASSERIFORMES

攀雀科 Remizidae

🐦 中华攀雀（学名：*Remiz consobrinus*）

体长10～11.5厘米，体重0.0075～0.011千克。体形纤小，雄鸟顶冠灰色，脸罩黑色，背棕色，尾凹形。雌鸟及幼鸟似雄鸟但色暗，脸罩略呈深色。虹膜深褐色。嘴灰黑色。脚蓝灰色。

一般栖息于近水的苇丛和柳、桦、杨等阔叶树间。除繁殖期间单独或成对活动外，其他季节多成群。性活泼，行动敏捷，常在树丛间飞来飞去。

主要以昆虫为食，也吃植物的叶、花、芽、花粉和汁液。捕获猎物的方式和一般的山雀相同。

分布于俄罗斯的极东部及我国东北，迁徙至日本、朝鲜和我国东部。

雀形目 PASSERIFORMES

雀形目 PASSERIFORMES
文须雀科 Panuridae

文须雀（学名：*Panurus biarmicus*）

小型鸟类，体长15～18厘米。嘴黄色、较直而尖。脚黑色。上体棕黄色。翅黑色且具白色翅斑，外侧尾羽白色。雄鸟头灰色，眼先和眼周黑色并向下与黑色髭纹连在一起，形成一粗着的黑斑，在淡色的头部极为醒目。下体白色，腹皮黄白色，尾下覆羽黑色。

常成对或成小群活动，有时集成数十只的大群。性活泼，行动敏捷，不时在芦苇丛间跳跃或攀爬在芦苇秆上，尤其喜欢在靠近水面的芦苇下部活动，并不时发出"吱、吱、吱"的叫声，因而常常容易听见叫声而难以见到鸟。有时也见在芦苇上面飞翔，边飞边发出"铃——铃——"声。飞行低、两翅扇动慢而弱。繁殖期间亦常站在芦苇顶端鸣叫，鸣声似"户温——户温——"。

食物主要为昆虫、蜘蛛、芦苇种子与草籽等。通常营巢于芦苇或灌木下部，也在倒伏的芦苇堆上或旧的芦苇茬上面营巢。

常见于华北地区多芦苇的适宜生境中。分布于新疆、青海、甘肃、内蒙古及东北北部的夏候鸟，在东北南部及河北为冬候鸟，数量较多。

雀形目 PASSERIFORMES

百灵科 Alaudidae

云雀（学名：*Alauda arvensis*）

小型鸣禽，体形及羽色略似麻雀，雄性和雌性的相貌相似。背部花褐色和浅黄色，胸腹部白色至深棕色。外尾羽白色，尾巴棕色。后脑勺具羽冠，上体呈较暗的沙棕色，满布显著的黑色纵纹，有一短的羽冠，一般在竖起时才易见到；最外侧一对尾羽几纯白色。适应于地栖生活，腿、脚强健有力，后趾具一长而直的爪；跗跖后缘具盾状鳞。

喜栖息于开阔的环境，生活在草原、荒漠、半荒漠等地。故在草原和沿海一带的平原区尤为常见。常集群活动。繁殖期雄鸟鸣啭洪亮动听，是鸣禽中少数能在飞行中歌唱的鸟类之一。能"悬停"于空中。在地面以草茎、根编碗状巢，每窝产卵3～5枚，孵化期11～14天。以植物种子、昆虫等为食。

中国二级保护野生动物。

雀形目 PASSERIFORMES

凤头百灵（学名：*Galerida cristata*）

体形较大，体长17~18厘米。具羽冠，冠羽长而窄。上体沙褐色且具近黑色纵纹，尾覆羽皮黄色；下体浅皮黄色，胸密布近黑色纵纹。看似矮墩而尾短，嘴略长而下弯。飞行时两翼宽，翼下锈色；尾深褐色而两侧黄褐。幼鸟上体密布点斑。与云雀区别在侧影显大而羽冠尖，嘴较长且弯，耳羽较少棕色且无白色的后翼缘。升空时作鸣声，不断重复且间杂着颤音。较云雀的鸣声慢、短而清晰。

栖息于干燥平原、旷野、半荒漠、沙漠边缘、农耕地及弃耕地。

主要以草籽、嫩芽、浆果等为食，也捕食昆虫，如甲虫、蚱蜢、蝗虫等。

在我国，夏季常见于各种适宜生境中。

雀形目 PASSERIFORMES

鹎科 Pycnonotidae

白头鹎（学名：*Pycnonotus sinensis*）

又名白头翁。小型鸟类，体长17～22厘米。额至头顶黑色，两眼上方至后枕白色，形成一白色枕环。耳羽后部有一白斑。此白环与白斑在黑色的头部均极为醒目。

主要栖息于海拔1000米以下的低山丘陵和平原地区，常成3～5只至10多只的小群活动。

在我国为常见的群居性鸟，栖息于海拔700米以下地区的林缘、灌丛、红树林和庭院中。冬季北方种群南迁；留鸟区域存在北扩现象。

雀形目　PASSERIFORMES

燕科 Hirundinidae

崖沙燕（学名：*Riparia riparia*）

又名灰沙燕。体长11～14厘米。背羽褐色或沙灰褐色。胸具灰褐色横带，腹与尾下覆羽白毛，尾羽不具白斑。成鸟上体暗灰褐色，额、腰及尾上覆羽略淡；眼先黑褐；耳羽灰褐色；至颈侧灰白色；灰褐色胸带完整；覆及尾下覆羽白毛；两翅内侧飞羽和覆羽与背同色，外侧飞羽和覆羽黑褐；腋羽灰褐色；尾羽黑褐沾棕。两性同形。虹膜深褐。嘴黑褐。趾灰褐色。爪褐色。

几乎都在河流、湖泊和湿地等水域附近活动，营巢于垂直的砂质崖壁和堤岸，一般在飞行时发出平淡的沙沙声，在巢区附近集群则兴奋地发出刺耳的叫声。

在我国地区性常见。繁殖于华北和东北，越冬于华南。

岩燕（学名：Ptyonoprogne rupestris）

体长 14～15 厘米，体重 0.002～0.022 千克。雌雄羽色相似，头顶为暗褐色，头的两边、后颈和颈侧、上体以及尾上覆羽、翅上小覆羽和内侧翅上大覆羽为褐灰色。两翅和尾羽呈暗褐灰色，尾羽短且微内凹，呈方形，除了中央的一对和最外侧的一对尾羽没有白斑外，其他尾羽的内侧近端部分有一大块白斑。颏、喉和上胸为污白色，下胸和腹为深棕砂色，两侧胁部、下腹和尾下覆羽为暗烟褐色。

主要栖息于海拔 1500～5000 米的高山峡谷地带，尤喜陡峻的岩石悬崖峭壁。常成对或小群活动于湖泊、水库等水域上空。休息时经常栖息于岩石上。繁殖期 5～7 月，常单独营巢。窝卵 4～5 枚。

飞行捕食，主要以蚊、蝇、虻、蚁等昆虫为食。

在我国，指名亚种甚罕见于西部、华北和西南海拔 1800～4600 米的大部分地区，部分北方种群冬季迁至西南地区。

雀形目 PASSERIFORMES

家燕（学名：*Hirundo rustica*）

又名燕子。头顶、颈背部至尾上覆羽带有金属光泽的深蓝黑色，翼亦为黑色，飞羽狭长。颏、喉、上胸棕栗色，下胸、腹部及尾下覆羽浅灰白色，无斑纹。尾深叉形，蓝黑色。喙黑褐色，短小而龇阔。跗跖和脚黑色，较纤弱。雌雄相似。

常栖息于人类居住的环境，如房顶、电线等人工构筑物上。常成群栖息，低声细碎鸣叫。善飞行，白天大部分时间在栖息地附近飞行。

繁殖期为4～7月，多数1年繁殖2窝，第一窝通常在4～6月，第二窝多在6～7月。雌雄亲鸟共同筑巢，喜筑巢在屋檐、横梁处，每窝产卵4～5枚。

喜飞行中捕食，不善啄食。主要以昆虫为食，包括蚊、蝇、蚜、蛾、叶蝉、象甲等农林害虫。

家燕是中国常见的一种食虫益鸟，自古以来就深受人们喜爱。人们认为家燕的迁徙和季节有紧密联系，因此在我国北方，家燕的到来也被看作是春天来临的标志。人们还认为家燕到自己家筑巢会给家庭带来幸运，并且常为它们提供筑巢条件，使家燕得到繁衍，种群不断壮大。但是20世纪50年代使用敌敌畏等杀虫剂以后，家燕可食用的昆虫减少，数量下降明显。除此之外，干旱等气候因素也会导致家燕体重下降、羽毛生长缓慢。

我国大部分地区均有分布。

烟腹毛脚燕（学名：*Delichon dasypus*）

体长约13厘米，是一种体小而矮壮的黑色燕。腰白色，尾浅叉，下体偏灰色，上体钢蓝色，腰白色，胸烟白色。喙短而宽扁，基部宽大，呈倒三角形，上喙近先端有一缺刻；口裂极深，嘴须不发达。翅狭长而尖，擅长在空中捕捉飞虫；尾呈叉状，形成"燕尾"，脚短而细弱，趾三前一后。雌雄羽色相似，体羽以黑色和灰白色为主。

主要栖息于海拔1500米以上的山地悬崖峭壁处，尤其喜欢栖息和活动在人迹罕至的荒凉山谷地带，也栖息于房檐、桥梁等人类建筑物上。在栖息地上空飞翔，有时也出现在森林上空或草坡山脊上空。

活动敏捷，以擅长飞行而著称，善于在高空疾飞啄取昆虫。

在我国地区性甚常见，指名亚种繁殖于北部和东北，并在迁徙时被记录于东部沿海地区。

雀形目 PASSERIFORMES

金腰燕（学名：*Cecropis daurica*）

体长16～18厘米，体重0.018～0.021千克，寿命15年。上体黑色，具有辉蓝色光泽，腰部栗色，脸颊部棕色；下体棕白色，而多具有黑色的细纵纹，尾甚长，为深凹形。最显著的标志是有1条栗黄色的腰带，浅栗色的腰与深蓝色的上体成对比，下体白色而多具黑色细纹，尾长而叉深。虹膜褐色。嘴及脚黑色。

多见于山间村镇附近的树枝或电线上。生活习性与家燕相似，不同的是它常停栖在山区海拔较高的地方。有时和家燕混飞在一起，飞行却不如家燕迅速，常常停翔在高空，鸣声较家燕稍响亮。结小群活动，飞行时振翼较缓慢且比其他燕更喜高空翱翔。善飞行，飞行迅速敏捷。

主要以昆虫为食，包括双翅目、鳞翅目、膜翅目、鞘翅目、同翅目、蜻蜓目等昆虫。

在我国甚常见于低海拔的大部地区，指名亚种繁殖于东北，迁徙时途经东南地区。

河北蔚县壶流河湿地 鸟类图鉴

雀形目 PASSERIFORMES

长尾山雀科 Aegithalidae

银喉长尾山雀（学名：*Aegithalos glaucogularis*）

体形纤小，全长10.8～13.1厘米，翅长5.2～6.0厘米，尾长6.0～7.8厘米。头顶羽毛较丰满且甚发达，体羽蓬松呈绒毛状，头顶、背部、两翼和尾羽呈现黑色或灰色，下体纯白色或淡灰棕色，向后沾葡萄红色，部分喉部具暗灰色块斑，尾羽长度多超过头体长。雌性羽色与雄鸟相似。虹膜褐色。嘴黑色。脚棕黑色。

行动敏捷，来去均甚突然，常见跳跃在树冠间或灌丛顶部，生活在欧亚大陆各种环境的树林中，群居或与其他雀类混居。

以昆虫及植物种子等为食。

我国特有种。见于西南、华中和东北部分地区，包括青海东部、甘肃中部、内蒙古中东部和东南部、辽宁南部、河北北部等。

雀形目 PASSERIFORMES

雀形目 PASSERIFORMES

柳莺科 Phylloscopidae

云南柳莺（学名：*Phylloscopus yunnanensis*）

体长约10厘米，是一种体形较小的偏绿色柳莺。腰色浅，眉纹长而白色，顶纹略淡，具2道白色翼斑（第2道甚浅），三级飞羽羽缘及羽端均色浅。甚似淡黄腰柳莺，但区别在于体形较大而形长，头略大但不圆；顶冠两侧色较浅且顶纹较模糊，有时仅在头背后呈一浅色点；大覆羽中央色彩较淡，下嘴色也较淡；耳羽上无浅色点斑。虹膜褐色。上嘴色深，下嘴色浅。脚褐色。

栖息于低地落叶次生林，极少超过海拔2600米。常单独或成对活动。

主要以鞘翅目、鳞翅目、直翅目等昆虫，以及昆虫的幼虫为食。

在我国分布较为广泛，繁殖于青海东部、四川至东北。在华南地区为留鸟，因北方种群南迁而在冬季数量有所增加。

棕眉柳莺（学名：*Phylloscopus armandii*）

体形较大，体长11.2～13.6厘米，体重0.009～0.012千克。包括头顶、颈、背、腰和尾上覆羽概为沾绿的橄榄褐色。眉纹棕白色；自眼先有一暗褐色贯眼纹伸至耳羽；颊与耳羽棕褐色。飞羽和尾羽黑褐色，具浅绿褐色羽缘。下体近白色，微沾以绿黄色细纹；尾下覆羽淡黄皮色；腋羽黄色。两性羽色相似。

主要栖息于海拔3200米以下的中低山地区和山脚平原地带的森林。在针叶林、杨桦林、林缘及河边灌丛地带较常见。常单独或成对活动，有时也集成松散的小群在灌木和树枝间跳跃觅食。

主要以鞘翅目、鳞翅目、直翅目等昆虫，以及昆虫的幼虫为食。

在我国北部多为夏候鸟，在我国南部部分为留鸟、部分为夏候鸟和冬候鸟。每年多在4月末5月初迁来繁殖地，9月末10月初开始南迁。

我国特有物种，繁殖仅限于我国境内，越冬于缅甸、泰国和老挝及我国云南南部地区。

雀形目 PASSERIFORMES

巨嘴柳莺（学名：*Phylloscopus schwarzi*）

两性羽色相似。上体包括两翅的内侧飞羽橄榄褐色，尾上覆羽转为棕褐色，两翅的外侧覆羽和飞羽均呈暗褐色，各羽缘以棕褐色；尾羽亦暗褐色，边缘微棕褐色。眉纹或眼圈的上、下部均为棕色。自眼先有一暗褐色的贯眼纹，伸至耳羽的上方。两颊与耳羽均为棕色与褐色相混杂。颏、喉近白色。腹部鲜黄色。胸、两胁及腋羽、尾下覆羽均呈浓淡不等的棕黄色。虹膜褐色。跗跖黄褐色。

栖息于海拔1400米以下的低山丘陵和山脚平原地带，其中尤以700～1100米的混交林较多。常单独或成对活动，性胆小而机警。

食物主要为昆虫，也取食草籽及果实。

在我国主要为夏候鸟，部分越冬于广东和香港等地。每年5月初迁入东北繁殖地，9月末10月初开始南迁，最迟在10月中旬见于长白山。

河北蔚县壶流河湿地 鸟类图鉴

褐柳莺（学名：*Phylloscopus fuscatus*）

小型鸟类，体长11～12厘米。外形甚显紧凑而墩圆，两翼短圆，尾圆而略凹。上体灰褐色，飞羽有橄榄绿色的翼缘。嘴细小，腿细长。眉纹棕白色，贯眼纹暗褐色。颏、喉白色，其余下体乳白色，胸及两胁沾黄褐色。第2枚初级飞羽在第9枚至第10枚之间或等于第9枚和第10枚。指名亚种眉纹沾栗褐色，脸颊无皮黄色，上体褐色较重。与巨嘴柳莺易混淆，不同处在于嘴纤细且色深；腿较细；眉纹较窄而短（指名亚种眉纹后端棕色）；眼先上部的眉纹有深褐色边且眉纹将眼和嘴隔开；腰部无橄榄绿色渲染。相似种烟柳莺上体较暗而呈烟褐色，远处看近黑色，眉纹绿色，下体油绿色。

隐匿于沿溪流、沼泽周围及森林中潮湿灌丛的浓密低植被之下，最高可见于海拔4000米处。翘尾并轻弹尾及两翼。鸣声为一连串响亮单调的清晰哨音，以一颤音结尾。似巨嘴柳莺但鸣声较慢。叫声为尖厉的"chett、chett"，似击石头之声。

在我国，指名亚种繁殖于北方大部地区，越冬于华南、海南和台湾。

雀形目 PASSERIFORMES

极北柳莺（学名：*Phylloscopus borealis*）

体长11~13厘米，体小，偏灰橄榄色，具明显的黄白色长眉纹，眼先及过眼纹近黑色。上体概呈灰橄榄绿色；具甚浅的白色翼斑，大覆羽先端黄白色，形成一道翅上翼斑；中覆羽羽尖成第2道模糊的翼斑；下体白色沾黄，两胁褐橄榄色；尾下覆羽更浓。第6枚初级飞羽的外翈不具切刻。虹膜暗褐色。嘴黑褐色，下嘴黄褐色。跗跖和趾肉色。

喜开阔有林地区、红树林、次生林及林缘地带。加入混合鸟群，在树叶间寻食。

在我国较常见于海拔2500米以下的原始林和次毛林，指名亚种繁殖于华北，迁徙途经我国大部分地区至华南和台湾。

雀形目 PASSERIFORMES
苇莺科 Acrocephalidae

东方大苇莺（学名：*Acrocephalus orientalis*）

体形较大。体长18～19厘米，体重0.022～0.029千克。具显著的皮黄色眉纹。上体呈橄榄褐色；下体乳黄色。第1枚初级飞羽长度不超过初级覆羽。虹膜褐色。上嘴褐色，下嘴偏粉色。脚灰色。

主要栖息于湖畔、河边、水塘、芦苇沼泽等水域或水域附近的植物丛中。常单独或成对活动，性活泼，常频繁地在草茎或灌丛枝间跳跃、攀缘。

以甲虫、金花虫、鳞翅目幼虫，以及蚂蚁、豆娘和水生昆虫等昆虫为食，也吃蜘蛛、蜗牛等无脊椎动物和少量植物果实和种子。

在我国分布于华北和华南等地。

雀形目 PASSERIFORMES

黑眉苇莺（学名：*Acrocephalus bistrigiceps*）

中型鸟类。体重0.007~0.011千克，体长11~13厘米。眉纹淡黄色，杂有明显黑褐色纵纹。第2枚初级飞羽较第6枚短。上体橄榄棕褐色；下体白色，两胁暗棕色。虹膜暗褐色。嘴黑褐色，下嘴基淡褐色。脚暗褐色。

栖息于海拔900米以下的低山丘陵和山脚平原地带的湖泊、河流、水塘、沼泽等水域岸边灌丛和芦苇丛中。单独或成对活动，性机警，行动敏捷，能灵巧地在芦苇茎叶间跳跃穿梭。

主要以鞘翅目、鳞翅目、直翅目等昆虫和昆虫的幼虫为食，也吃蝗虫、甲虫、蜘蛛等无脊椎动物。

在我国，繁殖于东北、河北、河南、陕西南部和长江下游地区，迁徙途经华南和东南地区，部分个体越冬于广东和香港，偶见于台湾。

钝翅苇莺（学名：*Acrocephalus concinens*）

中型鸟类，体长14厘米。棕褐色无纵纹。两翼短圆，白色的短眉纹几不及眼后。

栖息于芦苇地，也栖息于低山的高草地，鸣声刺耳。

在我国分布于河北、陕西、湖北、江西、广西、山东、江苏、四川、贵州、云南、福建、广东等地。指名亚种繁殖于华北和华中，迁徙途经西南和东南地区。

雀形目 PASSERIFORMES

雀形目 PASSERIFORMES

扇尾莺科 Cisticolidae

棕扇尾莺（学名：*Cisticola juncidis*）

小型鸟类，体长9～11厘米。上体栗棕色且具粗着的黑褐色羽干纹和棕白色眉纹，下背、腰和尾上覆羽黑褐色，羽干纹细弱而不明显，尤其是繁殖季节，腰和尾上覆羽几为纯棕色而无黑褐色纵纹。尾为凸状，中央尾羽最长，暗褐色具棕色羽缘、黑色次端斑和灰色端斑，外侧尾羽暗褐色而具棕色羽缘、黑色次端斑和白色端斑。两翅暗褐色，羽缘栗棕色。下体白色，两胁沾棕黄色。相似种金头扇尾莺头顶黄色或金黄色，下体皮黄白色，外侧尾羽端斑窄而不明显，呈棕白色。

繁殖期常有的鸣叫声为单调、规则、重复的尖高音调，类似"dzeep—dzeep"或"zit—zit—zit—"，此单音可持续近3分钟。飞行或停栖小草枝头时，均会鸣唱，在飞行时每叫一单音正好配合一次振翅的波状起伏。

栖息于开阔草地、稻田及甘蔗地，一般较金头扇尾莺更喜湿润地区。求偶飞行时雄鸟在其配偶上空作振翼停空并盘旋鸣叫。非繁殖期惧生而不易见到。

主要以昆虫和昆虫幼虫为食，也吃蜘蛛、蚂蚁等小无脊椎动物，以及杂草种子等植物性食物。

在我国，常见于海拔1200米以下地区，繁殖于华中和华东，越冬于华南和东南。

河北蔚县壶流河湿地 鸟类图鉴

雀形目 PASSERIFORMES

噪鹛科 Leiothrichidae

山噪鹛（学名：*Pterorhinus davidi*）

中型鸟类，体长22～27厘米。嘴黄色而稍曲。上体羽色多为灰沙褐色。腰和尾上覆羽灰色。颏黑色，其余下体灰色。特征明显，野外不难识别。虹膜灰褐色。嘴黄色，嘴峰微沾褐色。脚肉色或灰褐色。

主要栖息于山地灌丛和矮树林中，也栖于山脚、平原和溪流沿岸柳树丛。常成对或成3～5只的小群活动和觅食。性机警，多隐蔽于灌丛下或地上活动。

主要以昆虫和昆虫幼虫为食，也吃植物果实和种子。

我国特有鸟类，主要分布于内蒙古东部、黑龙江西部、辽宁西部（阜新、建平、彰武、义县）、河北东北部，以及北京、山西、陕西、河南、甘肃、宁夏、青海、四川等地。

雀形目　PASSERIFORMES

鸦雀科 Paradoxornithidae

山鹛（学名：*Rhopophilus pekinensis*）

体形修长，尾尤其长，体长可达18厘米。上体以灰色为基色，头、颊、背、翅均为灰色中夹带纵向褐色斑纹，头部具淡色眉纹，但并不明显。自颊纹以下的喉部和整个下体均为浅色，自胸以下开始出现长而直的栗色纵纹，纵纹颜色鲜艳，与腹部污白色的底色对比鲜明，这些纵纹从前到后逐渐变粗且颜色变深，直到尾下覆羽全部过渡为栗色。尾羽端部污白色。虹膜褐色。嘴角质色。脚黄褐色。

栖息于有稀疏树木生长的山坡和平原疏林灌木与草丛中，尤其喜欢低山丘陵和山脚平原地带的低矮树木和灌木丛。留鸟，有的作季节性游荡。性活泼，常单独活动，经常在灌木和小树枝间敏捷的跳上跳下。

主要以象甲、金龟甲等昆虫为食，也吃幼虫、虫卵和其他昆虫。

分布于中国、韩国和朝鲜。

棕头鸦雀（学名：*Sinosuthora webbiana*）

全长约12厘米。头顶至上背棕红色，上体余部橄榄褐色，翅红棕色，尾暗褐色。喉、胸粉红色，下体余部淡黄褐色。

常栖息于中海拔的灌丛及林缘地带，常成对或成小群活动，秋冬季节有时也集成20或30多只乃至更大的群。性活泼而大胆，不甚怕人，常在灌木或小树枝叶间攀缘跳跃，或从一棵树飞向另一棵树，一般都短距离低空飞行，不作长距离飞行。常边飞边叫或边跳边叫，鸣声低沉而急速，较为嘈杂，其声似"dz—dz—dz—dzek"。

主要以鞘翅目、鳞翅目等昆虫为食，也吃蜘蛛等小型无脊椎动物、植物果实与种子等。

分布于自东北至西南一线向东的广大地区，为较常见的留鸟。

雀形目　PASSERIFORMES

雀形目 PASSERIFORMES
绣眼鸟科 Zosteropidae

暗绿绣眼鸟（学名：*Zosterops simplex*）

又名绣眼、粉眼。耳区和颊黄绿色。喙黑色，喙基色浅，虹膜红褐色。白色眼圈明显，眼先黑色，额基黄色。上体绿色，飞羽和尾羽黑褐色，外翈缘草绿色。颏、喉、颈侧和上胸鲜黄色，下胸及腹部灰白色。尾下覆羽鲜黄色。脚铅灰色。雌雄同型。

栖息于中低山地、丘陵，以及平原的树林、灌丛和果园等生境中。喜群居。繁殖期为4～7月，1年繁殖1～2窝，每窝产卵3～4枚，孵化期为10～12天。

以昆虫等动物性食物，以及植物的果实和种子等为食。

候鸟，分布于我国华北至西南一带，在日本、朝鲜半岛也有分布。

雀形目 PASSERIFORMES

鹪鹩科 Troglodytidae

鹪鹩（学名：*Troglodytes troglodytes*）

小型鸣禽，体长10～17厘米。头部浅棕色，有黄色眉纹。上体连尾带栗棕色，布满黑色细斑。两翼覆羽尖端为白色。整体棕红褐色。胸腹部颜色略浅。翅膀有深色波形斑纹。嘴长直而较细弱，先端稍曲，无嘴须，即使有，也很少而细。鼻孔裸露或部分及全部被有鼻膜。翅短而圆，初级飞羽8枚。尾短小而柔软，尾羽大多12枚，亦有8或10枚者。

常于夏季生活在中、高山的潮湿密林和灌木丛中，冬季迁至低山区和平原地带，多在海拔700米以上的山地阴暗潮湿的密林中筑巢。一般独自或成对或成家庭小群活动。在灌木丛中迅速移动，常从低枝逐渐跃向高枝，尾巴翘得很高。歌声嘹亮。

以蜘蛛、毒蛾、螟蛾、天牛、小蠹、象甲、蜷象等昆虫为食。雏鸟主要吃蝗虫、蟋蟀、毛毛虫等。

雀形目 PASSERIFORMES

雀形目 PASSERIFORMES

䴓科 Sittidae

🐦 黑头䴓（学名：*Sitta villosa*）

小型鸣禽，体长10～12厘米。头顶黑色。头颈短。上体石板灰蓝色且具白色或皮黄色眉纹和污黑色贯眼纹。下体灰棕色或棕黄色。体侧无栗色。尾短。鸣管结构及鸣肌复杂，善于鸣啭，叫声多变而悦耳。离趾型足，趾三前一后，后趾与中趾等长。腿细弱，跗跖后缘鳞片常愈合为整块鳞板。雀腭型头骨。

栖息于低山至高山的针叶林及针阔混交林中。常在树干、树枝、岩石上等地方觅食昆虫、种子等。在洞中筑巢，冬季有储存食物习性。是唯一能头向下尾朝上往下爬树的鸟类。

以金花虫、步行虫、胡蜂、鞘翅目、鳞翅目幼虫、膜翅目和双翅目幼虫等为食。

分布于我国北方，包括东北中部、南部，在青海东部、甘肃、宁夏、陕西、山西、河北也偶尔可见。

雀形目 PASSERIFORMES

旋壁雀科 Tichodromidae

红翅旋壁雀（学名：*Tichodroma muraria*）

体形略小，体长12～17.8厘米，体重0.015～0.023千克。尾短而嘴长，翼具醒目的绯红色斑纹。飞羽黑色，外侧尾羽羽端白色显著，初级飞羽两排白色斑点飞行时呈带状。繁殖期雄鸟脸及喉黑色，雌鸟黑色较少。非繁殖期成鸟喉偏白色，头顶及脸颊沾褐色。虹膜深褐色，嘴脚黑色。

多栖息于悬崖和陡坡壁上，或栖息于亚热带常绿阔叶林和针阔混交林带中的山坡壁上。常在岩崖峭壁上攀爬，两翼轻展显露红色翼斑。冬季下至较低海拔，于建筑物上取食，被称为"悬崖上的蝴蝶鸟"。

分布于欧洲、西南亚地区，以及我国新疆、西藏、青海、甘肃、宁夏、内蒙古、四川、东北、河北、北京、河南、陕西、湖北、江西、安徽、江苏、云南、福建、广东等地。

雀形目 PASSERIFORMES

雀形目 PASSERIFORMES

旋木雀科 Certhiidae

旋木雀（学名：*Certhia familiaris*）

小型鸟类，体长12～15厘米，平均重0.01千克。嘴长而下曲。上体棕褐色且具白色纵纹，腰和尾上覆羽红棕色，尾黑褐色，外䎃羽缘淡棕色，翅黑褐色，翅上覆羽羽端棕白色，飞羽中部具2道淡棕色带斑。下体白色。尾为很硬且尖的楔形尾，似啄木鸟，可为树上爬动和觅食起支撑作用。相似种高山旋木雀尾具横斑，下体灰棕色，二者区别明显，易于识别。

主要栖息于山地针叶林和针阔叶混交林、阔叶林和次生林。常单独或成对活动，繁殖期后亦常见成3～5只的家族群。沿树干呈螺旋状攀缘，以寻觅树皮中的昆虫，如此往复不停，性极活跃，每天从黎明到黄昏活动时间长达15～16个小时，其间不断有短暂的休息，栖息时用利爪和坚硬的尾羽支撑身体。飞行能力不佳，更擅长在树干上垂直攀爬。通常聚集于成熟林或有茂密老成大树的公园林地。

雀形目 PASSERIFORMES

椋鸟科 Sturnidae

灰椋鸟（学名：*Spodiopsar cineraceus*）

体形较北椋鸟稍大。头顶至后颈黑色，额和头顶杂有白色。颊和耳覆羽白色微杂有黑色纵纹。上体灰褐色。尾上覆羽白色。嘴橙红色，尖端黑色。脚橙黄色。

栖息于平原或山区的稀树地带，繁殖期成对活动，非繁殖期常集群活动。

主要以昆虫为食。

分布于欧亚大陆及非洲北部，在我国黑龙江以南至辽宁、河北、内蒙古及黄河流域为夏候鸟，迁徙及越冬时常见于东部至华南地区。

雀形目 PASSERIFORMES

北椋鸟（学名：*Agropsar sturninus*）

全长约18厘米。背部深色，腹部白色。

栖息于阔叶林或田野内，食植物果实、种子、昆虫。叫声变化多端，善模仿。多栖息于平原地区或海拔500～800米的田野，营巢于树洞和墙缝中。繁殖期5～6月，每窝产卵通常5～7枚，雏鸟晚成性。

主要以昆虫为食，也吃少量植物果实与种子。

分布于中国、柬埔寨、印度、印度尼西亚、日本、朝鲜、韩国、老挝、马来西亚、蒙古国、缅甸、新加坡、泰国、越南。

河北蔚县壶流河湿地 鸟类图鉴

雀形目 PASSERIFORMES

鸫科 Turdidae

乌鸫（学名：*Turdus mandarinus*）

体长21～29.6厘米，体重0.055～0.126千克。雄鸟除了黄色的眼圈和喙外，全身都是黑色。雌鸟和初生的雏鸟没有黄色的眼圈，但有一身褐色的羽毛和喙。虹膜褐色。鸟喙橙黄色或黄色。脚黑色。

栖息于次生林、阔叶林、针阔叶混交林和针叶林等各种不同类型的森林中。以海拔数百米到4500米均可见。

杂食性，食物包括昆虫、蚯蚓、种子和浆果。

分布于欧洲、非洲和亚洲。

雀形目　PASSERIFORMES

🕊 白眉鸫（学名：*Turdus obscurus*）

中型鸟类，体长19～23厘米。雄鸟头、颈灰褐色，具长而显著的白色眉纹，眼下有一白斑，上体橄榄褐色，胸和两胁橙黄色，腹和尾下覆羽白色。雌鸟头和上体橄榄褐色，喉白色而具褐色条纹，其余和雄鸟相似，但羽色稍暗。

繁殖期间主要栖息于海拔1200米以上的针阔叶混交林、针叶林和杨桦林中，尤以河谷等水域附近茂密的混交林较常见。常单独或成对活动，迁徙季节亦见成群。性胆怯，常躲藏。

主要以鞘翅目、鳞翅目等昆虫和昆虫幼虫为食，也吃其他小型无脊椎动物，以及植物的果实与种子。

繁殖于中国、俄罗斯西伯利亚、远东地区、朝鲜，越冬于日本、越南、老挝、泰国、柬埔寨、印度阿萨姆邦、尼泊尔、孟加拉国、马来西亚、菲律宾、印度尼西亚苏门答腊岛和加里曼丹岛等地。

赤胸鸫（学名：*Turdus chrysolaus*）

中型鸟类，体长22~24厘米。整个头、颈和喉暗橄榄褐色或灰褐色，上体橄榄褐色。胸和两胁橙红色，腹以下白色。具黄色眼圈。虹膜褐色。上嘴褐色，下嘴黄色。脚黄色。

主要栖息于海拔2500米以下的山地森林中，尤以河流、湖泊等水域附近茂密的阔叶林或松桦林较常见，有时也进到城镇附近的果园和树丛中活动和觅食。常单独或成对活动，迁徙季节亦成群。多在林下觅食，有时也静静地站在高高的树上注视着四周，当地面出现猎物后才飞下捕食。

夏季主要以昆虫和昆虫幼虫为食，秋、冬季节也吃部分植物果实和种子。

繁殖于俄罗斯、日本，越冬于韩国、菲律宾等地。在我国见于河北、山东、江苏、福建、广东、海南和台湾。

赤颈鸫（学名：*Turdus ruficollis*）

中型鸟类，体长22～25厘米。上体灰褐色，有窄的栗色眉纹。颏、喉、上胸红褐色，腹至尾下覆羽白色，腋羽和翼下覆羽橙棕色。虹膜暗褐色。嘴黑褐色，下嘴基部黄色。脚黄褐色或暗褐色。

繁殖期间主要栖息于各种类型的森林中，尤以针叶林和泰加林中较常见，迁徙季节和冬季也出现于低山丘陵和平原地带的阔叶林、次生林和林缘疏林与灌丛中，有时也见在乡村附近的果园、农田和地边树上或灌木上活动和觅食。除繁殖期间成对或单独活动外，其他季节多成群活动，有时也见和斑鸫混群。

主要以吉丁虫、甲虫、蚂蚁、鳞翅目和鞘翅目等昆虫及昆虫幼虫为食，也吃虾、田螺等无脊椎动物，以及沙枣等灌木果实和草籽。

繁殖于中国、俄罗斯西伯利亚东部，北至北纬5度、通古斯河上游，南至阿尔泰、蒙古国西北部，东至贝加尔湖和勒拿河上游。越冬于阿富汗、巴基斯坦、克什米尔、尼泊尔、不丹、印度、孟加拉国、缅甸等地。

斑鸫（学名：*Turdus eunomus*）

中型鸟类，体长20～24厘米。有2个亚种，其羽色变化较大。其中，北方亚种体色较暗，上体从头至尾暗橄榄褐色杂有黑色；下体白色，喉、颈侧、两胁和胸具黑色斑点，有时在胸部密集成横带；两翅和尾黑褐色，翅上覆羽和内侧飞羽具宽的棕色羽缘；眉纹白色，翅下覆羽和腋羽辉棕色。指名亚种体色较淡，上体灰褐色，眉纹淡棕红色，腰和尾上覆羽有时具栗斑或为棕红色，翅黑色，外翈羽缘棕白或棕红色，尾基部和外侧尾棕红；颏、喉、胸和两胁栗色，具白色羽缘，喉侧具黑色斑点。

栖息于西伯利亚泰加林、桦树林、白杨林、杉木林等各种类型森林和林缘灌丛地带。除繁殖期成对活动外，其他季节多成群，特别是迁徙季节，常集成数十只或上百只的大群。

主要以昆虫为食。

雀形目　PASSERIFORMES

鹟科　Muscicapidae

乌鹟（学名：*Muscicapa sibirica*）

体形较小，体长12～14厘米，体重0.009～0.015千克。上体深灰色，翼上具不明显皮黄色斑纹；下体白色，两胁深色具烟灰色杂斑，上胸具灰褐色模糊带斑。白色眼圈明显，喉白，通常具白色的半颈环。下脸颊具黑色细纹，翼长至尾的2/3。虹膜深褐色。嘴黑色。脚黑色。诸亚种的下体灰色程度不同。亚成鸟脸及背部具白色点斑。

主要栖息于海拔800米以上的针阔叶混交林和针叶林中，往上可到林线上缘和亚高山矮曲林；亦栖息于山区或山麓森林的林下植被层及林间。用松萝和毛发作巢于距地5米左右的针叶林横向侧枝上。除繁殖期成对外，其他季节多单独活动。树栖性，常在高树树冠层，很少下到地上活动和觅食。常停留在凸出的干树枝上，日出后是它们的活动高峰，飞捕空中过往的小昆虫。

繁殖于东北亚及喜马拉雅山脉。冬季迁徙至中国南方、巴拉望岛、东南亚及大巽他群岛。

北灰鹟（学名：*Muscicapa dauurica*）

体形较小，体长10.3～14.3厘米，体重0.009～0.016千克。上体灰褐色，下体偏白色，胸侧及两胁褐灰色，眼圈白色，冬季眼先偏白色。嘴比乌鹟或棕尾褐鹟长且无半颈环。新羽的鸟具狭窄白色翼斑，翼尖延至尾的中部。虹膜褐色。嘴黑色，下嘴基黄色。脚黑色。

主要栖息于落叶阔叶林、针阔叶混交林和针叶林中，尤其是山地溪流沿岸的混交林和针叶林较常见。常单独或成对活动，偶尔见成3～5只的小群，从栖处捕食昆虫，回至栖处后尾作独特的颤动。

以昆虫和昆虫幼虫为食。

繁殖于东北亚及喜马拉雅山脉，边缘分布于东南。冬季南迁至印度、东南亚、菲律宾、苏拉威西岛及大巽他群岛。

蓝喉歌鸲（学名：*Luscinia svecica*）

又名蓝点颏。大小和麻雀相似，体长14~16厘米。头部、上体主要为土褐色。眉纹白色。尾羽黑褐色，基部栗红色。颏部、喉部辉蓝色，下面有黑色横纹。下体白色。雌鸟酷似雄鸟，但颏部、喉部为棕白色。虹膜暗褐色。嘴黑色。脚肉褐色。叫声好听。

栖息于灌丛或芦苇丛中。性情隐怯，常在地下作短距离奔驰，稍停，不时地扭动尾羽或将尾羽展开。繁殖期为5月。营巢于灌丛、草丛中的地面上。巢以杂草、根、叶等筑成。每巢产卵4~6枚。卵有光泽呈蓝绿色。孵化期约为14天。

主要以昆虫、蠕虫等为食，也吃植物种子等。

国家二级保护野生动物。

红喉歌鸲（学名：*Calliope calliope*）

体长14～17厘米，体重0.016～0.027千克。雄鸟头部、上体主要为橄榄褐色；眉纹白色；颏部、喉部红色，周围有黑色狭纹；胸部灰色，腹部白色。雌鸟颏部、喉部不呈赤红色，而为白色。虹膜褐色。嘴暗褐色。脚粉褐色。

栖息于森林密丛及次生植被，一般在近溪流处。跳跃或在附近地面奔驰，多位于距水不远的地面上。善鸣叫、模仿，鸣声多韵而婉转，十分悦耳。常在平原、芦苇丛及小树林中活动，轻巧跳跃，走动灵活。

以昆虫为食，包括直翅目、半翅目和膜翅目等昆虫，也吃少量果实等植物性食物。

在我国东北地区繁殖，也见于甘肃南部与四川。

国家二级保护野生动物。

雀形目　PASSERIFORMES

红胁蓝尾鸲（学名：*Tarsiger cyanurus*）

又名蓝点冈子、蓝尾巴根子、蓝尾杰、蓝尾欧鸲。体形略小而喉白。橘黄色两胁与白色腹部及臀成对比。雄鸟上体蓝色，眉纹白色。亚成鸟及雌鸟褐色，尾蓝色。雌性红胁蓝尾鸲与雌性蓝喉歌鸲的区别在喉褐色而具白色中线，而非喉全白色，两胁橘黄色而非皮黄色。

常单独或成对活动，有时亦见成3～5只的小群，尤其是秋季。主要为地栖性，多在林下地上奔跑或在灌木低枝间跳跃，性甚隐匿，除繁殖期间雄鸟站在枝头鸣叫外，一般多在林下灌丛间活动和觅食。停歇时常上下摆尾。

在我国繁殖，也在我国越冬，既是夏候鸟，也是冬候鸟。

白眉姬鹟（学名：*Ficedula zanthopygia*）

小型鸟类，体长11～14厘米。雄鸟上体大部黑色，眉纹白色，在黑色的头上极为醒目；腰鲜黄色，两翅和尾黑色，翅上具白斑；下体鲜黄色。雌鸟上体大部橄榄绿色，腰鲜黄色，翅上亦具白斑；下体淡黄绿色。

栖息于海拔1200米以下的低山丘陵和山脚地带的阔叶林和针阔叶混交林中。常单独或成对活动，多在树冠下层低枝处活动和觅食，也常飞到空中捕食飞行性昆虫。

食物主要包括天牛科和拟天牛科成虫、叩头虫、瓢虫、象甲、金花虫等鞘翅目昆虫。

在我国长江以北及四川、贵州为夏候鸟，在我国长江以南地区多为旅鸟。

鸲姬鹟（学名：*Ficedula mugimaki*）

体形较小，体长11~14厘米，体重0.011~0.015千克。雄鸟上体灰黑色，狭窄的白色眉纹于眼后；翼上具明显的白斑，尾基部羽缘白色；喉、胸及腹侧橘黄色；腹中心及尾下覆羽白色。雌鸟上体包括腰褐色，下体似雄鸟但色淡，尾无白色。亚成鸟上体全褐色，下体及翼纹皮黄色，腹白色。虹膜深褐色。嘴暗角质色。脚深褐爪。

栖息于山地森林和平原的小树林、林缘及林间空地，常在林间作短距离的快速飞行。常单独或成对活动。偶尔也见成3~5只的小群。尾常抽动并扇开。叫声为轻柔的"turrrr"声。

主要以鞘翅目、鳞翅目、直翅目、膜翅目等昆虫和昆虫幼虫为食。

在我国东北为夏候鸟，部分在广东、广西和海南越冬，为冬候鸟，其他地区为旅鸟。每年5月初迁来东北繁殖，9月末10月初南迁。

红喉姬鹟(学名：*Ficedula albicilla*)

小型鸟类，体长11~13厘米。雄鸟上体灰黄褐色，眼先、眼周白色，尾上覆羽和中央尾羽黑褐色，外侧尾羽褐色，基部白色；颏、喉繁殖期间橙红色，胸淡灰色，其余下体白色，非繁殖期颏、喉变为白色。雌鸟颏、喉白色，胸沾棕色，其余同雄鸟。

栖于林缘及河流两岸的较小树上。有险情时冲至隐蔽处。尾展开显露基部的白色。遇警时发出粗糙的"trrrt"声、静静的"tic"声及粗哑的"tzit"声。

相似种鸲姬鹟。雄鸟上体黑色且具白色眉斑和翅斑，下体颏、喉、胸和上腹橙棕色。雌鸟上体灰褐沾绿色，下体颏、喉、胸和上腹淡棕黄色。区别均甚明显。

雀形目 PASSERIFORMES

北红尾鸲（学名：*Phoenicurus auroreus*）

小型鸟类，体长13～15厘米。雄鸟头顶至直背石板灰色；下背和两翅黑色具明显的白色翅斑；腰、尾上覆羽和尾橙棕色，中央一对尾羽和最外侧一对尾羽外翈黑色；前额基部、头侧、颈侧、颏喉和上胸概为黑色，其余下体橙棕色。雌鸟上体橄榄褐色，两翅黑褐色且具白斑，眼圈微白色；下体暗黄褐色。相似种红腹红尾鸲头顶至枕羽色较淡，多为灰白色，尾全为橙棕色，中央尾羽和外侧一对尾羽外翈部为黑色。

主要栖息于山地、森林、河谷、林缘和居民点附近的灌丛与低矮树丛中。

主要以昆虫为食，多以鞘翅目、鳞翅目、直翅目、半翅目、双翅目、膜翅目等昆虫为食，种数达50种，其中，约80%为害虫。

繁殖于俄罗斯西伯利亚南部，从贝加尔湖西面的克拉斯诺亚尔斯克往东到远东和萨哈林岛，往南到中国、蒙古国和朝鲜。越冬于印度阿萨姆、缅甸、泰国北部、老挝、越南和日本。

河北蔚县壶流河湿地 鸟类图鉴

红腹红尾鸲（学名：Phoenicurus erythrogastrus）

小型鸟类，体长16～19厘米。个体较其他红尾鸲稍大。雄鸟头顶至枕白色，额、头侧、背、肩、翅、颏、喉和胸黑色，翅上有大型白斑，在黑色翅、背的衬托下极为醒目；其余上下体羽色，包括尾和尾上尾下覆羽概为锈棕色。雌鸟烟灰褐色，腰至尾上覆羽和尾羽棕色，眼有一圈白色；下体浅棕灰色。特征均很显著，野外不难识别。

典型的高山和高原鸟类，夏季主要栖息于海拔4000～5500米的高山、高原、灌丛、草甸、裸岩、沟谷、溪流、荒坡，一直到雪线下的流石滩均有分布，耐寒和适应力极强。冬季常到海拔2000～3000米的亚高山矮曲林和林线上缘疏林灌丛地带，尤以沟谷和山溪河谷灌丛较常见。除繁殖期成对外，多单独活动，有时也成小群。常停息在树上、灌木枝头、岩石上或地上，多在地上觅食，尾常不停地上下摆动。

主要以甲虫、象鼻虫等昆虫为食，也吃蠕虫等小型无脊椎动物和少量植物果实与种子。

在我国繁殖于新疆西部喀什、天山、阿克苏，西南部塔什库尔干、帕米尔高原，南部昆仑山，中部吐鲁番，北部准噶尔盆地，东部哈密，以及青海东北部、东南部、柴达木盆地和西藏南部。越冬或迁经于甘肃西北部、山西、山东、河北、四川、云南和西藏南部。

雀形目 PASSERIFORMES

红尾水鸲（学名：*Phoenicurus fuliginosus*）

小型鸟类。雄鸟通体大都暗灰蓝色；翅黑褐色；尾羽和尾的上、下覆羽均栗红色。雌鸟上体灰褐色；翅褐色，具2道白色点状斑；尾羽白色，端部及羽缘褐色；尾的上、下覆羽纯白；下体灰色，杂以不规则的白色细斑。

活动于山泉溪涧或山区溪流、河谷、平原河川岸边的岩石间、溪流附近的建筑物四周或池塘堤岸间。

主要以昆虫为食，也吃少量植物果实和种子。

221

蓝矶鸫（学名：*Monticola solitarius*）

中等体形。雄鸟上体几乎纯蓝色，两翅和尾近黑色；下体前蓝后栗红色。雌鸟上体蓝灰色，翅和尾亦呈黑色；下体棕白色，各羽缀以黑色波状斑。

夏季常栖息于多岩石的山地或海岸上。冬季南迁，偶见于城墙、古塔、废墟等处。取食时或由高处直落地上捕取，或骤然飞出在空中捕食飞虫。雄鸟在繁殖期善于鸣叫，鸣声富有音韵，十分动听，繁殖期在每年的4～7月，巢置于山腰的岩隙间，形似碗状。巢基以苔藓、枝条、树皮等建造，内垫以细草、须根等。每窝产4枚卵，淡蓝色，有时在钝端处缀以红褐色细点。

主要以昆虫为食，如蝼蛄、蝗虫等，也吃蜘蛛。

分布广泛，为留鸟及候鸟。

雀形目 PASSERIFORMES

黑喉石䳭（学名：*Saxicola maurus*）

又名谷尾鸟、黑喉石。身体黑褐色。雄鸟头部、背部、两翼及尾黑色，颈侧及翼上具白斑，胸部和腹侧红棕色，腰及尾下覆羽白色。雌鸟体色为褐色，上体具深色纵纹，胸部染棕色，腹部棕黄色，两翼黑褐色具白斑，尾黑色。虹膜褐色。嘴黑色。脚黑色。

栖息于低山丘陵至山脚平原的疏林灌丛，也见于高原、田野、沼泽，适应性较强，常单独或成对活动。喜站在灌木枝梢伺机捕食昆虫，捕到后立即返回原处，亦能鼓翼在空中稍作停留或上下垂直飞翔，叫声尖细响亮。

在我国北方繁殖，在南方越冬，较为常见。在世界范围内分布于欧洲、亚洲和非洲。

雀形目 PASSERIFORMES

白顶䳭（学名：*Oenanthe pleschanka*）

小型鸟类，体长14～17厘米。雄鸟头顶至后颈白色，头侧、背、两翅、颏和喉黑色，其余体羽白色；中央一对尾羽黑色，基部白色，外侧尾羽白色且具黑色端斑。雌鸟上体土褐色，腰和尾上覆羽白色，尾白色具黑色端斑，颏、喉褐色或黑色；其余下体皮黄色。特征明显，野外容易识别。我国还未见有与之相似种类。

主要栖息于干旱荒漠、半荒漠、荒山、沟谷、林缘灌丛和岩石荒坡等各类生境中，尤以有稀疏植物的戈壁滩、贫瘠而多砾石的荒漠和半荒漠地带较常见，也出入于平原草地、田间地头、果园，甚至城市公园和居民点附近。常单独或成对活动。地栖性，多在地上奔跑觅食，也常栖息于岩石或灌丛上，发现食物后再突然飞起捕食。

主要以甲虫、金龟虫、象甲、蝗虫、蝽象、蚂蚁、鳞翅目等昆虫和昆虫幼虫为食，也吃少量植物果实和种子。

雀形目 PASSERIFORMES

雀科 Passeridae

山麻雀（学名：*Passer cinnamomeus*）

小型鸟类，体长13～15厘米。雄鸟上体栗红色，背中央具黑色纵纹，头棕色或淡灰白色，颏、喉黑色，其余下体灰白色或灰白色沾黄色。雌鸟上体褐色且具宽阔的皮黄白色眉纹，颏、喉无黑色。

性喜结群，除繁殖期单独或成对活动外，其他季节多成小群，在树枝或灌丛间飞来飞去或飞上飞下，飞行力较其他麻雀强，活动范围亦较其他麻雀大。冬季常随气候变化移至山麓草坡、耕地和村寨附近活动。

杂食性，主要以植物性食物和昆虫为食。

雀形目 PASSERIFORMES

　　在我国分布于华东、华中、华南、西南和长江流域，北达黄河下游、山东半岛、河北南部、山西南部、陕西秦岭、宁夏径源和甘肃南部，西至青海东部、四川和西藏东部，南至云南、广西、广东、香港、福建和台湾等地。

麻雀（学名：*Passer montanus*）

小型鸣禽，体形较为矮圆。嘴圆锥形，黑色。额、头顶至后颈栗褐色，头侧和颈侧白色。颏及喉黑色，颈背具完整灰白色领环。上体棕褐色，背、肩黑色粗纵纹，羽毛黑褐色；下体皮黄灰色；尾黑褐色，具褐色羽缘；脚粉褐色。其幼鸟嘴为黄色；喉部为灰色。成年雄鸟肩羽为褐红色，成年雌鸟肩羽为橄榄褐色。据《本草纲目》云："雀，短尾小鸟也，故字从小，从隹"，因其遍身麻栗色，故名。

喜欢栖息于有人类生活的各种生境。适应力强，性活泼，常集群活动。一般在地上、草丛及灌丛中觅食，发出叽叽喳喳的叫声，较为嘈杂。在地面行进时为齐足跳动。麻雀每年可繁殖多代，在北方4～8月都可繁殖，每窝产卵4～6个。营巢于墙洞等各种建筑上，巢呈碗状。

食性较杂，主要以谷粒、草籽、果实为食。

分布广泛，除极寒冷的南极、北极和高山荒漠，在世界各地均有分布。

雀形目 PASSERIFORMES

雀形目 PASSERIFORMES

岩鹨科 Prunellidae

领岩鹨（学名：*Prunella collaris*）

又名岩鹨、大麻雀、红腰岩鹨。体长约18厘米，似麻雀但稍大。嘴细尖，嘴基较宽，而在嘴长的中间部位有一明显的紧缩，这是该种鸟类特异之处。鼻孔大而斜向，并有皮膜盖着。嘴须少而柔软。前额羽稍松散，并不彼此紧贴覆盖。尾为方尾或稍凹。跗跖前缘具盾状鳞。

栖息于2200～3100米的高山针叶林带及多岩地带或灌木丛中，冬天下降至溪谷中栖息。常在岩石附近及灌木丛中觅食。

229

棕眉山岩鹨（学名：*Prunella montanella*）

小型鸟类，体长13～16厘米。头和头侧黑色，有一长而宽阔的皮黄色眉纹从额基一直向后延伸至后头侧，在黑色的头部极为醒目。背、肩栗褐色且具黑褐色纵纹。两翅黑褐色，翅上有黄白色翅斑。下体黄褐色或皮黄色，胸侧和两胁杂有细的栗褐色纵纹。

主要栖息于低山丘陵和山脚平原地带的林缘、河谷、灌丛、小块丛林、农田、路边等各类生境。繁殖期栖息于西伯利亚泰加林地带，尤以河谷地带较常见。常单独、成对或成小群活动。在地上奔跑迅速，善藏匿，常躲藏在茂密的灌草丛中，很少鸣叫。离人很远即飞，每次飞不多远又落入灌丛。

主要以各种昆虫和昆虫幼虫为食，也吃草籽、植物果实和种子等植物性食物。

在我国主要为冬候鸟。每年10月初开始迁来我国，10月下旬至11月末陆续到达我国越冬地，翌年3～4月开始迁往西伯利亚繁殖地。在我国长白山于5月15日还采得标本，说明在5月初还有未迁走的。

主要分布于中国、俄罗斯、韩国、蒙古国、黎巴嫩等地。

雀形目　PASSERIFORMES

鹡鸰科 Motacillidae

山鹡鸰（学名：*Dendronanthus indicus*）

体长约17厘米，主要羽色为褐色及黑白色。头部和上体橄榄褐色，眉纹白色，从嘴基直达耳羽上方。下体白色，胸上具2道黑色的横斑纹，较下的一道横纹有时不完整。虹膜灰色。鸟喙角质、褐色，下嘴较淡。脚偏粉色。

停栖时，尾轻轻往两侧摆动，不似其他鹡鸰尾上下摆动。飞行时为典型鹡鸰类的波浪式飞行。

在林间捕食，主要以昆虫为食，包括鞘翅目、鳞翅目、双翅目、膜翅目昆虫，此外也吃蜗牛、蛞蝓等小型无脊椎动物。

候鸟，部分在南部沿海地区及云南东南部和海南岛越冬。每年春季多在5月初开始迁来北方繁殖地，秋季于9月末10月初南迁。

黄鹡鸰（学名：*Motacilla tschutschensis*）

体形和山鹡鸰相似，体长15～18厘米。头顶蓝灰色或暗色。上体橄榄绿色或灰色、具白色、黄色或黄白色眉纹。飞羽黑褐色且具2道白色或黄白色横斑。尾黑褐色，最外侧2对尾羽大都白色。下体黄色。

多成对或成3～5只的小群，迁徙期亦见数十只的大群活动。喜欢停栖在河边或河心石头上，尾不停地上下摆动。有时也沿着水边来回不停地走动。飞行时两翅一收一伸，呈波浪式前进行。常常边飞边叫，鸣声"唧、唧"。主要以昆虫为食，多在地上捕食，有时亦见在空中飞行捕食。

食物种类主要有蚁、蚋、浮尘子及鞘翅目和鳞翅目昆虫等。

每年春季4月初迁到我国，秋季10～11月。

雀形目 PASSERIFORMES

黄头鹡鸰（学名：Motacilla citreola）

体长约18厘米，体形较纤细，喙较细长，先端具缺刻。翅尖长，内侧飞羽（三级飞羽）极长，几与翅尖平齐。尾细长而呈圆尾状，中央尾羽较外侧尾羽长。

多活动于水边，停息时尾上下摆动，单个或成对地寻食昆虫，飞行时呈波浪状起伏。在农田土块、树洞、岩缝中筑巢。巢呈杯状，以细草根、枯枝叶、草茎、树皮等构成，内铺兽毛、鸟羽等。每窝产卵4~6枚。常成对或成小群活动，也见有单独活动的，特别是在觅食时，迁徙季节和冬季，有时也集成大群。晚上多成群栖息，偶尔也和其他鹡鸰栖息在一起。太阳出来后即开始活动，常沿水边小跑追捕食物。

夏季食物主要是昆虫，秋季兼食些草籽。为地栖鸟类，喜沼泽草甸、苔原带及柳树丛。

在我国分布于东南沿海地区、香港、海南、新疆、甘肃、内蒙古、黑龙江、吉林、辽宁、山西、河北、宁夏、陕西、四川、安徽、云南、西藏、青海、江苏、广东、福建。在我国为夏候鸟，部分在我国南部沿海省份及云南南部和西藏南部越冬。每年4月中下旬迁来北方繁殖地。

灰鹡鸰（学名：*Motacilla cinerea*）

中小型鸣禽，体长约19厘米。与黄鹡鸰的区别在上背灰色，飞行时白色翼斑和黄色的腰显现，且尾较长。体形较纤细。喙较细长，先端具缺刻。翅尖长，内侧飞羽（三级飞羽）极长，几与翅尖平齐。尾细长，外侧尾羽具白，常做有规律的上、下摆动。腿细长，后趾具长爪，适于在地面行走。

经常成对活动或结小群活动。繁殖期在3～7月，筑巢于屋顶、洞穴、石缝等处，巢由草茎、细根、树皮和枯叶构成，呈杯状。每窝产卵4～5枚。

以昆虫为食。觅食时地上行走，或在空中捕食昆虫。

分布于我国各地。其中，在东北、华北、内蒙古、山西、陕西、甘肃西南部至四川北部为夏候鸟，在其他地区为旅鸟，部分在长江流域、东南沿海、广西、云南、海南、台湾等地越冬。

雀形目 PASSERIFORMES

白鹡鸰（学名：*Motacilla alba*）

小型鸣禽，全长约18厘米，翼展31厘米，体重约0.023千克，寿命10年。体羽为黑、白二色。

飞行时呈波浪式前进，停息时尾部不停上下摆动。栖息于村落、河流、小溪、水塘等附近，在离水较近的耕地、草场等可见。经常成对活动或结小群活动。繁殖期在3～7月，筑巢于屋顶、洞穴、石缝等处，巢由草茎、细根、树皮和枯叶构成，呈杯状。每窝产卵4～5枚。

以昆虫为食。觅食时或在地上行走，或在空中捕食昆虫。

主要分布于欧亚大陆的大部分地区和非洲北部的阿拉伯地区，在我国广泛分布。

理氏鹨（学名：*Anthus richardi*）

体形较大，约18厘米。腿长的褐色而具纵纹的鹨。上体多具褐色纵纹，眉纹浅皮黄色；下体皮黄，胸具棕色纵纹。虹膜褐色。嘴上嘴褐色，下嘴带黄色。脚黄褐色。后爪明显肉色。

飞行或受惊时发出哑而高的长音"shree—ep"，也会发出"吱吱"的叫声。鸣声在螺旋飞行时发出，为清脆而单调的"chee—chee—chee—chee—chia—chia—chia"，最后三个音下降。

喜开阔沿海、山区草甸、火烧过的草地及放干的稻田。单独或成小群活动。站在地面时姿势甚直。飞行呈波状，每次跌飞均发出叫声。

分布于中亚、印度、中国、蒙古国、西伯利亚、东南亚、马来半岛及苏门答腊。常见的季候鸟，高可至海拔1500米。指名亚种繁殖于我国青海东部的阿尔泰山及新疆的塔尔巴哈台山，冬季南迁；亚种*centralasie*繁殖于从青海东部及甘肃北部至新疆西部天山，冬季南迁；亚种*sinensis*（包括*ussuriensis*）繁殖于北方、东北、华中、华南、东南，以及海南和台湾，部分鸟为候鸟。

雀形目　PASSERIFORMES

树鹨（学名：*Anthus hodgsoni*）

小型鸣禽，外形和林鹨相似，体长15～16厘米。上体橄榄绿色且具褐色纵纹，尤以头部较明显。眉纹乳白色或棕黄色，耳后有一白斑。下体灰白色，胸具黑褐色纵纹。野外停栖时，尾常上下摆动。

主要栖息在海拔1000米以上的阔叶林、混交林和针叶林等山地森林中。常成对或成3～5只的小群活动，迁徙期间亦集成较大的群。多在地上奔跑觅食。性机警，受惊后立刻飞到附近树上，边飞边发出"chi—chi—chi"的叫声，声音尖细。

主要以昆虫及昆虫幼虫为食，在冬季兼吃些杂草种子等植物性的食物，所吃的昆虫有蝗虫、蜷象、金针虫、蝇、蚊、蚁等。

在我国为夏候鸟或冬候鸟。每年4月初开始迁来东北繁殖地，秋季于10月下旬开始南迁，迁徙时常集成松散的小群。

雀形目 PASSERIFORMES

燕雀科 Fringillidae

燕雀（学名：*Fringilla montifringilla*）

小型鸟类，体长14~17厘米。嘴粗壮而尖，呈圆锥状。雄鸟从头至背辉黑色，背具黄褐色羽缘；腰白色，颏、喉、胸橙黄色，腹至尾下覆羽白色，两胁淡棕色而具黑色斑点；两翅和尾黑色，翅上具白斑。雌鸟和雄鸟大致相似，但体色较浅淡；上体褐色而具有黑色斑点，头顶和枕具窄的黑色羽缘，头侧和颈侧灰色，腰白色。

除繁殖期成对活动外，其他季节多成群活动，尤其是迁徙期间常集成大群，有时甚至集群多达数百、上千只，晚上多在树上过夜。

主要以草籽、果实、种子等植物性食物为食，尤喜杂草种子。

雀形目 PASSERIFORMES

🦜 锡嘴雀（学名：*Coccothraustes coccothraustes*）

全长约18厘米。头顶棕褐色，头侧及腰和尾上覆羽等较淡。后颈灰色，翕和下背微褐色。翅上的内侧覆羽白色，形成宽阔白色带斑。外侧覆羽及飞羽黑色，后者先端具紫色和蓝绿色光辉，内翈具白色斑。尾羽大都黑褐色，先端白色。嘴基周围及眼先黑色，至喉则形成大型黑斑。下体余部淡黄褐色，至下腹及尾下覆羽转白色。雌鸟羽色较雄者暗淡，头顶褐灰色。

栖息于平原或低山阔叶林中，常成群活动。结群栖息于山地和平原的针叶或阔叶林中，性怯，常隐藏于枝叶茂密处，平时发出响亮的叫声和在树上用其尖嘴切剥果实声。飞翔很快，微呈波浪状。巢很坚固，由嫩枝、花梗、地衣、毛羽等筑成杯状，隐置于树上或荆棘间。卵每产4～6枚，常呈灰绿色，而具淡紫缀褐色的线状和点状斑。

主要以植物种子为食，如榆子、松子等，也吃昆虫。

黑尾蜡嘴雀（学名：*Eophona migratoria*）

又名蜡嘴、小桑嘴、皂儿（雄性）、灰儿（雌性）。中型鸟类，体长17～21厘米。雌雄异形异色。嘴粗大、黄色。雄鸟头灰黑色，背、肩灰褐色，腰和尾上覆羽浅灰色，两翅和尾黑色，初级覆羽和外侧飞羽具白色端斑。颏和上喉黑色，其余下体灰褐色或沾黄色，腹和尾下覆羽白色。雌鸟头灰褐色，背灰黄褐色，腰和尾上覆羽近银灰色，尾羽灰褐色、端部多为黑褐色。头侧、喉银灰色，其余下体淡灰褐色，腹和两胁沾橙黄色，其余同雄鸟。

夏候鸟或留鸟。每年4月初从我国南方迁至东北繁殖，10月中下旬开始迁回。分布于中国、俄罗斯西伯利亚东南部、远东南部、朝鲜、日本等地。

普通朱雀（学名：*Carpodacus erythrinus*）

小型鸟类，体长13~16厘米。雄鸟头顶、腰、喉、胸红色或洋红色，背、肩褐色或橄榄褐色，羽缘沾红色，两翅和尾黑褐色，羽缘沾红色。雌鸟上体灰褐色或橄榄色，具暗色纵纹，下体白色或皮黄白色，亦具黑褐色纵纹。

栖息于山区的针阔混交林、阔叶林和白桦、山杨林中，也在山地阔叶林的栎树、杨树、榆树上活动。常单独或成对活动，非繁殖期则多成几只至十余只的小群活动和觅食。性活泼，频繁地在树木或灌丛间飞来飞去，飞行时两翅扇迅速，多呈波浪式前进，有时亦见停息在树梢或灌木枝头。很少鸣叫，但繁殖期雄鸟常于早晚站在灌木枝头鸣叫，鸣声悦耳。鸣声为单调重复的缓慢上升哨音"weeja—wu—weeeja"或其变调；叫声为有特色的清晰上扬哨音"ooeet"；示警叫声为"chay—eeee"。

以果实、种子、花序、芽苞、嫩叶等植物性食物为食，繁殖期间也吃部分昆虫。

中华朱雀（学名：*Carpodacus davidianus*）

体形中等。喙短粗，喙端尖，深灰色。雄鸟从头顶至肩羽和下背呈中等褐色，上体褐色斑驳，眉纹、脸颊、胸及腰淡紫粉，臀近白色。雌鸟无粉色，上体淡褐色，遍布深色纵纹，但具明显的皮黄色眉纹。尾端近方形，不呈明显的叉状。

喜桧树及有矮小栎树及杜鹃的灌丛。冬季下至较低处。受惊扰时"僵"于树丛不动直至危险消失。

分布于我国内蒙古、河北、北京、山西、陕西等地，蒙古国也有分布。

雀形目 PASSERIFORMES

长尾雀（学名：*Carpodacus sibiricus*）

又名长尾朱雀，体长16～18厘米，体重0.016～0.026千克。雄鸟额、颏和眼后暗红色，头顶与后颈的羽端较淡；翼羽具宽阔的白色边缘与先端；形成鲜明的翼斑；外侧尾羽白色，嘴短粗呈膨胀状。雌鸟无红色，头、颊到翕带灰色，具暗色斑纹；翼斑宽且白色；腰部橙褐色。

主要生活于山区，多见于低矮的灌丛、亚热带常绿阔叶林和针阔混交林；在平原和丘陵多见于沿溪小柳丛、蒿草丛和次生林，也出没于公园和苗圃中。成鸟常单独或成对活动，幼鸟结群。取食似金翅雀。

主要以草籽等植物种子为食，也吃浆果、果实和嫩叶，繁殖期间也吃少量昆虫。

分布于西伯利亚南部、我国北部和中部、朝鲜、日本等。

北朱雀（学名：*Carpodacus roseus*）

雄鸟额前、头及喉均银白色，具粉红色羽缘，呈鳞片状，头顶余部及后颈粉红色，背灰褐色而羽缘粉红色，具较宽黑色羽干纹，腰和尾上覆粉红色，尾羽黑褐色，外羽片具粉红色边缘；飞羽黑褐色，具棕白色沾粉红色边缘；翅上覆羽具近白色沾粉红色的宽阔羽端，形成2道横斑；下体均呈粉红色，下腹近白；腋羽及尾下覆羽白，染粉红色。雌鸟头顶、头侧灰褐，羽缘粉红色，各羽具黑褐色羽干纹，背灰褐色，杂以粉红色，尾羽外羽片棕白色；下体棕白色，杂以较明显粉红色，具黑褐色羽干纹，余者和雄鸟相似。虹膜红色。嘴棕褐色。脚深灰褐色。

栖息于低海拔山区的针阔叶混交林、阔叶混交林和阔叶林，丘陵地带的杂木林和平原的榆林、柳林中。越冬时可至海拔2500米。夏季繁殖期至海拔较高处，栖于针叶林但越冬于雪松林及有灌丛覆盖的山坡。以家族群迁徙，不甚畏人，鸣声洪亮婉转。

以松子、刺槐、山荆子、山里红、五味子及杂草的种子为食，也见少数取食树的嫩芽。

分布于西伯利亚、阿尔泰山西部、贝加尔湖、萨哈林岛、蒙古国、日本、朝鲜半岛、中国。

雀形目 PASSERIFORMES

金翅雀（学名：*Chloris sinica*）

小型鸟类，体长12～14厘米。嘴细直而尖，基部粗厚。头顶暗灰色。背栗褐色且具暗色羽干纹。腰金黄色。尾下覆羽和尾基金黄色，翅上翅下都有一块大的金黄色块斑，无论站立还是飞翔时都醒目。

主要栖息于海拔1500米以下的低山、丘陵、山脚和平原等开阔地带的疏林中，尤其喜欢林缘疏林和生长有零星大树的山脚平原，也见于城镇公园、果园、苗圃、农田地边和村寨附近的树丛中或树上。在西部和南部地区，有时也见上到海拔2000～3000米的中山地区林缘疏林和灌木丛中，不进入密林深处。常单独或成对活动，秋冬季节也成群，有时集群多达数十只甚至上百只。

主要以植物果实、种子、草籽和谷粒等农作物为食。

分布于俄罗斯萨哈林岛、堪察加半岛，以及日本和朝鲜等地。

黄雀（学名：*Spinus spinus*）

体长10.6~12.2厘米，体重0.0095~0.016克。雄鸟头顶与颏黑色，上体黄绿色，腰黄色，两翅和尾黑色，翼斑和尾基两侧鲜黄色。雌鸟头顶与颏无黑色，具浓重的灰绿色斑纹；上体赤绿色且具暗色纵纹，下体暗淡黄色，有浅黑色斑纹。雄鸟飞翔时可显示出鲜黄色的翼斑、腰和尾基两侧。虹膜近黑色。嘴暗褐色，下嘴较淡。腿和脚暗褐色.

栖息于山林、丘陵和平原地带，秋季和冬季多见于平原地区或山脚林带避风处。除繁殖期成对生活外，常集结成几十只的群，春秋季迁徙时见

雀形目 PASSERIFORMES

　　有集成大群的现象。性不大怯疑，但在繁殖期非常隐蔽。

　　以多种植物的果实和种子为食，主食赤杨、桦木、榆树、松树及被子植物的果实、种子及嫩芽，也吃作物和蓟草、中葵、茵草等杂草种子，以及少量昆虫。

　　在我国分布于东北（北部、南部）、内蒙古（东部）、河北、河南、山东、江苏、浙江、福建、广东、台湾、四川（南充、万县）、贵州（惠水）、甘肃、山东。

雀形目 PASSERIFORMES
铁爪鹀科 Calcariidae

🐦 **铁爪鹀（学名：*Calcarius lapponicus*）**

大型鸟类，体长14～17.8厘米，体重0.002～0.034千克，头、颈、喉和胸侧均黑色。眉纹及颈侧白色。下颈及翕浓栗赤色。背部锈赤色发达，并具黑色纵斑。上胸黑色。下体余部白色。两胁有纵斑。后趾爪特长。雄鸟的头、喉和胸呈黑色。体形大小和鹀属相似。嘴形似鹀属呈圆锥形。翅长而尖，前三枚初级飞羽约相等并最长，翅式2=3>4。尾长等于翅的2/3。跗跖长于中趾和爪。后爪长而细，近乎直，约等或长于后趾；前三趾的诸爪甚平扁。

栖息于草地、沼泽地、平原田野、丘陵的稀疏山林。多在地面上活动，食物主要为杂草种子，如禾本科、莎草科、蒿科、蓼科等。

在我国为冬候鸟。此鸟每年迁来东北地区的时间为10月下旬，一般是11月，最迟在12月上旬，离去时间是翌年2～3月。但不同年份迁来的时间、地区及数量等均有一些不同，或与该年气候和食物条件有关。在河北的居留时间为12～3月，而在辽东半岛的居留时间为冬季，迁到长江流域的数量颇为稀少。

主要分布于欧美（北部）、俄罗斯、日本、蒙古国、朝鲜半岛、中国（北部），也见于我国长江流域。

雀形目 PASSERIFORMES

雀形目
PASSERIFORMES

鹀科
Emberizidae

白头鹀（学名：*Emberiza leucocephalos*）

小型鸣禽，体长170～185毫米，体重0.002～0.043千克。体羽似麻雀。具独特的头部图纹和小型羽冠。雄鸟具白色的顶冠纹和紧贴其两侧的黑色侧冠纹，耳羽中间白色而环边缘黑色，头余部及喉栗色而与白色的胸带成对比。雌鸟色淡而不显眼，甚似黄鹀的雌鸟，区别在嘴具双色，体色较淡且略沾粉色而非黄色，髭下纹较白。虹膜暗褐色。嘴角褐色，下嘴较淡，上嘴中线褐色。脚粉褐色。

雀形目　PASSERIFORMES

栖息于低山和山脚平原等开阔地。繁殖期间常单独或成对活动，非繁殖期间多成数十只的小群，多者达30只。活动在有稀疏林木的田间、地头和林缘灌丛与草丛中。繁殖期在地面或灌丛内筑碗状巢。主要以植物种子为食。

灰眉岩鹀（学名：*Emberiza godlewskii*）

小型鸣禽，体长约16厘米。头、枕、头侧、喉和上胸蓝灰色。眉纹、颊、耳覆羽蓝灰色。贯眼纹和头顶两侧的侧贯纹黑色或栗色。背红褐色或栗色、具黑色中央纹。腰和尾上覆羽栗色、黑色纵纹少而不明显。下胸、腹等下体红棕色或粉红栗色。喙为圆锥形，与雀科的鸟类相比较为细弱，上下喙边缘不紧密切合而微向内弯，因而切合线中略有缝隙。体羽似麻雀，外侧尾羽有较多的白色。非繁殖期常集群活动，繁殖期在地面或灌丛内筑碗状巢。

栖息于海拔500～4000米的裸露的低山丘陵、高山和高原等开阔地带的岩石荒坡、草地和灌丛中，尤喜偶尔有几株零星树木的灌丛、草丛和岩石地面，也出现于林缘、河谷、农田、路边以及村旁树上和灌木上。

生长主要以草籽、果实、种子和农作物等植物性食物为食，也吃昆虫和昆虫幼虫。植物性食物除大量的杂草种子外，还有小麦、燕麦、荞子等农作物；动物性食物主要有鞘翅目金龟甲、步行虫，以及半翅目、鳞翅目和直翅目昆虫及昆虫幼虫。

分布于非洲西北部、南欧至中亚以及喜马拉雅山脉地区，在我国海拔4000米以下为常见留鸟。

雀形目 PASSERIFORMES

三道眉草鹀（学名：*Emberiza cioides*）

共有5个亚种。体长约16厘米。具醒目的黑白色头部图纹和栗色的胸带，以及白色的眉纹。繁殖期雄鸟脸部有别致的褐色及黑白色图纹，胸栗色，腰棕色。雌鸟色较淡，眉纹及下颊纹黄色，胸浓黄色。

喜欢在开阔地环境中活动，见于丘陵地带和半山区地带稀疏阔叶林地、山麓平原或山沟的灌丛和草丛中以及远离村庄的树丛和农田。

主要分布于亚洲东部、俄罗斯远东地区、蒙古国、朝鲜半岛、日本列岛和中国。

春季和冬季以野生草种为主食，夏季以昆虫为主食。

白眉鹀（学名：*Emberiza tristrami*）

小型鸣禽，体长13～15厘米。喙为圆锥形，与雀科的鸟类相比较为细弱，上下喙边缘不紧密切合而微向内弯，因而切合线中略有缝隙。雄鸟头黑色，中央冠纹、眉纹和一条宽阔的颚纹概为白色，在黑色的头部极为醒目。背、肩栗褐色且具黑色纵纹，腰和尾上覆羽栗色或栗红色；颏、喉黑色，下喉白色，胸栗色，其余下体白色，两胁具栗色纵纹。雌鸟和雄鸟相似，但头不为黑色而为褐色，颏、喉白色，颚纹黑色。

非繁殖期常集群活动。

主要以植物种子为食。

主要分布于俄罗斯、朝鲜和中国。

雀形目 PASSERIFORMES

栗耳鹀（学名：*Emberiza fucata*）

体形略大，体长 13～17.3 厘米，体重 0.016～0.027 千克。繁殖期雄鸟的栗色耳羽与灰色的顶冠及颈侧成对比；颈部图纹独特，为黑色下颊纹下延至胸部与黑色纵纹形成的项纹相接，并与喉及其余部位的白色以及棕色胸带上的白色成对比。雌鸟和非繁殖期雄鸟相似，但色彩较淡而少特征。虹膜深褐色。上嘴黑色且具灰色边缘，下嘴蓝灰色且基部粉红。脚粉红色。

喜栖于低山区或半山区的河谷沿岸草甸，森林湿地形成的湿草甸或草甸夹杂稀疏的灌丛。繁殖期间多成对或单独活动，冬季成群。非繁殖期常成 3～5 只的小群或家族群活动在草丛中，有时人快至跟前才飞起，飞不多远又落在草丛中，有时也栖停于附近灌木上注视一会才又飞走，每次飞翔距离都不远，而且都贴地面飞行。繁殖期间常站在灌木上或草茎上鸣唱，平时较少鸣叫，叫声较其他的鹀快而更为喊喳，由断续的"zwee"声音节加速而成喊喳一片，以两声"triip-triip"收尾。叫声为爆破音"pzick"而似田鹀。

繁殖期主要以昆虫和昆虫幼虫为食，也吃谷粒、草籽和灌木果实等植物性食物。

小鹀（学名：*Emberiza pusilla*）

小型鸣禽，体长11.5~15厘米，体重0.011~0.017克。喙为圆锥形，与雀科的鸟类相比较为细弱，上下喙边缘不紧密切合而微向内弯，因而切合线中略有缝隙。体羽似麻雀，外侧尾羽有较多的白色。雄鸟夏羽头部赤栗色。头侧线和耳羽后缘黑色，上体余部大致沙褐色，背部具暗褐色纵纹；下体偏白色，胸及两胁具黑色纵纹。雌鸟及雄鸟冬羽羽色较淡，无黑色头侧线。虹膜褐色。上嘴近黑色，下嘴灰褐色。脚肉褐色。

主要栖息于泰加林北部开阔的苔原和苔原森林地带，特别是有稀疏杨树、桦树、柳树和灌丛的林缘沼泽、草地和苔原地带。非繁殖期常集群活动，繁殖期在地面或灌丛内筑碗状巢。

一般以植物种子为食。

黄眉鹀（学名：*Emberiza chrysophrys*）

小型鸣禽，体长13～16厘米，体重0.015～0.024千克。头顶和头侧黑色，头顶中央有一白色中央冠纹，前段较窄，到中央变宽。背棕色或红褐色，具宽的黑色中央纹，腰和尾上覆羽棕红色或栗色，两翅和尾黑褐色。下体白色，喉具小的黑褐色条纹，胸和两胁具暗色条纹。雄鸟头部黑色且具条纹，有显著的鲜黄色眉纹。下体更白而多纵纹，翼斑也更白，腰更显斑驳且尾色较重。黑色下颊纹比白眉鹀明显，并分散而融入胸部纵纹中。与冬季灰头鹀的区别在腰棕色，头部多条纹且反差明显。虹膜暗褐色。上嘴褐色，下嘴灰白色。脚肉褐色。

栖息于山区混交林、平原杂木林和灌丛中，有稀疏矮丛及棘丛的开阔地带，也到沼泽地和开阔田野中。一般集小群生活或单个活动或与其他鹀类混杂飞行。繁殖期在地面或灌丛内筑碗状巢。

杂食性，主要以杂草种子、叶芽和植物碎片等为食，也吃昆虫。

田鹀（学名：*Emberiza rustica*）

体长13～15厘米，翼展23～24厘米，体重约0.023千克。雄鸟头部及羽冠黑色，具白色的眉纹，耳羽上有一白色小斑点；体背栗红色具黑色纵纹，翼及尾灰褐；颊、喉至下体白色，具栗色的胸环，两胁栗色。雌鸟与雄鸟相似，羽色较浅，以黄褐色取代雄鸟黑色部分。虹膜暗褐色。上嘴和嘴尖角褐色，下嘴肉色。脚肉黄色。

栖息于平原的杂木林、灌丛和沼泽草甸中，也见于低山的山麓及开阔田野，迁徙时成群并与其他鹀类混群，但冬季常单独活动，不甚畏人。春季鸣声动听，常在灌木上鸣叫不停。

以草籽、谷物为主要食物。

雀形目 PASSERIFORMES

🐦 黄喉鹀（学名：*Emberiza elegans*）

小型鸣禽，体长约15厘米。喙为圆锥形，与雀科的鸟类相比较为细弱，上下喙边缘不紧密切合而微向内弯，因而切合线中略有缝隙。雄鸟有一短而竖直的黑色羽冠，眉纹自额至枕侧长而宽阔，前段为黄白色、后段为鲜黄色；背栗红色或暗栗色，颊黑色，上喉黄色，下喉白色；胸有一半月形黑斑，其余下体白色或灰白色。雌鸟和雄鸟大致相似，但羽色较淡，头部黑色转为褐色，前胸黑色半月形斑不明显或消失。

栖息于低山丘陵地带的次生林、阔叶林、针阔叶混交林的林缘灌丛中，尤喜河谷与溪流沿岸疏林灌丛。非繁殖期常集群活动，繁殖期在地面或灌丛内筑碗状巢。

一般以植物种子为食。

分布于俄罗斯、朝鲜、日本和中国等地。

🐦 黄胸鹀（学名：*Emberiza aureola*）

小型鸣禽，体长14～15厘米。额、头顶、头侧、颏及上喉均黑色，翕及尾上覆羽栗褐。上体余部栗色，中覆羽白色，形成非常明显的白斑，颈胸部横贯栗褐色带，尾下覆羽几纯白；下体余部鲜黄色。

栖息于低山丘陵和开阔平原地带的灌丛、草甸、草地及林缘地带。繁殖期间常单独或成对活动；非繁殖期则喜成群，特别是迁徙期间和冬季，集成数百至数千只的大群，最多达3500～7000只。喙为圆锥形，与雀科的鸟类相比较为细弱，上下喙边缘不紧密切合而微向内弯，因而切合线中略有缝隙。

一般以植物种子为食。

国家一级保护野生动物。

栗鹀（学名：*Emberiza rutila*）

体形略小，体长130～148毫米，体重0.015～0.022千克。头部、喉、颈、上体、翼覆羽及内侧飞羽的外翈概栗色；翼、尾黑褐色；胸、腹灰黄色。繁殖期雄鸟头、上体及胸栗色而腹部黄色。虹膜褐色。上嘴棕褐色，下嘴淡褐色。脚淡肉褐色。

栖息于山麓或田间树上，湖畔或沼泽地的柳林、灌丛或草甸也可见。除繁殖期间成对或单独活动外，其他季节多成小群活动，一般由10～30只个体组成。5月中下旬自我国南方迁至东北平原，停留数日后继续北上，成群生活，鸣叫甚烈，不久即散群成对。

以植物性食物为主，兼食昆虫等。

灰头鹀（学名：*Emberiza spodocephala*）

小型鸣禽，体长12.5～16.1厘米，体重0.014～0.026千克。雄鸟嘴基、眼先、颊黑色，头、颈、颏、喉和上胸灰色而沾绿黄色，有的颏、喉、胸为黄色而微具黑色斑点；上体橄榄褐色而具黑褐色羽干纹，两翅和尾黑褐色；胸黄色，腹至尾下覆羽黄白色，两胁具黑褐色纵纹。雌鸟头和上体灰红褐色且具黑色纵纹，腰和尾上覆羽无纵纹；下体白色或黄色，胸和两胁具黑色纵纹；颧纹皮黄白色；嘴基、眼先、颊、颏部为黑色，其余同雄鸟。

广泛栖息于海拔3000米以下的平原和中高山地区，生活于山区的河谷溪流、平原灌丛和较稀疏的林地、耕地等环境中，常常结成小群活动，但是在繁殖季节会成对活动，非繁殖期常集群活动。繁殖期在地面或灌丛内筑碗状巢。

一般以植物种子为食。

雀形目 PASSERIFORMES

苇鹀（学名：*Emberiza pallasi*）

小型鸟类，体长12.6～15.1厘米，体重0.011～0.016千克。头顶、头侧、颊、喉一直到上胸中央黑色，其余下体乳白色。自下嘴基沿喉侧有一条白带，往后与胸侧和下体色相连，并在颈侧向背部延伸，在后形成一条宽阔的白色颈环，在黑色的头部极为醒目。背、肩黑色具有窄的白色和皮黄色羽缘，腰和尾上覆羽白色，羽缘皮黄色，翅上小覆羽灰色，中覆羽、大覆羽黑色，具棕色或栗皮黄白色羽缘。体形和羽色颇似红颈苇鹀，但雄鸟后颈有白领，前颊黑色，腰和尾上覆羽均灰色，肩羽黑而外翈白色；雌鸟有眉纹，前颊白色。耳羽不如芦鹀或红颈苇鹀色深，灰色的小覆羽有别于芦鹀，上嘴形直而非凸形，尾较长。

春季一般生活于平原沼泽地和沿溪的柳丛及芦苇中，秋冬多在丘陵、低山区的散有密集灌丛的平坦台地和平原荒地的稀疏小树上。繁殖期间成对或单独活动，其他季节多成3～5只的小群。

常在地面或在树枝上觅食。其食物主要是芦苇种子、杂草种子，也吃越冬昆虫、虫卵及少量谷物。

分布于俄罗斯、朝鲜，以及我国的东北、西北、华北、华中、华东等地。

中文名索引

A
暗绿绣眼鸟 ……… 199

B
白顶鹏 ……… 225
白额燕鸥 ……… 121
白腹鹞 ……… 065
白骨顶 ……… 076
白鹈鸰 ……… 235
白颈鸦 ……… 168
白鹭 ……… 055
白眉鸫 ……… 207
白眉姬鹟 ……… 216
白眉鹀 ……… 254
白眉鸭 ……… 018
白琵鹭 ……… 042
白头鹎 ……… 180
白头鹞 ……… 250
白尾鹞 ……… 066
白腰杓鹬 ……… 094
白腰草鹬 ……… 107
白腰雨燕 ……… 136
白枕鹤 ……… 078
斑翅山鹑 ……… 033
斑鸫 ……… 210
斑头秋沙鸭 ……… 031
斑头雁 ……… 005
斑尾塍鹬 ……… 095
斑嘴鸭 ……… 023
北红尾鸲 ……… 219
北灰鹟 ……… 212
北椋鸟 ……… 205
北朱雀 ……… 244

C
苍鹭 ……… 051
苍鹰 ……… 064
草鹭 ……… 052
草原雕 ……… 067
长尾雀 ……… 243
长尾山椒鸟 ……… 151
长嘴半蹼鹬 ……… 100
池鹭 ……… 049
赤膀鸭 ……… 020
赤腹鹰 ……… 062
赤颈鸫 ……… 209
赤颈鸭 ……… 022
赤麻鸭 ……… 014
赤胸鸫 ……… 208

D
达乌里寒鸦 ……… 165
大鵟 ……… 071
大白鹭 ……… 054
大斑啄木鸟 ……… 144
大鸨 ……… 072
大杜鹃 ……… 130
大麻鳽 ……… 043
大沙锥 ……… 104
大山雀 ……… 175
大天鹅 ……… 012
大嘴乌鸦 ……… 169
戴胜 ……… 141
丹顶鹤 ……… 080
东方大苇莺 ……… 192
豆雁 ……… 010
短耳鸮 ……… 133
钝翅苇莺 ……… 194

E
鹗 ……… 058

F
发冠卷尾 ……… 156
翻石鹬 ……… 097
反嘴鹬 ……… 085
凤头䴙䴘 ……… 038
凤头百灵 ……… 179
凤头蜂鹰 ……… 060
凤头麦鸡 ……… 086
凤头潜鸭 ……… 028

G
冠鱼狗 ……… 140

H
褐柳莺 ……… 190
褐头山雀 ……… 174
鹤鹬 ……… 112
黑翅长脚鹬 ……… 084
黑鹳 ……… 040
黑喉石䳭 ……… 224
黑颈䴙䴘 ……… 039
黑卷尾 ……… 157
黑眉苇莺 ……… 194
黑水鸡 ……… 075
黑头䴓 ……… 201
黑头白鹮 ……… 041
黑尾塍鹬 ……… 096
黑尾蜡嘴雀 ……… 240
黑鸢 ……… 070
黑枕黄鹂 ……… 155
红翅旋壁雀 ……… 202
红腹红尾鸲 ……… 220
红喉歌鸲 ……… 214
红喉姬鹟 ……… 218
红脚隼 ……… 147
红脚鹬 ……… 108
红隼 ……… 146
红头潜鸭 ……… 027
红尾伯劳 ……… 153
红尾水鸲 ……… 221
红胁蓝尾鸲 ……… 215
红嘴蓝鹊 ……… 161
红嘴鸥 ……… 115
红嘴山鸦 ……… 164
鸿雁 ……… 008
环颈雉 ……… 090
黄腹山雀 ……… 172
黄喉鹀 ……… 259
黄鹡鸰 ……… 232
黄眉鹀 ……… 257
黄雀 ……… 246
黄头鹡鸰 ……… 233
黄腿银鸥 ……… 120
黄苇鳽 ……… 044
黄胸鹀 ……… 260
灰斑鸠 ……… 126
灰鹤 ……… 082
灰鹡鸰 ……… 234
灰椋鸟 ……… 204
灰眉岩鹀 ……… 252
灰头绿啄木鸟 ……… 145
灰头麦鸡 ……… 087
灰头鸦 ……… 262
灰喜鹊 ……… 160
灰雁 ……… 006

中文名索引

火斑鸠 ·············· 127

J
矶鹬 ················ 106
极北柳莺 ··········· 191
家燕 ················ 183
鸲鹆 ················ 200
金斑鸻 ············· 088
金翅雀 ············· 245
金雕 ················ 061
金眶鸻 ············· 089
金腰燕 ············· 185
巨嘴柳莺 ··········· 189
卷羽鹈鹕 ··········· 056

K
阔嘴鹬 ············· 098

L
蓝翡翠 ············· 138
蓝喉歌鸲 ··········· 213
蓝矶鸫 ············· 222
理氏鹨 ············· 236
栗耳鹀 ············· 255
栗苇鳽 ············· 046
栗鹀 ················ 261
猎隼 ················ 149
林鹬 ················ 110
领角鸮 ············· 132
领岩鹨 ············· 229
罗纹鸭 ············· 021
绿翅鸭 ············· 026
绿鹭 ················ 048
绿头鸭 ············· 024

M
麻雀 ················ 228
煤山雀 ············· 171
蒙古沙鸻 ··········· 092

N
牛背鹭 ············· 050
牛头伯劳 ··········· 152

P
琵嘴鸭 ············· 019
普通翠鸟 ··········· 139
普通海鸥 ··········· 118
普通鸬鹚 ··········· 057
普通秋沙鸭 ········ 032
普通燕鸻 ··········· 114
普通燕鸥 ··········· 122
普通秧鸡 ··········· 074
普通夜鹰 ··········· 134
普通雨燕 ··········· 135
普通朱雀 ··········· 241

Q
青脚鹬 ············· 113
丘鹬 ················ 102
鸲姬鹟 ············· 217
雀鹰 ················ 063
鹊鸭 ················ 030
鹊鹞 ················ 068

S
三宝鸟 ············· 137
三道眉草鹀 ········ 253
山斑鸠 ············· 125
山鹡鸰 ············· 231
山麻雀 ············· 226
山鹨 ················ 197
山噪鹛 ············· 196
扇尾沙锥 ··········· 105
石鸡 ················ 036
寿带 ················ 158
树鹨 ················ 237
四声杜鹃 ··········· 129
松鸦 ················ 159
蓑羽鹤 ············· 079

T
太平鸟 ············· 170
田鹀 ················ 258
铁爪鹀 ············· 248
铁嘴沙鸻 ··········· 093
秃鼻乌鸦 ··········· 166

W
苇鹀 ················ 263
文须雀 ············· 177
乌鸫 ················ 206
乌鹟 ················ 211

X
西伯利亚银鸥 ····· 119
锡嘴雀 ············· 239
喜鹊 ················ 162
小䴓 ················ 037
小天鹅 ············· 011
小田鸡 ············· 077
小䴙 ················ 256
小嘴乌鸦 ··········· 167
楔尾伯劳 ··········· 154
星头啄木鸟 ········ 143
星鸦 ················ 163
须浮鸥 ············· 123
旋木雀 ············· 203

Y
崖沙燕 ············· 181
烟腹毛脚燕 ········ 184
岩鸽 ················ 124
岩燕 ················ 182
燕雀 ················ 238
燕隼 ················ 148
夜鹭 ················ 047
遗鸥 ················ 116
蚁䴕 ················ 142
银喉长尾山雀 ····· 186
游隼 ················ 150
鸳鸯 ················ 016
云南柳莺 ··········· 187
云雀 ················ 178

Z
沼泽山雀 ··········· 173
针尾沙锥 ··········· 103
针尾鸭 ············· 025
雉鸡 ················ 034
中华攀雀 ··········· 176
中华朱雀 ··········· 242
珠颈斑鸠 ··········· 128
紫背苇鳽 ··········· 045
棕眉柳莺 ··········· 188
棕眉山岩鹨 ········ 230
棕扇尾莺 ··········· 195
棕头鸦雀 ··········· 198
纵纹腹小鸮 ········ 131

265

河北蔚县壶流河湿地 鸟类图鉴

学名索引

A

Accipiter gentilis	064
Accipiter nisus	063
Accipiter soloensis	062
Acrocephalus bistrigiceps	194
Acrocephalus concinens	194
Acrocephalus orientalis	192
Actitis hypoleucos	106
Aegithalos glaucogularis	186
Agropsar sturninus	205
Aix galericulata	016
Alauda arvensis	178
Alcedo atthis	139
Alectoris chukar	036
Anas acuta	025
Anas crecca	026
Anas platyrhynchos	024
Anas zonorhyncha	023
Anser anser	006
Anser cygnoides	008
Anser fabalis	010
Anser indicus	005
Anthus hodgsoni	237
Anthus richardi	236
Antigone vipio	078
Apus apus	135
Apus pacificus	136
Aquila chrysaetos	061
Ardea alba	054
Ardea cinerea	051
Ardea purpurea	052
Ardeola bacchus	049
Arenaria interpres	097
Asio flammeus	133
Athene noctua	131
Aythya ferina	027
Aythya fuligula	028

B

Bombycilla garrulus	170
Botaurus stellaris	043
Bubulcus coromandus	050
Bucephala clangula	030
Buteo hemilasius	071
Butorides striata	048

C

Calcarius lapponicus	248
Calidris falcinellus	098
Calliope calliope	214
Caprimulgus jotaka	134
Carpodacus davidianus	242
Carpodacus erythrinus	241
Carpodacus roseus	244
Carpodacus sibiricus	243
Cecropis daurica	185
Certhia familiaris	203
Charadrius alexandrinus	090
Charadrius dubius	089
Charadrius leschenaultii	093
Charadrius mongolus	092
Chlidonias hybrida	123
Chloris sinica	245
Chroicocephalus ridibundus	115
Ciconia nigra	040
Circus cyaneus	066
Circus macrourus	067
Circus melanoleucos	068
Circus spilonotus	065
Cisticola juncidis	195
Coccothraustes coccothraustes	239
Coloeus dauuricus	165
Columba rupestris	124
Corvus corone	167
Corvus frugilegus	166
Corvus macrorhynchos	169
Corvus torquatus	168
Cuculus canorus	130
Cuculus micropterus	129
Cyanopica cyanus	160
Cygnus columbianus	011
Cygnus cygnus	012

D

Delichon dasypus	184
Dendrocopos major	144
Dendronanthus indicus	231
Dicrurus hottentottus	156
Dicrurus macrocercus	157

E

Egretta garzetta	055
Emberiza aureola	260
Emberiza chrysophrys	257
Emberiza cioides	253
Emberiza elegans	259
Emberiza fucata	255
Emberiza godlewskii	252
Emberiza leucocephalos	250
Emberiza pallasi	263
Emberiza pusilla	256

Emberiza rustica ················ 258
Emberiza rutila ················· 261
Emberiza spodocephala ······ 262
Emberiza tristrami ·············· 254
Eophona migratoria ············ 240
Eurystomus orientalis ·········· 137

F
Falco amurensis ················· 147
Falco cherrug ···················· 149
Falco peregrinus ················ 150
Falco subbuteo ·················· 148
Falco tinnunculus ··············· 146
Ficedula albicilla ················ 218
Ficedula mugimaki ············· 217
Ficedula zanthopygia ·········· 216
Fringilla montifringilla ······· 238
Fulica atra ························ 076

G
Galerida cristata ················ 179
Gallinago gallinago ············ 105
Gallinago megala ··············· 104
Gallinago stenura ··············· 103
Gallinula chloropus ············ 075
Garrulus glandarius ············ 159
Glareola maldivarum ·········· 114
Grus grus ························· 082
Grus japonensis ················· 080
Grus virgo ························ 079

H
Halcyon pileata ·················· 138
Himantopus himantopus ······ 084
Hirundo rustica ·················· 183

I
Ichthyaetus relictus ············· 116
Ixobrychus cinnamomeus ···· 046
Ixobrychus eurhythmus ······· 045

Ixobrychus sinensis ············· 044

J
Jynx torquilla ···················· 142

L
Lanius bucephalus ·············· 152
Lanius cristatus ················· 153
Lanius sphenocercus ··········· 154
Larus cachinnans ················ 120
Larus canus ······················· 118
Larus vegae ······················· 119
Limnodromus scolopaceus ·· 100
Limosa lapponica ··············· 095
Limosa limosa ··················· 096
Luscinia svecica ················· 213

M
Mareca falcata ··················· 021
Mareca penelope ················ 022
Mareca strepera ················· 020
Megaceryle lugubris ··········· 140
Mergellus albellus ·············· 031
Mergus merganser ·············· 032
Milvus migrans ·················· 070
Monticola solitarius ··········· 222
Motacilla alba ···················· 235
Motacilla cinerea ················ 234
Motacilla citreola ··············· 233
Motacilla tschutschensis ····· 232
Muscicapa dauurica ············ 212
Muscicapa sibirica ·············· 211

N
Nucifraga caryocatactes ····· 163
Numenius arquata ·············· 094
Nycticorax nycticorax ········· 047

O
Oenanthe pleschanka ·········· 225

Oriolus chinensis ················ 155
Otis tarda ·························· 072
Otus lettia ························· 132

P
Pandion haliaetus ··············· 058
Panurus biarmicus ·············· 177
Pardaliparus venustulus ······ 172
Parus minor ······················· 175
Passer cinnamomeus ··········· 226
Passer montanus ················ 228
Pelecanus crispus ··············· 056
Perdix dauurica ·················· 033
Pericrocotus ethologus ······· 151
Periparus ater ···················· 171
Pernis ptilorhynchus ··········· 060
Phalacrocorax carbo ··········· 057
Phasianus colchicus ············ 034
Phoenicurus auroreus ········· 219
Phoenicurus erythrogastrus 220
Phoenicurus fuliginosus ······ 221
Phylloscopus armandii ········ 188
Phylloscopus borealis ········· 191
Phylloscopus fuscatus ········· 190
Phylloscopus schwarzi ········ 189
Phylloscopus yunnanensis ··· 187
Pica serica ························ 162
Picus canus ······················· 145
Platalea leucorodia ············· 042
Pluvialis fulva ···················· 088
Podiceps cristatus ·············· 038
Podiceps nigricollis ············ 039
Poecile montanus ··············· 174
Poecile palustris ················ 173
Prunella collaris ················· 229
Prunella montanella ··········· 230
Pterorhinus davidi ·············· 196
Ptyonoprogne rupestris ······· 182
Pycnonotus sinensis ············ 180
Pyrrhocorax pyrrhocorax 164

R

Rallus indicus ············ 074
Recurvirostra avosetta ········ 085
Remiz consobrinus ············ 176
Rhopophilus pekinensis ······· 197
Riparia riparia ············ 181

S

Saxicola maurus ············ 224
Scolopax rusticola ············ 102
Sinosuthora webbiana ········ 198
Sitta villosa ············ 201
Spatula clypeata ············ 019
Spatula querquedula ············ 018
Spilopelia chinensis ············ 128
Spinus spinus ············ 246
Spodiopsar cineraceus ······· 204
Sterna hirundo ············ 122
Sternula albifrons ············ 121

Streptopelia decaocto ········· 126
Streptopelia orientalis ········ 125
Streptopelia tranquebarica ·· 127

T

Tachybaptus ruficollis ········· 037
Tadorna ferruginea ············ 014
Tarsiger cyanurus ············ 215
Terpsiphone incei ············ 158
Threskiornis melanocephalus
  ············ 041
Tichodroma muraria ············ 202
Tringa erythropus ············ 112
Tringa glareola ············ 110
Tringa nebularia ············ 113
Tringa ochropus ············ 107
Tringa totanus ············ 108
Troglodytes troglodytes ······· 200
Turdus chrysolaus ············ 208

Turdus eunomus ············ 210
Turdus mandarinus ············ 206
Turdus obscurus ············ 207
Turdus ruficollis ············ 209

U

Upupa epops ············ 141
Urocissa erythroryncha ······· 161

V

Vanellus cinereus ············ 087
Vanellus vanellus ············ 086

Y

Yungipicus canicapillus ······· 143

Z

Zapornia pusilla ············ 077
Zosterops simplex ············ 199

VENETIA'S
GARDENING DIARY

人生的花园

英 国 贵 族 凡 妮 莎 奶 奶 的 四 季 之 庭

【英】凡妮莎·斯坦利·史密斯 著
【日】梶山正 摄影
药草花园 译

中国林业出版社
China Forestry Publishing House

目　录

自序

1 我的花园梦想 11
2 拥有一座内在的花园 12
　花园·乡村之心 14

我的花园建造 16

1月 ──────────────── January
休养与生息 26
温暖的暖桌·月晕·冬天的花 28

月桂树　英国传统炖牛肉 32
尤加利　尤加利和胡椒薄荷蒸汽浴／尤加利和胡椒
　　　　薄荷软膏 33
雪维菜　雪维菜蘑菇汤 34
虾夷葱　桑托立斯风格香草沙司扇贝 35
香桃木（银梅花）　柠檬香桃木鸭肉 36
小豆蔻　马沙拉茶 37
● 花园营造前的准备 38
● 花园设计 38
● 造园巧思 39

2月 ──────────────── February
让生命之树流转 44
攀缘植物·雪滴花 46

金盏花　金盏花乳霜 52
冬香薄荷　冬香薄荷风味的蚕豆 53
欧芹　爱尔兰传统炖菜 54
肉桂　斯托伦面包 55
薄荷　薄荷凉拌四季豆 56
　　　薄荷奶昔／薄荷酱／留兰香地板清洁剂 57
● 了解植物的特性 58
● 香草花园的配色计划 59

3月 ──────────────── March
照顾土地 64
金合欢·一幅花的画像 66

柠檬香蜂草　柠檬香蜂草大麦茶 68
香堇菜　香堇菜的糖浆 69

山茶花　除虫油 70
　　　　艾草苹果饼 71
油菜花　味噌塔可饼 72
梅子　梅子糖浆 73
● 制作土壤 74
● 堆肥的制作方法 76
● 康复利液体肥料 77

4月 ──────────────── April
烦恼和忧虑消失的地方 80
郁金香·与美同行·樱花 82

琉璃苣　夏日的汽酒 86
艾草（苦艾）　艾草红豆饼 87
沙拉地榆　蜜瓜、黄瓜薄荷味沙拉 88
洋甘菊　放松身心的香草浴包 89
蒲公英　蒲公英咖啡 90
问荆（笔头草）　问荆护发素 91
● 种植幼苗 92
● 春天播种 93

5月 ──────────────── May
园艺的秘诀就是爱 96
微风·五月的终结·安全的花园 98

鱼腥草　柑橘·芦荟·鱼腥草化妆水 102
香菜　香菜种子和柠檬草的除臭剂 103
野草莓　草莓化妆水 104
茶树　抹茶饼干 105
莳萝　莳萝土豆沙拉 106
旱金莲　旱金莲发膜 107
● 植物的种植方法 110

6月 ──────────────── June
繁花盛放 116
花园就是创造幸福·梅雨季·地球是我们的花园 118

法国龙蒿　惊艳鸡肉配龙蒿 124
　　　　　香草烟熏三文鱼蛋卷 125
　　　　　朱莉奶奶的塔塔酱 125
枇杷 126
　　　枇杷和金盏花爽肤水／夏季足浴 127
芳香天竺葵　柠檬天竺葵慕斯 128
花椒　煎鳕鱼配蘑菇花椒酱 129
玫瑰　玫瑰果糖浆 130
小白菊（夏白菊）　小白菊三明治 131

大蒜 有益于支气管炎的大蒜蜂蜜 132
　　　大蒜面包 132
栀子 香料栗子红薯糕 133
● 花的意义 135

7月 ------------------------------ July
学会快乐 138
蝉的叫声・花园的智慧 140
圣约翰草 圣约翰草油 142
　　　　 圣约翰草酊剂 143
薰衣草 薰衣草砂糖 144
　　　 薰衣草喷雾 / 薰衣草混合干花 145
桑椹 桑椹桂皮蛋糕 146
紫苏 紫苏果冻 147
甜马郁兰 蜂蜜甜马郁兰猪排 148
　　　　 新鲜香草披萨 / 混合罗旺斯干香草 149
佛手柑 佛手柑和苹果酱 150
芦荟 151
● 修剪 152
● 我喜欢用的花园工具 153

8月 ------------------------------ August
葡萄酒花园的回忆 156
夏季采摘・浇水 158
蓍草（西洋蓍草） 蓍草、薄荷和甜叶菊牙膏 162
牛蒡 芝麻牛蒡薯片 163
蓝莓 薄荷蓝莓雪糕 164
覆盆子和黑莓 黑莓和苹果奶酥 165
● 浇水 166

9月 ------------------------------ September
我的乡舍花园 170
每个季节都有自己的美・种子・天体的音乐 172
罗勒 罗勒、番茄烤沙丁鱼 176
　　 肉塞青椒 / 罗勒脆面包 177
辣根（西洋芥末） 传统辣根酱 178
啤酒花 薰衣草和啤酒花抱枕 179
茴香 鳕鱼子茴香酱 180
　　 茴香风味的萝卜鱼汤 / 茴香眼部湿敷 181
艾菊（艾蒿菊） 除虫鼠艾菊干花 182
柠檬马鞭草 柠檬马鞭草柠檬鸡 183
● 用种子培育一年生植物 184

10月 ------------------------------ October
古代的神明和自然 190
花园里的木炭・猫的尾巴，青蛙的手 192
柠檬香茅 柠檬香茅茶 196
海索草 海索草和百里香的止咳糖浆 197
藏红花 西班牙海鲜饭 198
无花果 无花果的开胃菜 199
生姜 防晕车生姜糖浆 / 姜薄荷冰茶 200
甜叶菊 甜叶菊果酱 201
苦薄荷 苦薄荷止咳糖浆 202
姜黄 菠菜豆腐咖喱 203
● 植物伴侣种植法 204

11月 ------------------------------ November
秋日之歌 208
寒冷的早晨・屋檐下的回廊花园 210
百里香 百里香、泻盐护发素 / 百里香蘑菇吐司 214
牛至 甜椒豆腐牛至风味烩饭 215
锦葵 锦葵、玫瑰果、柠檬香茅茶 216
柿子 柿叶和柚子润唇膏 217

12月 ------------------------------ December
花园冬眠之前 220
工具・初霜・冬天的蜡烛 222
柑橘类 柠檬香家具养护油 224
　　　 橙汁三文鱼 / 金橘蜂蜜 225
迷迭香 迷迭香和海带洗发水 226
　　　 意大利迷迭香面包 / 香草烤蔬菜 227
鼠尾草 治疗喉痛的喷雾 228
　　　 脚气粉 228
榅桲 烤箱烤榅桲 229

后记：烹饪和香草的启蒙 230
花园四季之花 235

左：一年12个月，每周要在花园里做的事情，我都会记录在园艺日记里。
右：为了第二年的花期，整理和保存好球根。

自序

1 我的花园梦想

Daurian Redstart

这个世界上充满了美好的事物。
看那些嗡嗡飞舞的蜜蜂，
幼小的孩子、人们的笑容，
嗅着雨水的气息，感受风，
这万千可能性尽显于人生，
让我永不能放弃对梦想的追寻。

——普仁·罗华（印度）

Life is full of beauty, notice it.
Notice the bumblebee,
The small child and the smiling faces.
Smell the rain and feel the wind.
Live your life to the fullest potential,
And never give up your dream.

—Prem Rawat (India)

对我来说，在大原建造花园，是实现了童年时的梦想。虽然我自小在一些巨大宅邸里长大，但是从小就羡慕那些住在农舍里的人们。他们的房子有着茅草屋顶，白色的墙壁上爬满蔷薇和铁线莲，小花园里不仅种着毛地黄和薰衣草，还有日常生活所需的其他各种香草和蔬菜。现在，我生活在这座古老的日式房子里，花园里种满了鲜花和香草。即使做着饭，也可以随时走进花园，采摘一些新鲜的香草。如果做肉类菜，就摘一些迷迭香和百里香；如果做鱼料理，就摘些茴香和柠檬百里香。然后，还会摘一些芝麻菜、罗勒和紫苏做沙拉。这样的生活悠闲自在，充满了乐趣。多年来，我还学会了利用花园里的各种香草，制作日用品，如洗发水和化妆品、香草茶和药用酊剂，以及家用清洁剂和肥皂等。

从远古时代起，世界各地的人们就发现了植物的各种天然功效。但是随着整个社会的工业化进程，我们更倾向于购买而不是自己制造日用品，因此，许多常见的药草知识正被快速遗忘。幸运的是，今天有许多和我一样的人，正在重拾和利用这些知识，并将之用于生活中的方方面面。利用药草预防和治疗感冒、咳嗽等常见小毛病的传统疗法，也再度流行。使用植物疗法，也许没有从药店里买的药那么快速起效，但是相对来说，这样的自然疗愈，会减少身体的负担。

我希望这本书能够帮助大家种植和收获香草，不仅将它们用来烹饪料理，还可以作为自然疗愈药草，用于家庭生活。本书介绍的香草，除了少数几种以外，其他我都在自己花园里种植过。关于香草的栽培方法和建造花园的经验，也是选自我坚持多年的园艺日记。为了避免遗忘，我常常将朋友们的建议、阅读园艺书的心得以及自己的经验，记在日记里。

在日常的生活中，植物每一天都可以帮助我们。每次我走进花园，自然的疗愈就好似阳光温暖我的内心。在美国，备受大自然恩惠的印第安人曾有一句神谕：远离自然，心肠刚硬。这是真实的，所有的植物都宛如我们的亲人，它们在跟我们说话，我们应该洁净自己的耳朵，认真倾听。

2
拥有一座
内在的花园

紫藤

随着年纪渐长,我日益感到在地球上度过的每一个瞬间都是美好的时刻,每一次呼吸都是生命的律动,生命是我们所拥有的最美好的事物。年少时,每个人都会对生命充满各种各样的疑问,"人生真正的幸福到底是什么呢?"虽然我们读了很多的书,聆听了很多人的想法,但是大部分时间仍旧会自己寻找。19岁时,我得到了这个问题的答案。一位尊敬的上师朋友告诉我,若想真正幸福,就要在自己的心里,拥有一座内在的花园。

在我6岁时,26岁的母亲和第三任丈夫准男爵达德利·堪立夫·欧文先生结婚。我们随着母亲移居到海峡群岛的泽西岛上生活。当时,母亲看起来很幸福。她和达德利叔叔在岛屿的东侧购买了一座古老的农舍及花园,并花费了两年的时间翻新改造房屋和建造花园。

我在岛上唯一的女子初级学校上学。在没有风的初秋宁静午后,我一从学校回来就和弟弟查尔斯一起,去看母亲新建的花园进展如何。泽西岛的秋天,相比夏天,阳光更为柔和。我们看着花草在建好的花坛里慢慢成长起来,快乐极了。

母亲一有空闲,就会在花园里劳作。那时候,她正忙于在房前建造自己的第一个花园,她在从大门到房前的车道两侧,种满了玫瑰。因为母亲十分专注于花园里的工作,我们为了不妨碍她,就去找达德利叔叔。站在木梯上正在给房屋外墙刷白的达德利叔叔看到我们后,就会笑眯眯地招手。如果有时间,他会很乐意陪我们一起玩耍;如果他在忙,我们就自己到后院去,拿饲料喂鸡、找鸡蛋,然后再去看看猪圈里的猪。就这样,幸福的日子一天又一天地过去了。

至今想起来,我都觉得那段时光过得很忙碌,很快乐!我们小孩子每天在泥土中玩耍,不是播种、除草,就是照料动物。我们非常幸运,拥有这么一个美好的人生开端。这种宝贵的人生体验,让我对土地充满了感情。现在,每当我徒手触摸泥土时,内心都感到很安定,不仅可以淡定地拿起粗大的蚯蚓,而且翻动堆肥也不会觉得弄脏双手。

6年后,母亲再次结婚,我们搬到新家。我们兄弟姐妹四人,不得不适应新的环境,困难重重。新继父约翰·罗伯茨先生从事泽西土豆和白花菜的出口生产,他既不允许我们踏入他的奶牛场，也不允许我们去田地里。我们只有帮母亲采摘蔬菜时，才被允许进入一个巨大的维多利亚式菜园。

新家是一座拥有四百年历史的庄园，周围有很多荒地，从一条狭窄的岩石小路一直可以走到海湾。我们经常带着野餐到一处名为拉·库柏的美妙海滩上，边吃边看空中飞翔的海鸥和拍打海岸的波浪。

我的母亲并不温柔细腻，但是她充满活力，总是给我们的生活带来过山车一般的快乐。不过，因为要养育孩子和处理家庭杂事，她一直都忙碌不停，看起来烦恼疲惫，无法好好享受自己的人生。因为这样的缘故，我常常禁不住想："妈妈幸福吗？""人生真正的幸福是什么？"当时我16岁，即使读了很多关于禅、瑜伽和佛教的书籍，并试图理解这一切，但是依然为身边林林总总的事情而烦恼，对生活充满了担忧和疑问，内心无法平静。

有一天，我遇到朋友兼诗人查尔斯，他建议我去印度，或许能找到答案。于是，我跟着他踏上了去印度的旅程。我们经过了很多国家，最终经陆路抵达了印度。在那里，我遇见了终生尊敬的上师——普仁罗华，当时他只有12岁。上师告诉我，所有关于人生问题的答案其实都在我们的一呼一吸之间，在我们的内心深处。他让我了解人类的生存意义，其实就是日复一日地让内在的自我成长。这么多年来，他的这些话一直在我的心底回响。

在离开印度时，我并不想回英国，不知何故被日本所吸引。上师曾经告诉我："无论何人，头顶都会吹拂带有上天恩惠的微风。只要充满爱意地打开自己的内心，就会像船上的帆借助来往的风，让恩惠降临。"

我对此深信不疑，尽管身无分文，但我还是义无反顾地开始了新的旅程。在日本的12天旅行中，无论走到哪里，我都受到了非常友好的对待，就好像有人在天上照看着我、帮助我。有时候，当遇到困难，我就闭上眼睛，静静等待恩惠之风吹来，如同奇迹一般，它总是会吹来。

本书所介绍的我家的6个小花园，每一个灵感都来自我曾经生活过的地方。从这些小花园中，我深刻感受到了花园不仅可以培育植物，而且可以滋养人的心灵。

每个季节，地球都会与我们分享它的智慧：春天是传递希望和新生的讯息；夏天是快乐的舞动，花朵教会我们要关注美丽的事物；秋天是反思的季节，大自然教会我们谦卑和接受；而冬天，则是休息的时候。一年四季，花园向我们展示了人生，只要保持耐心，美好的事物就会自然降临。

我们每个人都有一座内心花园。自从开始建造花园后，我觉得人类和植物一样，每个人都一定对某一个人具有特别的有益力量，就好像植物作用于人体的功效。如果能够找到这个人，人生就会幸福。

我走进花园，闭上眼睛，当感受自己的呼吸时，仿佛也感受到了植物们的呼吸。人生的奇迹是什么呢？就是每天睁开眼睛，你依旧在一呼一吸。

在内心孕育自己的花园吧，你会发现自己的人生幸福所在。

花园

曾几何时，人类与地球有着深厚的感情。
万物有灵，彼此间的联系，紧密而深刻。
如今，大自然正离我们渐渐远去，
失去了链接，越来越多的人，内心充满了悲伤。

每一天，如果我们花时间观察周围的植物，
它们美好的姿态，总会让我们内心充满喜悦。
花园，是大自然给予我们简单的快乐，
是备感日常生活压力的我们的庇护所。

花园里的阳光温暖我，
突如其来的暴风雨带给我力量。
风吹走我的烦恼，
花园里的劳作，
让我内心安宁。

Comfrey
康复利

Marsh Marigold.
立金花

乡村之心

太阳西下，
阳光将周围的世界染成金黄。
每当黄昏降临，眺望大原美丽的景色，内心就充满了感恩之情。

数百年来，工业革命让许多人离开了农村。
他们奔赴城里、矿山和工厂。
敏锐的艺术家们，将古老的农舍和质朴的乡村建筑作为自己描绘的美丽风景，
他们希望提醒人们，乡村和淳朴的生活方式正在逝去。

最近，越来越多的人渴望回归往昔生活，
因为他们发现森林和田野可以疗愈身心，
质朴的房舍和慢节奏，是健康生活的象征。

请记住，心之所在，就是您的宝藏藏身之地。

——保罗·科埃略（巴西）

刚搬来时的样子。

我的花园建造

1996 年，当我们买下大原这栋房子时，院子里杂草丛生，后院还堆满了铁块等废旧材料。但幸运的是，院子里共有 8 棵枫树，另外还有松树、梅和山茶等美丽的树木。它们又高又大，难以移栽，那么，就围绕着每棵树建造合适的花坛吧。就这样，关于花园的营造，开始在我脑海中慢慢成形。

我将整座花园分割为几个独立的空间，每个空间构建的自然景观不同，所传递的情感也不同，比如"森林花园"和"岩石花园"，还有寄托了我思乡情结的英式"乡舍花园"和唤起儿时夏天记忆的"地中海式庭院花园"。地中海式庭院花园位于房子的后面，后来我将它发展为以蓝色天空和海洋为主题的"西班牙花园"。"西班牙花园"有两个部分，以爬满金银花的拱门作为入口。再后来，我又将"西班牙花园"的一部分改建为"葡萄酒花园"。夏季，爬满鲜艳的凌霄和白色铁线莲的花架成为两个花园的天然分界线。

在我看来，不同的花园就好像各自独立的房间，以蓝天为屋顶，太阳做照明，每个季节都精彩纷呈。在花园里，四季都有可以坐得舒服的地方。我在这里读书、学习，用香草做手工，收集种子和干燥香草，清洗瓶子和制作果酱，甚至还修缮家什。无论哪一座花园，都是让人内心温暖的小世界。

在花园里，如果闭上眼睛用心聆听，就会听到蜜蜂在振翅、小动物在溜达、风在吹树叶、雨蛙在合唱；如果睁开眼睛，就会看见蜻蜓正从花园飞往田间、蝴蝶飞舞在花上吸食花蜜。花园里的每一处，都好像是一个令时间静止的小世界。

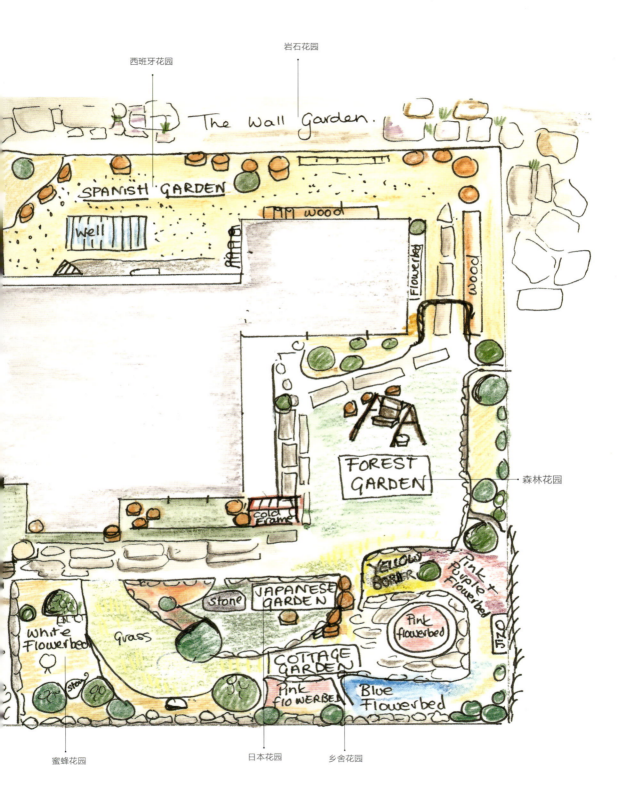

西班牙花园
Spanish Garden

我希望从不同的房间窗户望出去，都可以看到不同风格的花园，这是我建造花园的宗旨。从孩子们的游戏房望出去，西班牙花园明朗欢乐。我6岁时，我们随母亲搬到西班牙的巴塞罗那，在一座位于地中海沿岸的高耸悬崖上的白色别墅里生活了一年。别墅里有一座地中海式庭院花园，盛开着鲜艳的红色、橘色和黄色的花，花园里产自西班牙的手绘树木盆分外吸引人。可以说，我把童年的美好回忆都装进了这座西班牙花园里。花园正中心的水井台，是用旧的蓝色和白色瓷器碎片，镶嵌成马赛克式图案作为装饰。坐在井旁，一边眺望花园，一边折叠洗好的衣服，是我的欢愉时光。

这里的日照时间只有上午11点到下午3点之间，每到这个时候，我就将盆栽移到可以沐浴阳光的地方。花园的石墙很高，虽然可以帮助园中的植物遮挡住从大原四面环绕的山上吹来的风，但是，冬季我还是会把大部分盆栽搬到室内，换上第二年春季可以开放出红色和黄色花朵的郁金香。

前两年我们一直在清理前房主留下的废弃物。直到第三年，才开始建造这座花园。

葡萄酒花园
Wine Garden

因为主题一直定不下来，这座花园拖到最后才完成。为了雨季能够快速排水，先生阿正在红色地砖下面铺设了好几根排水管。我则利用拆除室内的老柴灶时留下的红砖，砌了一座花园露台，阿正还砌了一座凯尔特式的烧烤炉。夏天，我们喜欢在这里喝葡萄酒。忽然有一天，我脑海中灵光闪现，在花园里种上了红色、白色和玫瑰红等葡萄酒颜色的花。

先生阿正在铺设花园的地基。

森林花园
Forest Garden

这座花园里有很多树木。樱花、梅花、桑树、日本柚子树、枇杷，还有3棵枫树。在房屋北侧的枫树下，我种植了玉簪、蝴蝶花和圣诞玫瑰等喜阴植物。花坛周围是日本薄荷，而紫色的铁线莲则攀爬在木制的秋千上。早春，洋水仙、堇菜、番红花纷纷破土而出，迎接春天。盛夏时节，坐在这座花园里，心情格外舒畅。这里绿树成荫，是户外工作最凉爽的地方。

当时只有两岁的儿子悠仁，也来帮我们搬运石头。

日本花园里种植着日本原产灌木。

乡舍花园
Cottage Garden

有一天,我在拔草的时候,发现房子北侧的角落里有好几尊地藏菩萨像。带着对地藏菩萨的敬意,我在周围建造了圆形的花坛,里面种植了个头高挑的英国乡舍花园植物和日本的秋之七草。春季,美丽的英式花朵率先开放;秋季则可以欣赏到我喜欢的秋之七草。这座花园,象征着两个国家的文化融合。

日本花园
Japanese Garden

原房子庭院里的杜鹃类灌木,长得过分旺盛。我清理掉了大部分的灌木,建造了一个适合种植日式茶席花卉和香草的空间。花园的正中间是开放的,好像用插花来装饰的客厅一样。根据季节变化,我会在这里摆放上不同的花卉盆栽。

挖出泥土,开始建造我梦想的乡舍花园。

这一天，我们全家搬到这所房子里。

花园入口（门廊花园和蜜蜂花园）
Garden Entrance (Porch Garden & Bee Garden)

因为需要停车场所，所以我们最初动手改造的就是入口处。夏季，我把玄关前的门廊处作为餐厅来使用。为了保证阴凉和私密性，我在这里种植了啤酒花和紫藤。门廊前面的花坛里，种的是有着橘色和紫色花朵的香草。入口处右边的蜜蜂花园朝南，光照很好，种植了银叶百里香和欧夏至草等银色叶子植物。

積雪覆蓋的花園，仿佛在笑闹。

休养与生息

在隆冬,我终于知道,
我身上有一个不可战胜的夏天。

——(法)阿尔贝·加缪

In the depth of winter,
I nally learned that within me
there lay an invincible summer.

—Albert Camus

Japanese Sorrel. 酸模

花园所滋养的不仅仅是植物,还有我们的内心,它让我更深切地感受到并理解了大自然魔法般的力量。它不仅是我们心灵的栖息之地,也是忘记忧虑、可以做梦的地方。对我来说,花园已经超越兴趣,成为我生活的本身。我常常埋头于花园里的工作,忘记了时间的流逝。精心照顾草木,倾听它们的声音,你会发现无论是精神,还是情感,都得到了成长。在我看来,花园是最接近神明的地方,任何人凭借思考、耐心和大自然的帮助,都可以创造出自己的小天堂。

1月,在大原,是我家花园沉睡的时候。在英文中,"January"这个词来源于古罗马神话中罗马人的守护神雅努斯,他有两副面孔,一前一后,前面注视未来,后面回顾过去。

在寒冷的冬季,1月的早晨若有雾,就天光昏暗。清晨,从棉被中探出身望向窗外,外面正下着雪,雪花在空中飞舞,闪着耀眼的光芒,静静飘落在花园里。我坐起身,久久地望着这一幕,闪着亮的雪,渐渐覆盖了花坛,就好像在给予它们温暖。

我穿上厚厚的靛蓝半裙和毛线袜,走到楼下,拉开窗帘,然后披上厚羊毛披肩,去室外看了一眼挂在外面墙上的温度计,显示此时户外的温度是零下3℃。我的牙齿禁不住咯咯作响,连忙哆哆嗦嗦地走进冰冷的厨房,点着炉火,煮上姜红茶,然后将昨晚洗好晾干的餐具收回橱柜里。这个时候,厨房里的老时钟指针快指向5点了。先生阿正和小儿子悠仁还在二楼沉睡,整座房子静悄悄的,除了时钟的走动,听不到任何其他声音。

端着煮好的姜红茶,我轻手轻脚地走进铺着榻榻米的和室,打开房中央暖桌的开关,然后坐在桌旁,将脚伸进茶褐色灯芯绒拼布图案的暖桌被子下，一边过滤茶，一边等着暖桌热起来。渐渐地，手脚暖和起来。

窗外依旧昏暗，我闭上眼睛，开始了冥想。这是我每天必做的功课。当冥想结束，我总会更深刻地感受到真正的平静之源，其实就在自己的身体里，在我的内在心灵花园。

当我睁开眼睛，天空已经转白，渐渐变成柔和的灰色。透过古旧的木质大窗户，眺望远方冬日的美景，只见太阳正渐渐从东面的群山中露出面孔，将1月稀薄的阳光倾洒在大原的田野上。地上的雪越积越高，草木在冷风中摇晃。

在寒冷的日子，当阳光明媚，我做完家务，就会穿上暖和的外套，带着篮子和剪刀去乡间小路散步。我喜欢沿着收割后的稻田田埂向北行走。这个时候的田埂是野菜的宝库，我一边慢慢走，一边在枯草中寻找刚刚钻出来的野菜。此时野菜根嫩且味美，像野芹菜、繁缕、荠菜，直接拌沙拉就很好吃；鼠曲草和苦菜则做成天妇罗就不错。我高兴地将挖出来的野菜放进筐里，带回家。

田野里生长的野菜，营养价值很高，有些还可以当作草药。据说日本古时候的人们，为了治疗惶恐不安或焦躁，会吃荠菜。当然了，富含维生素C和微量元素的白萝卜，也被人视作具有安定作用。

在日本，人们在每年的1月7日会喝七草粥，将七种野菜用七杯水来调煮，用来祈求新的一年健康平安。这原本是始于平安时代醍醐天皇（885—930年）时期的皇室习俗，后渐渐普及平民阶层。七草粥不仅是一种寓意吉祥的食物，也可以让新年期间饱食的肠胃得以暂时休息。我往往都是用在田野间寻找来的野菜煮七草粥。

在太冷不能出门的日子，我喜欢呆在家里读书、记笔记，或是坐在暖炉旁，将脚放进暖桌的被子下面画画。天冷的季节，是尽情享受自己喜欢的室内活动的奢侈时光。

当我伸直腿，准备歇一会时，太阳忽然从窗外斜照进来，令人倍感冬日的温暖。我站起身走到窗旁，抬头望向天空，太阳正从阴郁灰暗的云层中露出脸来。当阳光照进花园，霎那间，冬天里的花园变得光彩照人。此刻，光秃秃的树木和花朵凋谢的植物，正默默地储存着能量，耐心等待明年春天的来临。

休养生息，是冬日里的喜悦所在。

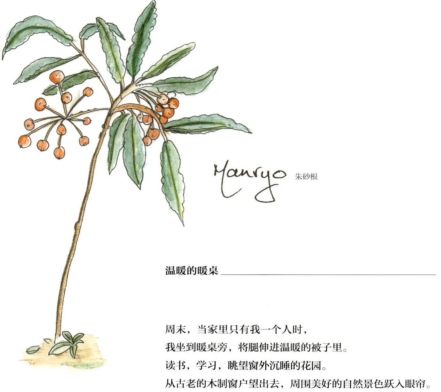
Manryo 朱砂根

温暖的暖桌

周末，当家里只有我一个人时，
我坐到暖桌旁，将腿伸进温暖的被子里。
读书，学习，眺望窗外沉睡的花园。
从古老的木制窗户望出去，周围美好的自然景色跃入眼帘。

寒风里摇曳的草木，被突如其来的骤雨打湿。
云层的缝隙间，太阳偶尔露出羞涩的面孔。
阳光洒下的一瞬间，花园焕发出动人的神采。

花落之后，植物只剩下茎秆；叶子掉落后，树木只有光秃秃的枝干，
它们都在静静地储存着能量，等待春天的到来。

休养生息，是冬日里的喜悦。

月晕

雾气茫茫的黄昏,
早开的香堇菜在冰冷的风中摇晃,
梅树传来淡淡的香气。
我俯下身拿走一片覆盖香堇菜的枯叶,
让它接受更多的光照,才能绽放出更美丽的花朵。

冬季的黄昏,月亮周围可以看到朦胧的月晕,
那是厚厚云层中的冰晶粒在翩翩起舞,
闪耀着七彩光泽,告诉我可能要下雪了。
月晕,是下雪的预兆。

南天竹

冬天的花

夜里,下起了暴风雪。
早晨醒来,外面一片洁白,雪花还在飞舞。
这是大原今年冬天的第一场大雪。
万物银装素裹,熠熠生辉。
南天竹和柊树的红色果实,好像是美丽的冬之花。

为了不着凉,我穿得厚厚实实地走到花园里。
寒冷让鸟儿收起了声音,周围被寂静笼罩。

我的心里,充满了安宁和满足。

左：坐在暖炉前思考造园的时光，乐趣无限。
右：当花园沉睡的时候，我来描绘冬天里的花。

月桂树 ★ 能量强大

冰冷的清晨，太阳的光芒从云缝间静静地洒在花园里的常绿月桂树上。

在古希腊，月桂树是奉献给司掌光明、医疗和预言之神阿波罗的圣物。人们将它种在房屋门口，以驱赶恶灵。古希腊人还用月桂树的小枝条编织成桂冠，授予杰出的学者和诗人，以及在竞技场上获得优胜的运动员，以示荣誉。在古罗马，人们新年会用月桂树的叶子装饰大门，用来驱魔辟邪。

将月桂叶放在阴凉处晾干，可以很好地保留它的颜色和浓郁的香气。我常常在做咖喱、汤、炖菜和腌制黄瓜时，用月桂叶增添风味。将月桂叶浸泡在蜂蜜牛奶中，可以缓解偏头痛、高血糖和胃溃疡。另外，在夏季，可以将月桂树的枝条放入存储大米和面粉的容器里，能驱除象鼻虫。另外，在浴缸里浸泡月桂树叶用来洗浴，有缓解肌肉疼痛和失眠的功效。

月桂树的花语是能量强大，我们也要拥有犹如岩石般的坚强生命力。

栽培要点

喜日照良好的避风之处和排水良好的肥沃土壤。夏季可用扦插繁殖。全年都可采收。秋季修剪枯枝。

英国传统炖牛肉

Traditional English Beef Stew with Bay Leaf and Thyme

在英国上寄宿学校时，我喜欢的菜肴就是炖牛肉。若在里面加上啤酒，入口后会有微醺之感。趁热吃，搭配法式面包或煮土豆都很美味。

材料（4人份）

牛肉（切成 3cm 块状）500g
淀粉 1/2 杯
橄榄油 3 大勺
洋葱（切薄片）2 大个
胡萝卜（切成 3cm 块状）400g
啤酒 1.5 杯
黄砂糖 2 小勺
酱油 2 大勺
苹果醋 1 小勺
百里香（干燥、新鲜均可）3 枝
月桂叶（干燥）3 片
盐、黑胡椒 少许

1 将牛肉切好，撒上黑胡椒和盐后，再撒少许淀粉腌制。
2 将橄榄油倒入炖锅或炒锅里，翻炒洋葱和胡萝卜。洋葱变为棕色后，盛入盘中。
3 取另一口锅加入牛肉翻炒，避免焦糊。将已炒好的洋葱和胡萝卜倒入。
4 加入啤酒、百里香、黄砂糖、酱油、月桂叶，然后加水，大火煮开，撇出浮沫后，转小火。
5 加入苹果醋，用小火炖煮 45~50 分钟。

尤加利 ★ 身体的守护

早晨，在温柔的阳光下醒来后，发现自己有些发热，然后开始打喷嚏。

小时候，一旦我们兄弟姐妹有人感冒，法国保姆婷婷就会立刻往精油灯中添加尤加利精油，以缓解感冒症状。

尤加利主要产于澳大利亚，从它的叶子油腺中可以提取精油。这种油可以帮助缓解上呼吸道症状，比如咳嗽或感冒，加入蒸汽浴中或直接涂抹在喉咙处最佳。

我很喜欢柠檬尤加利的香气，它含有大量的柠檬醛成分，既可以用于香草浴，也可用于驱虫。我常常将尤加利的叶子做成干花，悬挂在厨房里晾干后，用于沐浴。

当羊毛衣因干燥产生静电时，只需要用添加了尤加利精油的水喷一喷，就可减少静电。尤加利精油还有除臭作用，每当我清洗垃圾桶时，都会往里面滴几滴，往往这个时候，我都会想起非洲的一句谚语，让我不觉莞尔："烧火的时候都来了，扫灰的时候都跑了。"

栽培要点

常绿植物，是世界上生长最快的树木之一，喜大部分时间都有阳光直射。在夏季，需要大量的堆肥和水分。

尤加利和胡椒薄荷蒸汽面浴
Eucalyptus & Peppermint Steam Inhalation

寒冷的冬季，人们很容易感冒。这种蒸汽浴可以缓解鼻塞和轻度哮喘。随着蒸汽上升，空气中会弥漫着松木和薄荷的气味。吸入后，鼻子通畅，身体清爽。

材料

尤加利精油 3 滴
松木精油 3 滴
胡椒薄荷或留兰香薄荷（新鲜或干燥）1 束
热水 1L

1 在小碗里加入热水，放入胡椒薄荷（或留兰香薄荷）浸泡 5 分钟。
2 加入各种精油。
3 将毛巾敷在脸上，伏在碗口，张口大吸 5～10 分钟蒸汽。

尤加利和胡椒薄荷软膏
Eucalyptus & Peppermint Vapor Rub

感冒的时候，将这种软膏从胸口至脖子处涂抹，可以缓解咳嗽和感冒的症状。

材料

凡士林 4 大勺
尤加利精油 6 滴
胡椒薄荷精油 6 滴

1 将以上材料放入小碗中混合均匀。
2 然后放入带盖的容器里保存。

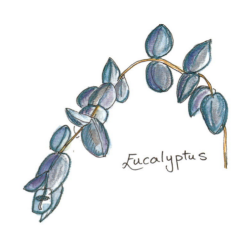

雪维菜 ★ 代表诚实的香草

冬天,地面积了厚厚的白雪,我穿上雪地靴,顶着风走进花园,去看看简易温室里的雪维菜。

雪维菜原产于欧洲南部和亚洲西部,是一年生香草,我每年播种 2～3 次。雪维菜比欧芹更纤细,是我经常使用的一种香草,它蕾丝一般的绿色叶子不仅美丽,而且还有助于净化血液和帮助消化。

雪维菜富含维生素 C、铁和镁,在烹饪中,我经常用它来拌沙拉、做汤或鸡蛋菜肴。将它浸泡在米醋里也不错。雪维菜奶油芝士尤其好吃:将切碎的雪维菜中加入软化的奶油芝士,然后加柠檬汁、盐和胡椒,用保鲜膜包裹成球状,在冷冻室里可以保存 2～3 个月。

在欧洲,雪维菜是基督教四旬节必吃的春季强身香草,我把它加进了日本正月里要吃的春之七草粥里。

在瑟瑟发抖中,我回到温暖的厨房,将雪维菜的碎叶撒在热乎乎的汤里。

栽培要点

耐寒一年生植物,喜日照良好、夏季不太热的环境。喜排水良好的湿润土壤。在生长季节每月种植一次,以确保持续供应用作装饰的叶子。播种后 6 周,先采收外面的叶子。开花后,香气会变淡,叶子会变小,所以要掐掉花朵。

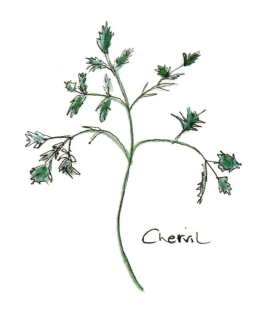

雪维菜蘑菇汤
Mushroom Soup with Chervil

童年住在泽西岛时,我们常去草地上采蘑菇。那新鲜的蘑菇味道令我至今难忘。如果没有鲜蘑,用姬菇和香菇代替也很好吃。每当我的菜园里蔬菜过剩时,我就会将它们做成蔬菜汤冷藏起来,以免它们变质。我从来不买罐装汤或速溶汤,担心它们里面有大量防腐剂。

材料(4 人份)

蘑菇(带梗切碎)
蔬菜汤块 15g(2 块)
水 600mL
鲜奶油 1/3 杯
玉米淀粉 1 大勺
雪维菜(鲜叶,切碎)1 大勺
胡椒少许
牛奶少许

1 在锅里放入水和蔬菜汤块,然后加入蘑菇煮约 15 分钟,关火。
2 冷却后用料理机打碎,再放回锅内用中火煮。加入少量牛奶和玉米淀粉,等到黏稠后转小火,加入胡椒和盐调味。
3 关火,加入鲜奶油,混合均匀,重新加热,点缀雪维菜出锅。

桑托立斯风格香草沙司扇贝

Saint Trys Scallops in Herb Sauce

我去拜访曾经的继母海伦,她是俄罗斯人,居住在法国的一座古老城堡里。她的现任丈夫德·布罗斯公爵是一位料理爱好者,常用新鲜奶酪、葡萄酒以及像这样的简单菜肴,招待在他葡萄园里工作的人们。这道菜是海伦教给我的,可以搭配米饭或法式面包一起食用。

材料(4 人份)

扇贝肉 12 只(切半)
白葡萄酒 150mL
水 200mL
海盐、胡椒适量
黄油 40g
小麦粉 3 大勺
鲜奶油 1 杯
莳萝、虾夷葱、欧芹(鲜叶,切碎)各 1 大勺
蘑菇 6 个(切片)
大蒜 1 瓣

1　将白葡萄酒和水放入带盖的浅锅里,加入海盐和胡椒开火煮。
2　沸腾之后加入扇贝,然后盖上盖子,中火煮 2～3 分钟,煮透。
3　将扇贝取出,盖好盖,以免汤冷掉。
4　用平底锅轻轻翻炒大蒜和蘑菇。
5　在小碗里加入黄油和小麦粉,搅拌成糊状。
6　将 (5) 加入 (3) 里,然后再加入 (4),小火煮 10～15 分钟。
7　加入鲜奶油和各种香草,混合后倒入扇贝上稍微加热即可装盘。

虾夷葱 ★ 有用的香草

葱和虾夷葱都是古老的蔬菜,它们的气味越浓郁,越有助于净化血液。

童年在泽西岛时,母亲经常会在做菜时,让我帮忙去菜园里摘些虾夷葱,她用来撒在汤、奶酪酱、沙拉或土豆上。当时,我们和母亲的第四任丈夫约翰叔叔一起生活在一座古老的庄园里。庄园里有一座维多利亚式的红砖围墙菜园。一推开菜园的大门,我就跑到菜地里寻找有着淡紫色的花和细长绿叶的虾夷葱。当我将虾夷葱递给母亲时,母亲总是笑着说:"谢谢!"

我喜欢将花园里的虾夷葱切碎后,放进冰盒中冷藏起来,这样冬天也可以食用。在寒冷的冬天,用柴火炉烤一个大土豆,然后放在铁板上划成格子状,倒入酸奶油,撒上切碎的虾夷葱、欧芹或薄荷,就很好吃。

栽培要点

耐寒多年生植物,喜欢充足的阳光或部分阴凉的环境。喜富含有机质的湿润土壤。需要定期浇水。待叶子长到至少 5cm 后再收获。贴近根部采收。

★ 可以驱除蚜虫和蛞蝓。
★ 蜜蜂很喜欢虾夷葱。

Lemon Myrtle

柠檬香桃木鸭肉

Lemon Myrtle Duck

如果突然来客,可以试试这个简单易做的菜谱。柠檬香桃木清爽的香气和鸭肉搭配,非常美味。

材料

带骨鸭腿肉 4 根（无骨也可以）
土豆 4 大个（去皮,切半）
柠檬香桃木叶 1 小勺（新鲜或干燥）
大蒜 2 瓣（切碎）
柠檬皮 1 大勺（刮碎）
橄榄油 1/4 杯
白葡萄酒 1 杯
欧芹少许（鲜叶,切碎）
盐、胡椒少许

1 将土豆煮大约 15 分钟至软,汤倒掉。
2 将大蒜、柠檬香桃木叶子和柠檬皮加入橄榄油混合。
3 把撒上盐和胡椒的鸭肉加上煮软土豆,一起放在平底锅里排好。
4 将 (2) 倒在 (3) 上,并加入白葡萄酒。
5 烤箱预热 210℃,烤约 45 分钟。
6 盛入盘中,撒上欧芹碎装饰。

香桃木（银梅花） ★ 女性纯洁的象征

前几天,邮递员给我送来了一个来自澳大利亚的小包裹,里面是朋友寄来的香桃木茶包。我很熟悉生长在地中海地区的香桃木,所以很想知道它们味道是否相同。

香桃木原产于地中海沿岸。在古希腊神话中,女神维纳斯为了保护最为喜爱的女祭司缪拉免受狂热追求者的侵害,将她变为了芳香四溢的香桃木,因此香桃木是女性纯洁的象征。在欧洲的传统里,常常将它的鲜花编入新娘手捧的花束中。

将香桃木花浸入水中,或将 8 滴香桃木精油加入 250mL 蒸馏水中,可制成清爽、芳香的花水,它可以用来制作治疗刀伤和跌打损伤的湿敷布。香桃木像莓果一样的果实,干燥后磨碎可制成香料。叶子适合填充鸡肉或其他肉菜。

当我喝着朋友寄来的香桃木茶时,同样细腻的味道让我想起法国思想家狄德罗的一句话:"没有比忠诚更高尚的了,诚实和忠贞,是人类最值得尊敬的品质。"

栽培要点

不耐寒常绿灌木,喜排水良好、肥沃的土壤。高 50cm 左右,扦插繁殖,叶子和花可以用于制作干花。

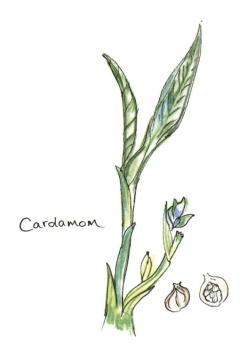

小豆蔻 ★ 乐园里的种子

多年前,先生阿正教我从小豆蔻绿色的种荚里取出种子,然后用石钵捣碎,制作马沙拉茶。

我初遇小豆蔻,是在去往印度途中的一个集市上。它原野生于斯里兰卡、危地马拉和坦桑尼亚。在印度,作为咖喱的原料,它很受欢迎,几乎所有的印度料理里都有它。

记得当时卖香料的阿拉伯人告诉我,用小豆蔻制作料理会令人食欲大增;用于甜品,则会增添香甜的风味。小豆蔻还利于预防哮喘和糖尿病,对健康很有助益。在《一千零一夜》的故事里,小豆蔻是阿拉伯人的消化促进剂、滋补剂和壮阳药,至今在中东,它还与咖啡豆一起研磨入口或作为口气清新剂直接咀嚼。

在《一千零一夜》出版数个世纪后,维京人驾船抵达君士坦丁堡(现伊斯坦布尔)时,发现了小豆蔻,他们将其引入挪威、瑞典、芬兰和丹麦,直到今天,这些国家和地区的人们还在煮水果、制作布丁或者热葡萄酒时加入小豆蔻。作为温暖身体的香料,小豆蔻深得人心。

在冬季难得看到柔和的阳光洒满厨房时,我过滤好了沸腾的马沙拉茶,然后坐在火炉旁,边喝茶,边看着炉子里的火苗摇曳。

栽培要点

不耐寒多年生灌木,姜科,多生长于热带雨林开阔地。应在10月~12月成熟前收获,以避免种荚裂开。

马沙拉茶
Masala Chai

通常在清晨,我会制作马沙拉茶来迎接新的一天的开始。用于制作马沙拉茶的香料都很美味,而且对我们的健康很有好处。我一边眺望太阳从北面的群山上升起,一边慢慢调整呼吸坐下来磨茶叶,然后加入蜂蜜或砂糖饮用。

材料(1壶份)

水 2 杯
牛奶 4 杯
红茶 2 大勺
丁香 4 粒
众香树籽 2 粒
肉桂棒 1 根(切片)
小豆蔻种子 2 粒

1 将所有香料放入石臼中捣碎。
2 将水与香料和红茶一起放入锅中,煮沸。加入牛奶,用小火再煮 2~3 分钟。
3 用茶漏过滤,倒入温热的壶里。

January
1月

花园营造前的准备

> 花园是可以随时拜访的朋友。
> ——作者不明

在营造香草园之前,要好好观察和了解整个土地概况。比如,是否有雨季容易积水的地方,或者哪里的土地更为干燥。不仅如此,还要观察花园中太阳照射的情况。虽然阳光每天都是从东至西移动,但是不同的季节,阳光所照射的角度和时间也不同,这意味着植物所接受的光照量会不同。留意这些细节,会避免犯很多错误。

第一次营造花园的人,建议不要全面动工,而是从一个小的区域或者三个左右的花坛开始。我建大原花园时,每一座花园的设计、建造、土壤准备和植栽,都差不多花费了1年的时间。6个不同主题花园,全部完成,总共用了6年的时间。有时因为稍微计算错误,花坛的植栽和配色就要从头再来。

大多数园丁会告诉你,一个花园至少需要4年或5年的时间才能有机地结合在一起,呈现出美感。所以,不要着急,慢慢来。花园里的每一种植物都需要经过除草、浇水、施肥、修剪、收获、冬天维护和春季准备的过程。进行正确的养护,植物就会用它的香气和美丽愉悦我们。园艺是一种给我们的灵魂充电、放松身心的方式。它教会我们如何接受生活的变化,如何与季节和谐相处,如何敏感地体察植物的需求。

Gardening Tools box

花园设计

设计花园时,始终要以房子作为设计的原点。根据花园的地理条件,营造出与房屋风格协调的花园。我家的房子是古老的日式风格,所以,我选择了与之相配的日本乡村常见的建筑材料和大多数地域植物。

1. 景观设计

从房间眺望花园的景观自然很重要,但是从花园的休息处望过去的景观也很重要。所以要多花一些时间,从房间窗户、花园边侧、花园里的餐桌和休息长椅等各种角度来多多考虑。如果花园里已经有树,就保留下来,可以围绕树建造花坛;如果有电线杆或屏障物等妨碍景观,不妨种植树木或藤蔓植物遮挡。如果可以改变地面的高度,高低起伏的地面会加强花园的纵深感,让花园看起来更立体。

2. 善用曲线

一般来说,曲线比直线更有吸引力,而且也能使花园更富有成效。笔直而细长的设计,会造成花园内部热能的损失,对生长在末端的植物不利。

不要忘记建造花园小径,以便可以照顾花坛内后面的植物。这些小径可以用砂砾、木屑、红砖等铺就,也可以在小径上播种草或者设计成狭窄的草坪也不错,这两者不仅可以减轻除草的工作量,而且还可以引导孩子和宠物,甚至蜥蜴之类的野生动物穿行于花园。另外,可以让藤蔓玫瑰、铁线莲和金银花等藤蔓植物爬满塔形花架或栅栏,会使花园呈现出美妙的高低错落景致。

3. 花器选择

即使住在公寓里,也可以利用花器打造一个漂亮的花园。首先要确定花园的整体风格和呈现。如果喜欢古罗马风格,那么就可以在柱子上摆放白色花盆;如果喜欢南欧主题,那么就选择蓝色和白瓷陶制花盆;使用信乐烧陶器等深棕色花器,可以打造日本侘寂感。

花一点额外的钱投资陶制或木制花盆是值得的。我通常不使用塑料盆,因为它们外表容易变脏,而且在强烈的阳光下,塑料中的有害化学物质会渗入土壤和植物中。我在自己的每个主题花园中,都尝试通过使用同一类的花器来创造统一感。

造园巧思

排水管上打很多的孔,可以加速排水。

1. 岩石花园

即使花园不是很大,或许也可以在房子入口附近建造一个小岩石花园。如果那里有一堵用天然石头和泥土建造的旧墙,将是种植不需要深厚土层和丰富水分的花卉或香草的绝佳区域,如迷迭香、百里香和薰衣草等,只要阳光充足,在干燥和岩石地区生长更茂盛。如果有遮挡雨水的地方,那么更适合鼠尾草和龙蒿等原产于降水量小的地中海沿岸的香草。如果想种果树,最好种在朝南靠墙的地方。

2. 花坛

土壤分为酸性土壤、肥沃湿润的土壤、肥沃干燥的土壤、沙质土壤和碱性土壤等。不同的花坛可以根据不同的土壤类型,来种植不同的植物。

然后,根据太阳的移动来决定配色方案。柔和的色彩,通常在清晨阳光下看起来最好;色彩鲜艳的花朵,则在午后阳光下看起来最好。具有银色叶子和淡紫色或白色花朵的植物,在明亮的正午阳光下看起来最好,并且在朝南的花坛中生长得更好。

3. 排水设计

大多数新建房屋的花园里都有排水系统,可以防止大雨时土壤变得太泥泞。香草不喜欢浸水,如果是老房子,就需要在花园下面安装水管。在大原,我们在花园下面埋了7根排水管,所以从未发生过积水的情况,可见这样的安排是完全正确的。

用石块和红砖建造曲线花坛,可以让植物生长更健康。

无论身处何方,无论天气好坏,都要让自己内心的太阳闪闪发光。

我家附近江文神社前的巨杉。

让生命之树流转

圣诞玫瑰 Christmas Rose

一沙一世界，
一花一天堂。
无限掌中置，
刹那成永恒。

——（英）威廉·布莱克

To see a world in a grain of sand,
And a heaven in a wild flower,
Hold in nity in the palm of your hand,
And eternity in an hour.

—— William Blake

新年伊始，是我们重新建立与地球和自然联系、开始新生活的好机会。正因为自然界的生命轮回，才使得万物和谐共存，在日常生活中牢记这一点，我觉得至关重要。二月"February"是以拉丁语"februum"为语源，意思是"净化"。"清心的人有福了"这句出自《圣经》的话，经常在我脑海中回荡，也曾经多次帮助了我。

在远古时代，当地球还年轻时，人类与自然的关系极为密切，自然界中所有的生物都紧密链接，是难以分割的共生关系。这曾经是人类生活必不可少的一部分，但是，现代生活却使我们远离了这一切，与植物和动物的关系也不再密切。这种变化带来的影响，就连我们自己都难以察觉，只是在内心深处，不自觉地会有一种深深的孤独感，希望知道自己是谁，来自何方。

美国原住民印第安卡维拉人的历法，向我们展示了曾经人类与自然的关系是多么深厚。在卡维拉人的古老历法中，他们将一年中的第一个月称作"树木发芽"，第二个月称作"树木开花"，接下来的三月是"结出种荚"，四月是"种荚成熟"，五月是"种荚里的种子掉落"，六月是"盛夏"，然后是"凉爽的日子"，最后一个月是"寒冷的月份"。每一个月的变化，都用淳朴而丰富的语言形象地表达出来。

如今，现代科学家们认为，植物的药用知识是数个世纪以来通过反复试验得来的。然而，通过阅读不同文化中关于这方面的历史记载，我发现当时的人们说起获取植物药用知识的来源时，无一例外，大都来自植物本身，或者异象，甚至梦境。这令我看待植物的视角发生了改变，真的是这样吗？每当身处大自然或花园中，我都努力地尝试调整自己对植物的敏感度，认真倾听每一种植物的内在声音，唤起与植物的共同感应。因为，地球上的每一种植物，一定都有着自己独特的用途。

在世界各地的古代文化中，人们都崇拜自然的神圣力量，尤其是天空、太阳、山川、河流和树木。比如日本崇拜杉树，西欧凯尔特人崇拜橡树和白蜡木。在欧洲，橡树代表春分，桦树代表夏至，橄榄树代表秋分，而山毛榉则代表冬至。

在我思考这一切时，忽然望见了花园中的枫树。在阴翳的天空下，它光秃秃的树干上没有一片树叶，这是树木为了保存水分过冬的生存策略。当凛冽的寒风吹过，南天竹纤细的枝条在风中颤抖，枝上红色的果实所剩无几，都已成了冬日里饥饿的小鸟的食物。在冬天，观看飞来花园的小鸟是最令人愉快的事情之一。有些鸟来得次数多了，就好像老朋友一样。为了观鸟，多年来，我在花园里慢慢种植了很多种能够结出红色小浆果的植物，如朱砂根、草珊瑚、西洋柊树、华蔓茶藨子、南天竹等。每当花园里积雪覆盖，红红的小果在阳光下闪耀，就好像冬天里的花朵，在招呼着小鸟们"快来看雪景吧"！

这时，太阳突然从暗灰色的云层间照射下来。已经写作很久了，我放下手中的笔，穿上旧麂皮靴，决定去花园里看看是不是有植物迫不及待地开花了。走进花园，只见雪滴花已从深绿色苔藓中钻出来，悄然绽放了，一定是午后的温暖阳光催开了它娇嫩的白色花朵。这太令人高兴了，我禁不住笑了，因为在英国，雪滴花是春天到来的先兆。

当太阳再度被乌云遮住，气温随之立刻下降，连手指尖都感觉到了寒意。我戴上手套和毛线帽，开始每日例行的散步。沿缓坡小路向大原的另一边走去，安静舒适的道路两旁，种满了高大的山茶树，此时，深粉色的花朵正在绽放。小路左拐，可以一直延伸至位于山脚下的江文神社的鸟居。穿过鸟居，沿由花岗岩铺设的参道上行，天气越来越冷，但我继续前行。

在神社的入口处，矗立着一棵巨大的杉树，树干上缠绕着一根又长又粗的稻草注连绳，这是它神性的象征。巨杉的枝条张开，伸向天空；而粗大多节的根则深深扎进地下，可以想象，它必定如藤蔓一般，向四处延伸。一上一下，就这样，巨杉好像将天和地两个世界紧紧链接为一体。巨杉的繁茂和壮观，令我敬畏，我怀着崇敬的心情向它鞠躬并低声祈祷。

夕阳慢慢沉入大原的山后。因为太冷了，我将手塞进口袋里，从神社后面下山。小儿子悠仁告诉我，夜幕降临后，会有鹿群穿过杉树林。所以，每当天色变暗，我都会选择绕路回家。回家的路上，附近的人们早已结束农活，回到温暖的家中，四周一片静寂。

我仰望天空，忽然发现月亮周围闪烁着淡淡的七彩光环，这是月晕，它预示着即将下雪了。我真幸运，因为通常月晕只有短短的几分钟就会消失，不是那么容易见到。我慢慢走回家，然后迫不及待地告诉家人："我看见月晕了，要下雪了！"

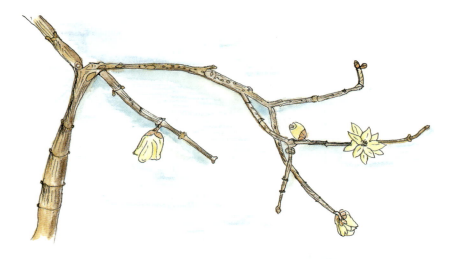

Roubai 蜡梅

攀缘植物_____

正如有人喜欢攀岩或是爬树，
有的植物也喜欢沿着石壁、拱门或是格子栅栏攀缘而上。

2月，是修剪紫藤、藤本月季和晚花型铁线莲的好时机，
春天即将来临，给它们修剪一个漂亮的造型吧。

如果将喜欢扩张的攀缘植物，种植在一个狭小的空间里，会怎么样呢？
那么一定会成为一个秘密乐园吧！

Pussy Willow 银柳

雪滴花

多年来，我一直习惯将每天发生的事情记在日记里，
除此以外，还会写下园艺日记。
这是为了避免忘记不同的季节里，
每周应该做的事。
只要定时检查日记，
就可以知道，是不是已经将应该做的事情完成了。

今天，温暖的阳光下，
白色的雪滴花在苔藓中静静绽放，
宣告春天即将来到。

漫长的寒冬结束，花园美丽的季节即将到来。
花坛里杂草开始微微冒头，
现在拔除，夏天就会轻松很多。
一年生的香草也应该逐渐播种在温暖和阳光充足的地方。

Snowdrop

雪滴花（待雪草）

左：寻觅早饭的小雏鸟飞来花园。
右：为了让森林花园里的圣诞玫瑰花朵更多地感受到早春的阳光，我修剪了它的叶子。

金盏花 ★ 安慰与喜悦的香草

小时候，住在泽西岛时，我常常穿过一片开满野花的草地，走去海边。记得一个令人难忘的下午，温暖的阳光照耀着成片的金盏花。我躺在花丛中，惊讶地发现金盏花的花瓣仿佛在随着阳光转动，在太阳的照射下，透出令人沉醉的金黄色。

直到很多年后，儿子悠仁出生后，我才知道金盏花是香草的一种，是用来治疗尿布疹的婴儿乳霜里的重要原料。金盏花具有消炎和抗菌作用，既可以缓解运动带来的肌肉酸痛，也可以帮助治疗刀伤、跌打损伤和烧伤，甚至对静脉曲张也有疗效。

金盏花的学名（拉丁文）词源为 Kalends，意思是每月的第一天，意即它是月初开花的植物。新鲜的金盏花花瓣可用于烹饪，为奶酪酱、米饭、面食或冬季炖菜着色和增添风味。

当太阳西下，我惊讶地看到花园里的金盏花好像和太阳一样即将入睡，慢慢合起了花冠。

栽培要点

耐寒一年生植物，喜阳光充足和排水良好、湿润、肥沃的土壤。秋季或早春播种，一年可收获两次。

★ 在莳萝、茴香或琉璃苣附近生长良好。
★ 吸引益虫瓢虫。

金盏花乳霜
Calendula Cream

这是很早以前，英国朋友柯林教我制作的常备乳霜。它具有软化作用，可以改善因花园劳作而变得粗糙的双手。另外对婴儿尿布疹、乳头皲裂、湿疹也有疗效。

材料

面部用的基础乳霜 100g
金盏花花水 4 大勺
金盏花精油 4 滴

1 将所有材料放入碗中混合。
2 然后放入带盖容器中保存。

金盏花花水制作方法

将 50g 干燥的金盏花花瓣放入锅内煮沸，然后转小火 30 分钟后，放凉过滤，再倒入密封玻璃瓶内，按 1:1 比例加入甘油，摇晃瓶子直到均匀。纯煮液可以冷冻保存。
★ 将数片金盏花花瓣浸入婴儿油里，可用来预防婴儿尿布疹。
★ 我使用英国品牌 Aqueous cream 的基础乳霜。

冬香薄荷 ★ 微辣的香草

由于要做蔬菜汤,我沿着田间小路走去大原的早市。天气非常寒冷,但因为我裹得严严实实,所以丝毫感觉不到凛冽的北风。回到家后,我去花园里采摘了一些冬香薄荷。冬香薄荷有着浓郁的辛香气息,是冬季做汤、肉馅饼和肉酱的好调味料。

据说,古罗马人为了促进消化,常在烹饪肉类时使用这种香草;而古埃及人则在从事重体力劳动前,喜欢食用加入冬香薄荷的汤来补充能量。另外,它还可以帮助治疗耳鸣。

在炉火边,听着蔬菜汤咕嘟咕嘟煮着的时候,我不禁想起印度一句谚语:只要心情舒畅,什么事都是享受。

栽培要点

耐寒多年生灌木,喜阳光充足和排水佳、不太肥沃的轻质土壤。夏季轻度修剪。冬香薄荷和夏香薄荷都原产于地中海沿岸,常用于烹饪。夏香薄荷是叶子繁茂的一年生灌木,在石灰岩等多石丘陵地带野生。

★ 把冬香薄荷种植在豆子附近,有助于减少黑斑病的产生。

冬香薄荷风味的蚕豆
Broad Beans in Savory Sauce

当蚕豆成熟时,我经常会做这款只有春天才可以吃到的风味,冬香薄荷可以帮助消化和促进食欲,我常用来烤鳟鱼,非常美味。使用夏香薄荷也可以。

材料(4人份)

蚕豆 450g
冬香薄荷枝 1 根
冬香薄荷叶 4 片(鲜叶,切碎)
黄油 15g
小麦粉 2 大勺
牛奶 150mL
鲜奶油 150mL
肉豆蔻一把
盐、胡椒少许

1 剥好蚕豆,加入冬香薄荷小枝,用开水焯一遍。然后剥去豆衣,保留焯水。
2 在锅里融化黄油,加入小麦粉,搅拌均匀,小火加热数分钟后逐步加入牛奶,搅拌直到呈糊状。
3 将煮蚕豆的水(约 40mL)加入 (2) 里,搅拌后加入鲜奶油和切碎的冬香薄荷。
4 加入 (1) 和肉豆蔻,用盐和胡椒调味。

欧芹 ★ 节日香草

看似不起眼的欧芹，其实在古罗马被视为节日的香草，常用于制作庆祝活动的花环。它常常被用作料理的装饰，殊不知它富含维生素A、B、C和钙，有助于消化和缓解风湿，如果不拿来食用，就太可惜了。

欧芹通常被切碎撒在汤里、沙拉和土豆菜肴上作为装饰。有多余欧芹时，我喜欢用它来制作香草茶，有时候还用茶来作护发素，它是头发、皮肤和眼睛的良好滋补品，尤其对干性发质有帮助。将欧芹和西洋蓍草混合制成香草茶，对膀胱炎和肾脏疾病有帮助。将欧芹切碎，放入玻璃容器里冷冻保存，这样冬季也可使用。

"带着爱意播下种子，也就是播下了幸运。"

栽培要点

耐寒一年生植物，喜日照良好或半阴地。喜排水良好、湿润、肥沃的土壤。冬季，在室内温暖处可播种。我每年种植两次，春季和秋季。种子浸水一晚，会促进发芽。叶子长出来后可以随时收获，带花枝条要及时采收。
★ 欧芹可以驱除蚜虫。
★ 蜜蜂喜欢欧芹。

爱尔兰传统炖菜
Traditional Irish Stew

在寒冷的冬季吃这种炖菜，身体会变得很暖和。炖煮时，使用干燥的香草比较容易散发出香味。

材料（4人份）

圆白菜 1/2 个（每片叶子切成 6 等份）
培根块 750g（厚切）
洋葱 2 中个（切成 4 份）
胡萝卜 2 中根（切大块）
土豆 4 中个（切大块）
水 6 杯
大麦 2 大勺
黄砂糖 1/2 大勺
盐、胡椒 少许
月桂叶 2 片（干燥）
欧芹 2 大勺（新鲜，装饰用）
酱油少许
橄榄油少许

1 将橄榄油和土豆、培根放入锅内，大火炒 2~3 分钟，加水炖煮。
2 煮开后转小火，加入胡萝卜、洋葱、大麦、黄砂糖、月桂叶，继续炖煮 45 分钟，撇去浮沫。
3 加入盐和胡椒，再放入酱油少许。
4 锅内蔬菜变软后，加入圆白菜，再煮 10 分钟，最后以欧芹碎装饰。

斯托伦面包
Stollen

这是数种斯托伦面包食谱里最好吃的一种。斯托伦面包是德国和奥地利常在圣诞节时食用的面包,它的形状据说源自襁褓中的耶稣。

材料(1个份)

牛奶 160mL
砂糖 40g
干酵母 2 小勺
面包粉 450g
盐 1/4 勺
黄油 100g
鸡蛋 1 个
朗姆酒 3 大勺
色拉油 适量

辅料 A
　黑葡萄干 50g
　绿葡萄干 25g
　蜜饯橙皮(切碎)40g
　杏仁(切碎)1/2 杯

装饰用
　融化黄油 2 大勺
　糖粉 3 大勺
　肉桂粉 1 小勺

1　将温热至36℃以上的牛奶与砂糖、干酵母混合均匀,放在温暖的地方直至起泡。
2　将面包粉、(1)和融化的黄油、打好的蛋、朗姆酒一起放入盆中,搅拌均匀。如果面团太干硬,可逐渐加入少量牛奶,揉至柔软。
3　将辅料 A 加入 (2) 里,再次揉面团直至变得柔韧。
4　将面团放入涂有色拉油的碗里,然后盖上保鲜膜,静置温暖环境约 2 小时,继续发酵。
5　将面团取出放在案板上,再次揉捏。将面团擀成 30cm×20cm 的长方形。
6　长方形三折,放在烤箱用的托盘里,再放置在温暖的环境发酵 20 分钟。
7　200℃预热的烤箱烤 25 ~ 30 分钟。
8　稍微冷却后,涂上融化黄油,放在网格上冷却。
9　完成后,撒上肉桂粉和糖粉。

肉桂 ★ 温暖身体的香料

风在吹,树叶在干冷的空气里哗啦哗啦作响。这是一个阴沉的冬日。

"这是烤水果面包的日子,正好我还有一些新鲜的肉桂粉。"于是,我决定烤一个斯托伦面包。

肉桂不仅可以温暖身体,还可以提高人体免疫力,它原产于斯里兰卡,早在几千年前的历史文献里就已有记载,在《圣经·旧约》中曾被提及。在古埃及,它不仅是香气浓郁的香料,也是著名的尸体防腐香料,因此备受推崇,一度被认为比黄金还珍贵。

8世纪,肉桂由中国传到日本。中国的肉桂是指樟科肉桂树的皮,这种树与埃及的肉桂树相似。中国关于肉桂的记载,最早出现在《神农本草经》中,据说对缓解头痛、发热、呕吐和疲劳有效。日本江户时代有名的点心"八桥"的原材料中就有肉桂,深受人们喜爱。

每天一勺肉桂粉泡水,有助于调节血糖、降低胆固醇、提高记忆力和专注力。肉桂还具有抗凝血特性,有助于缓解关节炎和精神疲劳。在烹饪中,它可以用来腌制或保存肉类。

当烤箱预热,开始烤斯托伦面包时,整个厨房里都充满了美妙的肉桂香气。

栽培要点

除了热带地区,肉桂树都很难生长。它们必须生长至少两年才能收获树皮。收获从 5 月开始,一直持续到 10 月。

薄荷 ★ 预防生病的香草

在我家的花园小菜地里，一年四季都有留兰香薄荷。

薄荷是我最早接触的香草，童年时，无论点心、口香糖还是牙膏里，都有它的身影。在很多国家，当人们饱食过后，就会喝薄荷茶来帮助消化。

薄荷有缓解头痛并提高专注力的功效。当家人学习时，可以来一杯提神醒脑的薄荷茶。日本人将薄荷称作"客家"。它于12世纪，由日本高僧荣西法师从中国带回日本。作为清新剂，薄荷备受日本人的珍爱，据说曾经有人将薄荷叶子制成香粉而随身携带。

那么，今晚就泡个清新的薄荷浴吧。

栽培要点

喜半阴或全日照。在湿润、较为肥沃的土壤里生长良好。可两年施一次肥。用于干燥的薄荷在生长高度达到20cm以上、开花之前，选择晴朗干燥的日子采收。新鲜叶子则可以随时取用。

★ 薄荷可以驱除蚜虫和跳蚤。特别是普列薄荷，可以驱除蚊子、蚂蚁和菜蛾，但其具有一定毒性，不能食用，需注意。

★ 蜜蜂非常喜欢薄荷。

我种植的薄荷及其利用方法

★ 胡椒薄荷、留兰香薄荷 → 做热茶和糖浆。

★ 黑薄荷、瑞士糖薄荷、生姜薄荷 → 做冰茶。

★ 凤梨薄荷 → 用于甜品的调味和装饰。

薄荷凉拌四季豆
Minty French Beans

在英国，蔬菜烹饪非常简单，大都是焯水后加入黄油并用切碎欧芹装饰。为了改变一下，我有时会简单煮熟四季豆，然后撒上切碎的薄荷，直接享用。豆的种类不限于四季豆，也可以是自己喜欢的其他豆类。

材料

四季豆 150g（切成 5cm 左右）
黄油 10g
留兰香薄荷 2 勺（鲜叶，切碎）
盐 少许

1 在锅中加水烧开，放入四季豆煮 2 ~ 3 分钟至稍微变软。
2 沥干水，将四季豆倒回锅中，加入黄油、盐和薄荷叶碎，搅拌均匀。

薄荷奶昔
Mint Lassi

在印度德里那段闷热的日子里,我经常会点这种清爽的薄荷奶昔。在吃完辛辣的咖喱后,它可以缓解我的胃部不适,防止消化不良。我通常用留兰香薄荷、胡椒薄荷和黑薄荷来制作。

材料(4人份)

原味酸奶 两半杯
凉薄荷茶两半杯或砂糖(根据喜好)少许
薄荷嫩叶 4 片

1 在原味酸奶中加入凉薄荷茶或少许砂糖,放入搅拌机中混合。
2 过滤并倒入四个高脚玻璃杯中。
3 加入薄荷嫩叶作为装饰。

薄荷酱
Mint Sauce

我童年时厨房里的家务活之一,就是制作新鲜的薄荷酱来搭配烤羊肉。这是母亲教我做的。

材料

留兰香薄荷 1 杯(鲜叶,切碎)
意大利黑醋 5 大勺
白葡萄酒醋 1 大勺
砂糖 2 大勺

1 将意大利黑醋和白葡萄酒醋加入锅里,小火加热,加入砂糖,搅拌直到融化。
2 煮好后,快速浇在碗里的薄荷叶上,混合均匀。
3 品尝味道,如果有需要就再加入砂糖。
4 装入小的容器里,然后浇在羊肉等肉菜上。

留兰香地板清洁剂
Spearmint Floor Wash

新鲜的薄荷香味会让环境变得清爽,以至早晨清扫也变得充满了乐趣。使用时,可以先在桶里加入 1 杯留兰香地板清洁剂,然后再倒入 2 杯水稀释。

材料

留兰香薄荷(其他品种也可以)10 根
水 约 1 杯
肥皂粉 1/2 杯
醋 1 杯
开水 500mL
胡椒薄荷精油 3 滴

1 将 200mL 水烧沸。加入薄荷,小火煮成 1/2 杯较浓的薄荷茶。
2 将薄荷茶和其他所有成分放入碗中,搅拌至光滑。
3 放入玻璃罐内,在阴凉处或冰箱里保存,1 周内用完。

February
2 月

了解植物的特性

我们的身体就是我们的花园，意志是它的园丁。
——威廉·莎士比亚

多了解一下植物的知识吧，不仅仅是花的名称和分辨方法，以下几点也请记住：

1 合适的土壤　2 水和阳光的必需量　3 冬季的耐寒度　4 成长的高度和宽幅　5 修剪或采收时间　6 叶子的形状和大小　7 花期　8 叶子和花的颜色。

原本以上这几点都应该依靠自己的观察和经验获得。但是，刚开始时还是最好参考一下植物图鉴，因为全部记住很困难，可以在园艺日记上记下要点，并把每月要做的工作列出清单，例如，修剪的月份、施肥和覆盖的频率等。

我通常把不耐寒的植物种在红陶花盆里，初冬拿入屋内。种在花盆里，不仅可以放在阳台和露台上，如果好好研究摆放的地点，还可以成为花园里抢眼的焦点，或室内的装饰品。

为了给花园增添高度，可以种植具有药用和其他用途的树木。如李子、花椒、金橘、枇杷、紫藤、柿子、桑树、槭枫、海棠、柚子、柠檬、冬青树、合欢、石榴、橄榄、尤加利等都可以。一些攀缘植物，如金银花、茉莉花、啤酒花、犬蔷薇、法国蔷薇、白蔷薇等也有各种用途，让它们攀缘在格子栅栏或墙壁上看起来会很棒，给花园和房屋增添质朴的氛围。

植栽计划

刚开始，很难记住所有需要考虑的事情。但是通过不断的尝试，设计会逐渐变得容易。

我家靠近地藏菩萨的乡舍花园，共有3个颜色不同的花坛：白色和蓝色花坛，日照良好，为半干燥的碱性土壤；紫色和粉色花坛，半阴，为保湿性佳的肥沃土壤；黄色和橘色花坛，日照良好，为干燥的砂砾质土壤。这个花坛最里面种的是除虫菊和旋覆花等个子较高的植物，前方是小白菊和金盏花，最前方则是开着淡黄色花朵的斗篷草。

种植植物的时候，需首先考虑它适应的土壤类型（酸性/碱性）、光照和温度，还有颜色是否合适。场地决定后，根据植物高度种植并考虑所有的花可以保证一年中大部分时间都有花开。另外，尽量选择叶子颜色不同的植物，这样它们在相邻种植时就会形成鲜明的对比。 即使植物没有开花，叶子的对比也可以作为观赏。

虽然雨、风、阳光和霜冻等自然因素，我们无法控制，但我们可以相应地调整植物来配合——这才是园艺的至高魅力。

在香草中种植一些多年生植物或一些早花球茎植物会很有趣。首先挑战一下容易种植的多年生宿根植物吧。尽量选择适合日本多雨气候的原生植物，如泽兰、桔梗、千屈菜、龙胆等。它们会和香草一起将花园装点得光彩照人，一定不要忽视这些日本自古就有栽培的本土植物。

香草花园的配色计划

我喜欢规划每个花坛中香草和花朵的颜色组合。
考虑每株植物的生长高度也很重要。以下是我现在花园里的植物配色。

■ ■ 蓝色&绿色

琉璃苣 * 蓝或白色 [1m]
黑种草 * 蓝或白色 [30cm]
矢车菊 * 蓝色 [1m]
草地鼠尾草 * 蓝色 [60cm]
意大利欧芹 * 绿色 [1m]
法国龙蒿 * 绿色 [40cm]
姜绿薄荷 * 绿色 [30cm]
柠檬香蜂草 * 绿色 [1.5m]
芝麻菜 * 绿色（花白色）[50cm]
青紫苏 * 绿色 [1m]
欧芹 * 绿色（花淡黄）[10 ~ 20cm]
芦荟 * 绿色 [60cm]
甜叶菊 * 绿色（花白色）[50cm]
啤酒花 * 绿色 [3m]
鼠尾草 * 绿色（花粉红色或淡紫色）[40cm]
雪维菜 * 绿色（花白色）[45cm]
艾蒿 * 绿色（花白色）[1m]
迷迭香 * 绿色（花为淡紫色、粉色、白色）[1.2m]

■ ■ 橙色&黄色

万寿菊 * 橙色或黄色 [20cm]
圣约翰草 * 黄色 [40 ~ 60cm]

□ ■ 白色&黄色

柠檬香蜂草 * 白色（花）[40cm]
柠檬马鞭草 * 白色（花）[1 m]
金叶牛至 * 叶黄绿色（花粉红色）[60cm]
多花素馨 * 白色 [3 ~ 4m]
白花锦葵 * 白色 [60cm]
鱼腥草 * 白色 [40cm]
洋甘菊 * 白色 [15 ~ 30cm]
莳萝 * 黄色 [1m]
铜叶莳萝 * 黄色（叶子和茎是古铜色）[60cm]
茴香 * 黄色 [1.5m]

■ ■ 紫色&淡紫色

紫苏 * 紫色 [1m]
海索草 * 紫色（或白色、粉色、蓝色）[45cm]
紫叶鼠尾草 * 紫色 [40cm]
角堇 * 紫色（黄色、粉色等）[10cm]
锦葵 * 紫色 [2m]
香堇菜 * 淡紫色等色 [10cm]
薰衣草 * 淡紫色 [1m]
百里香 * 淡紫色 [7cm]

■ ■ 橙色&红色

旱金莲 * 橙色、红色 [2 m]
金盏花 * 橙色、黄色 [50cm]
野草莓 * 红色 [20cm]
凤梨鼠尾草 * 红色 [1.5m]
红花美国薄荷 * 红色 [1m]

■ ■ 银色&绿色

朝鲜蓟 * 银色（花紫色）[2m]
绵杉菊 * 银色（黄花）[60cm]
苦薄荷 * 银色 [60cm]
香艾蒿 * 绿色 [1m]

■ ■ 黄色& 绿色

金盏花 * 黄色或橙色 [40cm]
斗蓬草 * 黄色 [50cm]
除虫菊 * 黄色 [1.2m]
柠檬绿 * 绿色 [20cm]
留兰香薄荷 * 绿色（白花）[60cm]
苹果薄荷 * 绿色（花为白花）[30cm]
柠檬香脂 * 绿色（花为白花）[40cm]
柠檬百里香 * 绿色（花为淡粉色）[20cm]
姜绿薄荷 * 绿色 [30cm]

□ ■ 白色&粉色

罗勒 * 白色 [60cm]
芫荽 * 白色 [60cm]
冬香薄荷 * 白色 [50cm]
泽兰 * 粉色 [1.5m]
粉色美国薄荷 * 粉色 [1m]
虾夷葱 * 粉色 [20cm]
芳香天竺葵 * 粉色 [1m]
牛至 * 粉色 [80cm]
樱桃鼠尾草 * 粉或红色 [1m]
蜀葵 * 粉红色或红色 [1.5m]

初春，大原满是梅花的清香。

March

3 月

花园里的洋水仙，总是让我回想起童年时英格兰春天的记忆。

照顾土地

Butterbur
蜂斗菜

爱护土地吧，
它不是我们继承先人的，
而是从后人那里借来的。

——肯尼亚谚语

Treat the Earth well.
It was not given to you by your parents,
it was lent to you by your children.

—Kenyan proverb

对古罗马人来说，3月是春天的第一个月，也是农耕的开始。因为，3月是以战神马尔斯的名字命名为马提乌斯的，对古罗马人来说，马尔斯还是他们的农业守护神。随着日照时间逐渐变长，在阳光和雨水的滋养下，花园一天天苏醒，植物嫩绿的叶子和花蕾悄然冒出。周围的世界正渐渐重新又充满绿意，我强烈地感受到万物生长。

我走进花园，一边拔除杂草，一边不由得想到土壤。我们常常仰望天空、山峦和树木，欣赏它们的美丽，却很少会关注脚下的土壤。土壤里充满了生命，生活在它的表土层中的大量微生物，通过分解为土壤提供大量的有机物。是否含有丰富的有机物质，是决定土壤好坏的关键。微生物在提供有机物质的同时，也依赖人类和大自然提供的有机质生长和保持活力。这是一个循环往复的过程。所以，我们必须好好照顾土壤及其所有生物体，至少努力让回馈多于索取。

添加堆肥可以使其成为更健康的腐殖质。如果偶尔往土壤里撒一点草木灰或石灰，经过阳光的照晒，土壤就会变得如浓厚的巧克力蛋糕一般松软。我喜欢赤手捏碎土壤，或赤脚在上面行走——这让我感觉自己脚踏实地，重新建立了与地球的链接。

如同人类一样，植物也需要空气和养分。如果土壤里布满了石块，植物的根系就无法呼吸。土壤由岩石风化而来，其中最上层的表土层，不仅是地球上大多数植物生活的地方，也是蚯蚓等小动物活动的区域。据估计，每亩地里的蚯蚓数量可以达130多万条！它们制造出我们所需要的腐殖土，利于花草树木根部吸收营养。所以每次在花园里看到蚯蚓，我都满怀敬意和爱意地把它们放到堆肥箱里。

午后，阳光明媚，我走到屋前那棵高大的松树下晒太阳。忽然，屏住了呼吸，只见第一朵番红花不知何时从土里钻了出来，在它下面的土壤里，一条淡褐色的大蚯蚓正蠕动着身躯，这应该是努力工作的蚯蚓妈妈吧。看到美丽的花朵有蚯蚓的守护，我不由得高兴起来。

许多年前，当我们搬到大原时，庭园里的土壤坚硬贫瘠。我意识到，如果要建造一个美丽的花园，我需要做的第一件事就是学会制作堆肥，改良土壤。我记得小时候曾见过这样的事，那是在 1962 年。当时，12 岁的我随母亲搬到泽西岛西侧一座拥有 400 年历史的庄园。这座古老的建筑物属于母亲的第四任丈夫约翰·罗伯茨。新继父常给我们讲庄园里一个住在阁楼里的鬼魂的故事，以及过去走私者使用的秘密通道等可怕的故事。因此，对我来说，这座庄园无论是房子，还是花园，都充满了神秘气息。

一个晴朗的春天早晨，微风吹拂，我忍不住推开了宅邸后面巨大的铁门，向房后的花园走去。花园前是一大片精心修剪的草坪，周围的花坛里，郁金香正在盛放。穿过草坪，就来到花园古老的石墙前，那里种植了许多开花的常绿灌木。在花园的东侧，是由维多利亚式红砖围墙围成的菜园，当我走上那里的台阶时，一些棕色的小椋鸟在古老的木门前叽叽喳喳地叫着。我努力拧动大门的沉重把手，大门吱吱呀呀地一点一点打开，里面是一个宛如童话的世界，令人着迷。从那以后，我经常去菜园里读书，也曾在那里偷偷哭泣过。菜园里不仅有着枝干粗壮的古老果树，还有各种各样的蔬菜和香草。高大的红砖墙挡住了从英吉利海峡吹来的强风，保护它们免受侵害。我常常溜进菜园观察园丁们劳作。有时候，园丁叔叔也会允许我帮忙做事。他们在靠近红砖墙的一个角落里制作堆肥，那里距离厨房入口很近，厨师会把整桶的蔬菜渣直接倒入堆肥箱里。

为了更多地了解和学习，我买了一些有关堆肥制作的园艺书，这才知道，原来人类堆肥的历史如同农耕历史一般悠久。早在公元前 2334 年，阿卡德人就已经开始在美索不达米亚平原上进行堆肥制作。在《圣经·旧约》和中国古代农业著作中，也有关于堆肥历史的记载。英国的堆肥技术是古罗马人引入的。

公元 43 年，古罗马人入侵英国，他们不仅带来了大量香草、花卉和果树等植物，而且还带来了成熟的园艺技术，当时，古罗马的园丁已经能够非常熟练地制作和使用家畜肥和堆肥作为农业和园艺的肥料。

在研究了堆肥制作原理后，我拜托先生阿正做了木制的无底堆肥箱，开始将厨余垃圾（除了肉类和鱼类）和咖啡渣、茶包等日常消耗品，以及杂草、稻草和落叶等层层交叠放进堆肥箱中进行发酵。后来，我又学会了添加进可促进分解的康复利叶。为了确保堆肥发酵成功，我学会了观察天气、温度和空气湿度，它们是保证堆肥成功的关键。多年来，制作堆肥并用它给予土壤营养，已经成为我日常生活的一部分。现在，每年我都会给自家花园土壤施用两次堆肥，一次是在植物快速生长的早春；另外一次则是在晚秋，这样就可以保护植物的根系，以免它们因受冻而枯萎。此外，采摘完香草的叶子后，我也会马上给它们覆盖一些堆肥，以感激它们的馈赠。

制作堆肥是一个从腐烂到新生的过程，这期间，没有任何东西会被浪费。这不仅使我深刻地体验到了生命的自然循环，而且在内心深处，也觉得自己是在做正确的事情。现在，每当看到有人将落叶和蔬菜渣用垃圾袋装好，放在路边，等待垃圾回收车带走时，我都会不由自主地叹道："真可惜呀！"

要想拥有健康的土壤，就要保证土壤内部微生物的平衡。只有土壤肥沃，农作物才会长势茂盛，抗病能力也强，结出饱满的颗粒。这些饱满的颗粒，不仅是人类的食粮，也是很多动物的食物。动物也是人类食物的来源之一，所以说，人类的健康其实与土壤息息相关，而能否拥有健康的土壤，则取决于人类的所作所为。

金合欢

Mimosa

金合欢_____

寒风吹过大原，
阳光却日益变得温暖，洒满我的花园。
金合欢的花蕾渐渐开放，宣告春天的到来。
一朵朵黄色的小花在风中轻摇。
让我的心充满喜悦。
为了它能在明年继续开花，
记得要在 7 月之前修剪哦。

Shepherds purse
荠菜

一幅花的画像_____

天空中没有一丝云彩，
这是春天第一个温暖的日子。
花园里，梅树绽放出淡粉色的花朵。
再过些日子，
就是做梅酒的时候了，梅子加上柠檬香蜂草。

我坐在乡舍花园里，想象着再过一段时间，
花园里的颜色将是五彩纷呈。

每个花坛都有自己的配色，
银色和淡粉色，
鲜艳的橘黄色和红色，
明亮的黄色和绿色，
还有我最爱的清凉的蓝色和白色，
好像天空中的彩虹一般，
花园里的各种色彩融合在一起。

Crocus in early March
番红花

柠檬香蜂草 ★ 带来爱的香草

很早以前，柠檬香蜂草就因吸引蜜蜂而被放在蜂箱中，因此，在希腊语中，它的名字叫作梅丽莎，意思是蜜蜂。

柠檬香蜂草有助于振奋精神、缓解抑郁和悲伤，这个功效最初是由古阿拉伯医学家发现的。每一个生活在这个世界上的人，都难免有悲伤和痛苦的时候，柠檬香蜂草多次安慰和帮助了我。

饮用柠檬香蜂草茶，可以缓解偏头痛、头痛和失眠。若是用来泡澡，可以放松身心。牛奶里加入柠檬香蜂草也很好喝。它还可以增加芝士蛋糕和果冻的风味。在制作鸡、鱼和肉的料理时，不妨尝试用它做白酱汁。

自从我在饮用鸡尾酒、柠檬气泡水和冰水中加入一小根柠檬香蜂草后，我们家每年春天制作梅酒时，除了白利口酒、伏特加和砂糖，也会加入 6~7 根柠檬香蜂草。

柠檬香蜂草曾被认为是长生不老药，具有神奇的魔法。人们相信，如果每天喝这种茶，就可以恢复青春、强健大脑和心脏、增强记忆力和保持头脑清醒。

栽培要点

耐寒多年生植物，喜充足阳光，夏季稍微有点阴凉为宜。喜排水良好、肥力中等的土壤。开花前采收。在春季的生长期请大量浇水。

★ 蜜蜂喜欢柠檬香蜂草。

柠檬香蜂草大麦茶
Lemon Balm Barley Cordial

在英国读寄宿学校的时候，只要我感冒了，宿管阿姨就会给我喝柠檬大麦茶，那种味道令人至今难忘。我一直想知道它如何制作，因为在日本没有这种饮料。在一个雨天，我终于慢慢研究出了这个制作方法。饮用时，将原液倒入玻璃杯中，然后加冰块或苏打水稀释，再用柠檬香蜂草装饰。

材料

柠檬香蜂草叶（连茎）10 片
水 5 杯
大麦 1 杯
柠檬汁 200mL
柠檬酸 3 小勺
砂糖 500g
柠檬香蜂草（鲜叶）根据喜好添加

1 将水倒入锅中加热，待水稍沸腾后放大麦和柠檬香蜂草。加盖小火 30 分钟，然后过滤。

2 加入砂糖、柠檬汁和柠檬酸，用小火再次加热，煮至糖浆状。

3 过滤，倒入已消毒的瓶子里，在冰箱里可以保存 1 个月。

香堇菜 ★ 谦虚的香草

这是一个初春晴暖的日子,我感觉空气都受到了上天的恩惠。当我凝视梅树时,突然吹来一阵微风,带来柔和的香气。循着香气,我发现香堇菜已在树荫下悄悄开放,白色象征纯真,紫色象征忠诚。我轻轻摘下一些,把它们拿回房间制作糖浆。

在传统的民间疗法里,香堇菜蜂蜜糖浆可以帮助治疗头痛、失眠等神经性疾病,还可以缓解便秘。我常把香堇菜的花瓣放进水果沙拉、果冻和果子酒里,增添颜色和香味。将它们用砂糖腌制后,做蛋糕的装饰也不错。

"傲慢者衰落,谦卑者获得荣耀,这是大自然的法则。"

栽培要点

耐寒多年生植物,开花时喜充足阳光,其他时候喜阴凉,喜排水良好的土壤。在开花期结束后,有较高蔬菜可以遮挡夏天烈日的蔬菜地,非常适合香堇菜生长。摘除枯萎的残花,可促进新花开放。秋天可用落叶发酵过的腐叶土进行覆盖。

香堇菜的糖浆
Sweet Violet Syrup

用香堇菜的花制作糖浆,是一种温和的泻药,还可以缓解失眠等。

材料

香堇菜 12 枝
水 1/2 杯
砂糖与提取后的液体等量

1 从花茎上摘下花朵。
2 在加水的锅里放入花朵,用小火煮 5 分钟后过滤。准备和过滤提取液等量的砂糖。
3 提取液放回锅里,加入砂糖,直到砂糖融化,用小火加热 5 分钟。
4 冷却后,放入已消毒的玻璃瓶里保存。

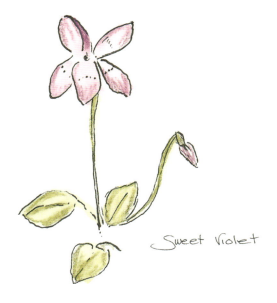

山茶花 ★ 青春之源

今天，我家花园里的山茶树开出了第一朵花，它嫩绿的新芽，因朝露而熠熠闪光。这是一个美好的预兆，这样的预兆无论对孩子，还是植物都很重要。

3000年前就被视为青春之源的山茶，原产于中国和日本南部诸岛。从山茶种子里提炼出的山茶油，是天然的防腐剂，长期以来在日本被用作健康食品和寺庙的木材防腐剂，也是降低胆固醇的健康食用油。

很久以前，据说艺伎保持青春的秘方就是山茶油。山茶油不仅可以滋养头皮，促进头发生长，还可以滋润皮肤并保护皮肤免受强烈的日光照射。

危地马拉有一句谚语："心灵决定一个人的年龄。"

栽培要点

常绿灌木，喜排水良好且具有保湿性的酸性土壤。最早的山茶花在10月开始开花，晚的品种直到5月才结束。不需大量肥料，但在开花季节，每6周覆盖一次堆肥。春、夏两季注意充分浇水。

除虫油

Bye-Bye Insect Spray

夏天，我喜欢去长野日本阿尔卑斯山徒步旅行。在森林的阴凉处或山涧附近，常被蚊虫叮咬。这是一种可以保持全天有效的防虫油配方。尤加利有驱虫效果，胡椒薄荷可以改善肌肉酸痛和缓解蚊虫叮咬后的瘙痒。

材料

山茶油 100mL
荷荷巴油 300mL
尤加利精油 10滴
胡椒薄荷精油 10滴
留兰香薄荷 3片（鲜叶）

1 把留兰香薄荷叶放入石臼中，捣成糊状。
2 然后放入碗里，加入其他材料混合均匀。
3 存放在小喷雾瓶中。使用前摇匀。

艾草苹果饼
Mugwort & Apple Fritters

每当苹果多的时候,我就给孙子乔做苹果饼吃。这是很适合下午的美味点心,苹果的甜味和艾草的淡淡苦香相得益彰。

材料(4人份)

面粉 1 杯
泡打粉 1/2 小勺
枫糖浆 2 大勺
食用山茶油 600mL
鸡蛋 1 个
牛奶 1/3 杯
苹果 1 大个(削皮,切成 1cm 厚的片)
艾草叶 8 片(鲜叶)
糖粉 1/2 杯(装饰用)
鲜奶油 适量

1 将面粉和泡打粉一起过筛。
2 将鸡蛋、牛奶和枫糖浆一起搅拌,加入(1),做成面糊。
3 用煎锅加热油。将苹果片沾上(2)的面糊,放入锅中,稍低温油炸 3~4 分钟变为金黄色。稍微冷却后撒上糖粉。
4 用油炸艾叶装饰苹果。然后与鲜奶油一起食用。

油菜花 ★ 聪明的药草

在一个晴朗的日子,油菜花开了,宣告春天的到来。漫步在一片开满亮黄色花朵的油菜花田中,我回想起了第一次品尝它的菜籽油的情景。

当时 22 岁的我,在四国有机农业先驱者福冈正信先生门下学习,先生认为大脑基本是由脂肪组成,因此只吃高质量的油至关重要,而有机菜籽油是最好的油之一。从那以后我就喜欢上了菜籽油,它富含不饱和脂肪酸,加热后也不容易氧化,适合炒菜和油炸。

以前的菜籽油需通过费时费力的冷榨法萃取。我曾有机会参观岩手县一家生产冷榨菜籽油的工房,学到了更多。菜籽油的香气、味道和颜色都很美妙,可以用来做美味的料理。

看着可爱的柠檬黄油菜花,我心中不由得涌起敬意。

栽培要点

油菜花是十字花科植物,圆白菜的近亲。喜日照良好和湿润、肥沃的土壤。晚秋时节播种,春季开花结籽。用作冬季休息作物,可改善土壤。

★ 蜜蜂很喜欢油菜花。

味噌塔可饼
Magical Miso Tacos

许多年前,我的一位禅僧友人为了向欧美人介绍豆腐,出版了一本闻名世界的书《豆腐为王》,我把其中收录的一个食谱改造成了我喜欢的豆腐料理,健康又美味,是我最喜欢的豆腐吃法之一。

材料(8 人份)

木棉豆腐 1 块(控水)
150g 煮熟的糙米或 120g 牛肉碎
花生 1/3 杯(压碎)
青椒 中等大小 1 个(切碎)
大蒜 3 瓣(切碎)
番茄酱 1/2 小勺
辣椒粉 1/2 小勺
酱油 1 小勺
赤味噌 1.5 大勺
芝麻油 1 大勺
塔可饼 8 片
盐、胡椒 少许

酱料

生菜 中等叶 3 片(切丝)
芝士(刮碎)80g
番茄 1 个(切 1cm 左右的方块)
莎莎酱 130g(新鲜)
香菜 5 根
油菜花 6 枝
砂糖 1 小勺
酱油 1 小勺
花生 2 大勺(压碎)
菜籽油 适量

1 将切碎的大蒜放入小锅中,用芝麻油炒香后,加入煮熟的糙米或碎牛肉和切碎的青椒,炒香。

2 然后倒入豆腐,一边炒一边压碎,直到水气消失。

3 再加入碎花生、盐、胡椒、芝士粉、番茄酱、酱油和赤味噌。如果用糙米,稍微重口较好。

4 将油菜花茎煮 2 ~ 3 分钟后,放入一碗冷水中冷却,然后沥干。切成 3cm 左右,加入砂糖、酱油、菜籽油,撒上花生碎。

5 用煎锅或烤炉、烤箱加热塔可饼。

6 塔可饼里放入(3)、(4),也可以加上喜欢的食材,浇上莎莎酱。

梅子糖浆
Ume Syrup

拜访奈良的朋友喜多先生时,他送给了我一小瓶梅子糖浆,他经营着一家由工厂改造成的小型咖啡馆。糖浆非常好喝,用水冲淡,加上大量的冰块后就可以作为夏季清爽饮品。我向他请教了制作方法。

材料

青梅 1kg(未碰伤)
冰糖 1kg
米醋 100mL

1 青梅用水洗净,晾干,用竹签小心去除果蒂。
2 然后装入消毒后的大瓶中,整个过程交替加入青梅和冰糖。
3 倒入米醋,拧紧瓶盖。
4 放在阴凉处保存,直到冰糖在瓶中全部融化。时常摇晃瓶子,让糖分均匀分布。

梅子 ★ 万能果实

在春天晴空万里的温暖日子,花园里的梅树绽放出娇嫩的粉红色花朵。

当我在英语学校上完课,疲惫地回到家中后,有时我会给自己倒一小杯自制的梅子酒。酸甜混合的美味让我精神振奋,喝下之后,疲劳顿消,食欲大开,可以开始准备晚饭了。

梅子是8世纪左右由中国传到日本的。我在冬季经常吃梅干。在日本的民间疗法里,梅子有缓解感冒、宿醉和胃部不适等效用,我自己也切实感受到了这些。另外用梅干泡水,来清理锡制和黄铜制锅子,会让它们闪闪发亮。

"一天一颗梅子,远离医生。"——日本俗语

栽培要点

耐寒植物,喜阳光充足和肥沃的酸性土壤。小树时注意勤浇水,数年后会得到回报——收获可爱的梅子。要在进入梅雨季节前采摘。

March
3 月

Gardening Cards.

制作土壤

健康的花园，映照出健康的灵魂。——作者不明

好的土壤，是园艺成功的秘诀，英国的园艺爱好者几乎都是自己制作土壤，这样就可以花最少的钱，得到最适合植物生长的土壤。从地面至少 60 ～ 80cm 深处挖掘出原土，然后清理里面的石块和杂草，放入手推车里，混合以下材料，稍微搅拌松散后，放回原处。

维尼西亚的土（花园独轮车 1 车）

7 成土
2 成堆肥
1 成砂子
1 碗腐叶土
3 大勺石灰
4 大勺草木灰

如果难以得到堆肥，也可以用泥炭土来代替，同样能使土壤变得疏松。但是由于当前园艺热潮导致全球范围内泥炭土短缺，所以，若非必要，我尽量都不用它。没有草木灰，可以增加石灰的分量。住在公寓里的人，可以直接购买适用于香草的营养土。

薰衣草、迷迭香、百里香等都是喜好碱性土壤的植物，不能用酸性的泥炭土或是腐叶土来混合。作为替代，可使用沙子、鸡蛋壳和沙粒等混合，这样，即使在日本梅雨季或台风来时，也可以保持土壤干燥，更适宜植物生长。

加入康复利做成的堆肥，好像巧克力蛋糕一样柔软易碎。

盆里是堆肥，三个碗里分别是腐叶土、石灰和草木灰。

每周两次,我会把蔬菜残渣等倒入堆肥箱里。

堆肥的制作方法

厨房和花园里的残余物质会通过自然界的微生物分解为堆肥,为了使堆肥没有难闻的气味,并像巧克力蛋糕一样松软易碎,请遵循以下操作流程:

1 如图所示,准备一个无底木箱或用铁丝网制作一个。箱上最好有盖,避免雨水进入并降低箱内热量。箱子放置在地面上,以便帮助分解的蚯蚓和其他虫子入内。

2 如果可能,并排放置两个或三个箱子。第一个放新鲜厨余垃圾,第二个用来装已分解 3～4 个月的垃圾,第三个则用来装完全分解好的垃圾,也就是堆肥,可直接用于花园覆盖。我通常在第一个箱子装满后,就把里面的混合物移到第二个箱子里面,这样利于空气进入,加速分解过程。

3 箱内干材料和湿材料要均匀地交替层叠放置,这是堆肥成功的秘诀。首先放入干树叶,然后放入厨余垃圾——蔬菜、茶包、咖啡渣、剩余食物、面包等。小心不要加入任何肉或鱼肉。最后是剪掉的草花、康复利等分解迅速的柔软材料,但不要放入带有种子的杂草。把植物的茎干、小枝条、草茎等纤维质丰富的坚硬材料折断重叠,以便透气,促进分解。按这个顺序,反复重叠数层。

4 夏季炎热的天气,避免堆肥温度过高,从而导致土壤过分干燥,所以要时常浇水。

5 一般情况下,夏天一箱 2～3 个月就能装满;冬天则需更长时间。当堆肥箱装满后,将所有混合物都倒入空的堆肥箱中,再放置 3～4 个月,直到混合物变黑且易碎。当该过程完成时,整个体积应该减少一半。

★ 为了使堆肥呈碱性,不时要添加一些草木灰或石灰。加入草木灰可增加钾肥含量。

★ 管理好堆肥发酵的空气、湿度和温度很重要。

★ 时常加入康复利叶子或是鸡粪肥,可以加速发酵。

★ 当有泥土味、蚯蚓或冒烟的情况出现,属正常发酵;当混合物黏在一起、发出恶臭或过度干燥,则是没有发酵好。

康复利液体肥料

康复利是一种耐寒的多年生植物,可长至1.5m高。它的叶子富含丰富的营养成分。喜日照良好、保湿性佳的肥沃土壤。在适合的环境下,无须费心照料就可茁壮成长。康复利的根系入土很深,生长期为20年,除了特别浅的土层或白垩土,几乎可以在任何地方生长。不适宜盆栽。叶子繁茂,每年可采摘3～4次。作为堆肥材料时,大约种植三株康复利就足够了。

康复利是钾的极好来源,钾是花、种子和果实生产的必需营养素。它含有的钾比家畜堆肥多2～3倍。它还富含氮、钙质和磷等。

20世纪初,英国成立了欧洲最大的有机栽培协会之一,该协会以开发和推广康复利运用法的亨利·道布尔迪的名字冠名为HDRA。现在康复利作为补充植物所需营养的优质有机肥料,正成为致力于有机园艺的人们的必需品。

康复利的叶子几乎没有纤维质,可以迅速分解为深颜色的液体,作为速效植物营养液,在园艺中备受珍爱。这种液体含有以下物质:

氮元素——促进叶子生长。
磷酸盐——促进根系生长。
钾——促进花和果实的生长。

制作方法

1 切足够的康复利,装满半个桶,然后加水并盖上盖。
2 放置2个月后,变为黑色液体时过滤(夏季需大约1个月)。

使用方法

* 按4:1(1份液体肥料与4份水)稀释,然后倒入植物基部周围的土壤中。
* 盆栽植物和月季需每周施肥1次,盆栽蔬菜每周2次,地栽夏季蔬菜和一年生植物每月1次。
* 使用同样方法也可以制作液体堆肥,1～2大勺新鲜或干燥鸡粪、牛粪放入网袋中,加水浸泡1周。鸡粪和牛粪可以找农家要,或是在园艺店购入。

康复利花叶浸泡1个月左右,水会变黑。

花园里的洋水仙,总是让我回想起童年时英格兰春天的记忆。

烦恼和忧虑消失的地方

每片草叶上都有天使，
他弯下腰说："快长大吧，快长大吧！"

——《塔木德》

Every blade of grass has its angel
that bends over it and whispers, "Grow, grow!"

—《The Talmud》

Fritillaria
贝母

4月的名字来源于拉丁语"aperire"，意思是"开放"。对我来说，这不仅意味着春花开放，也意味着打开心灵。

随着天气转暖，樱花绽放锋线从南部的冲绳慢慢向北部的北海道移动，一路上，樱花渐次开放。寒冷的冬天终于过去了，人们都松了口气，争相外出野餐，坐在樱花树下，仰望头顶开满淡粉色花朵的美丽树冠，呼吸着淡淡的香味，尽情地感受樱花之美。大原的气温比京都市区低2～3℃，所以我们必须等待更长的时间才能看到樱花。

今天是学校春假结束后的早晨，太阳刚刚从北山升起，发出耀眼的光芒。我走进花园，只见枫树嫩绿的叶子在清晨的露珠中闪闪发光。天气已经变暖，岩石花园里的深蓝色葡萄风信子已经开放，红陶花盆里的郁金香也探出头来，花盆周围的可爱角堇绽放出红色和黄色的花朵。因为缀满柠檬黄色的花朵，金合欢垂下了长长的枝条。

我走进森林花园，摘掉前一天晚上枯萎的角堇花朵，拔掉花坛里刚冒出头的杂草，然后将它们放进花园独轮车里，准备积攒起来制作堆肥。森林花园位于房子的北侧，种满了喜阴植物。当我停下来俯身细看圣诞玫瑰时，突然，阳光透过古老的梅树枝丫间，照射在它们身上，分外美丽。圣诞玫瑰柔和的粉红色调是中世纪英格兰的颜色，我坐在旧木秋千上，望着它们，思绪回到了童年。

小时候，我们跟随母亲大多数时间都生活在英国乡村。在13岁之前，我们由一位来自法国的保姆婷婷照顾。春天，尽管天气还很冷，但每逢阳光明媚的时候，婷婷就会让我和弟弟、妹妹穿上暖和的衣服，带着我们去户外散步。小妹妹卡罗琳坐在婴儿车里，我们都喜欢帮忙推她。我们沿着乡间小路漫步，一路上我和弟弟寻找着春天的足迹。树篱上开满了小花，蕨类冒出闪闪发亮的幼芽，山楂树上满是嫩绿的花蕾，一切都充满了生机。

一次，散步途中，我们突然看到一只野兔穿过小路，跑进树林里。我和弟弟连忙追了过去，林中满地都是随风摇曳的深蓝色葡萄风信子，零星的洋水仙点缀其间，如同在翩翩起舞。虽然没有抓到兔子，但是我和查尔斯高兴地在林间玩起捉迷藏，被抓到的那个总是哇哇乱叫和大笑。

过了一会儿，我们跑累了，感到饿时，就听见婷婷在叫我们回去。她总会随身携带消化饼干和一壶装在保温瓶里的红茶，给我们当作零食。我和弟弟坐在格子尼野餐垫上，边吃饼干边休息。当我躺下，仰望蔚蓝的天空时，感觉心被天空逐渐拉近。

小时候，我喜欢和婷婷在一起，她总是面带笑容，对生活充满乐趣。有她在身旁守护，尽管母亲再婚了几次，但我并没有感觉生活发生了很大的变化。对我们来说，婷婷就像是第二个母亲，这一点，我们很幸运。婷婷教会了我很多事情，从刷牙的方法，到要学会说"谢谢"以及要尊重每一个人。

每年春天到来的时候，这些美好的回忆就会萦绕在我的大脑里。由于日本的春天，不像英国那样随处都可以看见洋水仙，所以我喜欢在花园里种植它们。秋天，我购买新鲜的洋水仙球根，将它们种在树木和灌木丛周围。第二年3～4月，它们渐次开放。我常常在阳光明媚的午后，坐在花园里欣赏它们的美丽。

随着天气一天比一天暖和，花园里每天都有新的发现。乡舍花园里，蓝色矢车菊已在宝蓝色的琉璃苣花旁开放，黄色的洋水仙、蓝色勿忘我和郁金香也慢慢绽开花瓣。大地在苏醒，是时候开始为即将到来的夏天播种了。当我们开始建造花园时，其实就好像踏入了一个未知世界，任何人随着年纪的增长和知识的丰富，都会越来越深切地感受和理解大自然的内在魅力。

当生活顺遂，无论身处何处，我们都会感到快乐；当遭遇坎坷，花园就是我们忘记烦忧之处。每当我伤心或是意志消沉时，就会到花园中去，在照顾植物的过程中，我被大自然的美丽和慷慨所打动，不知不觉中，忧虑和烦恼消散。

郁金香

早晨,花园里来了一位小客人,
一只小青蛙趴在郁金香"吊床"上休息。
开始建造花园后,
我决定不使用任何化学药品。
想必小动物们大概是知道这一点了,
所以才安心地在花园里玩耍。

郁金香

欧洲报春花

与美同行

当我行走时,与宇宙同行。
美在我的前方,美在我的后方。
美在我的头上,美在我的脚下。
美走过所有的地方。
当我行走时,我与美同行。

——印第安纳瓦霍族祈祷词

Heart's ease Pansy 三色堇

樱　花

不断北上的樱花锋线，将樱花的花蕾催开了一朵又一朵。
每天早晨，我醒来就会拉开窗帘，
眺望房前的田地，看看还有没有霜。
然后走进花园去看挂在墙上的温度计，依旧只有5℃。
将香草搬到室外，还有播种这些事，还是再等一等吧。
花园的工作需要忍耐。
"等待，风暴之后会有阳光。"

乡舍花园的铁线莲。

左上：在老房顶上绽放的三色堇。
右上：粉色和蓝色的花是勿忘我。
左下：岩石花园瀑布一样开放的葡萄风信子。
右下：底部用三色堇装饰的白色郁金香。

琉璃苣 ★ 快乐的香草

清晨，天空一点点变成清澈的蓝色，大原的山野明亮起来，枫树上的鸟儿唱起晨歌。我一边在花园里漫步，一边向周围的花朵问好。

琉璃苣蓝宝石一般的花蕾即将开放。它的星形花朵聚集在一起非常美丽，我常把它们放进水中冻成冰块，用来招待客人。

琉璃苣原产于地中海沿岸，叶子富含矿物质、钾和钙，有助于调节女性荷尔蒙，在更年期尤其有用。我常把琉璃苣的嫩叶放入沙拉里或做成香草茶，它对发烧或精神压力大、焦虑有缓解作用。

琉璃苣可以带来勇气和快乐。一杯白葡萄酒里放入一枝琉璃苣的花穗或两片叶子，会令人精神振奋。

栽培要点

耐寒一年生植物，喜欢充足的阳光，但也能忍受部分荫蔽。喜排水良好、湿润、肥沃的土壤。每月施一次液体肥料，可以常年收获。

★ 琉璃苣可以用来驱除番茄的害虫和青虫。
★ 蜜蜂喜欢琉璃苣。

夏日的汽酒
Summer Cider Cup

很适合夏季烧烤时的清爽饮品。不能喝酒的人可以把苹果酒换成苹果汁。

材料

气泡水 600mL
苹果酒 500mL
君度利口酒 3 大勺
柠檬 适量（切片）
桃子 适量（切片）
草莓 适量（切片）
琉璃苣叶子 10 片（切细）
琉璃苣花适量（装饰用）

1 把除了气泡水、琉璃苣花朵以外的材料放入杯中摇匀，放入冰箱里冷藏 2 小时。
2 饮用之前，加入气泡水，然后倒入玻璃杯中，用琉璃苣花朵装饰。

艾草红豆饼

Yomogi Pancakes with Azuki Bean Paste

4月初,大原稻田周围就会冒出艾草,我会在阳光明媚的日子里去采摘一些。这是一种适合家庭制作的简单小吃,儿子悠仁很喜欢它。

材料（4 人份）

艾草 (煮过) 50g
小麦粉 50g
荞麦粉 5 大勺
蛋 1 个
牛奶 120mL
泡打粉 1 小勺
砂糖 1 大勺
盐 少许
豆沙馅 1 杯
鲜奶油 根据喜好

1 艾草的 50g 是指滚水焯后、趁颜色未有改变捞出、冷水冲淋沥干后的分量。
2 然后和牛奶一起用搅拌机搅打数分钟,呈糊状。
3 将小麦粉、荞麦粉、泡打粉过筛放入碗内,加入 (2),再加入蛋、盐和砂糖,制成面糊。
4 在抹油的煎锅或铁板上制作。倒入面糊,做成直径 10cm 的椭圆形饼胚,小火烘烤(因为要夹豆沙馅或是抹鲜奶油,需摊薄一些)。
5 待饼胚上出现小孔且没有完全布满时,翻面,烘烤另一面。
6 在做好的饼上放豆沙馅,或是用两片夹馅食用。可根据喜好添加鲜奶油。

Mugwort

艾草（苦艾） ★ 春之香草

很久以前,我就真切地感受到了艾草的力量。一次,在长时间的登山之后,疲惫不堪的我脚疼起来,于是我前往一家名为"艾草温泉"的水疗中心泡香草浴。在绿褐色的水中浸泡了 30 分钟后,我惊讶地感到精力充沛,疲劳奇迹般地消失了。

与人类一样,地球上的不同植物有着各自独特的力量。不同的国家即使有着同样的香草,但是在使用上却不尽相同。在英国,艾草被盎格鲁撒克逊人视为九大神圣香草之一,用来驱魔辟邪。据说,在白女巫门前摆放一盆艾草,她就可以被辨识出来。而在中国的传统医学中,干燥的艾草叶可以用于缓解感冒、咳嗽和风湿病。在日本江户时期,艾草被用于艾灸。

我常在春天采摘艾草的嫩叶,用于制作蛋糕和奶昔。夏天,采收较长的茎,将它们挂起来晾干,用于香草浴。艾草还有消炎的作用,对治疗红疹和湿疹等皮肤病有帮助,还有助于缓解过敏或哮喘。

无论身心患有哪种疾病,地球上总会有可以帮助治疗的植物,大自然就是这么温柔而深厚。

栽培要点

耐寒多年生植物,繁殖力旺盛。我一般不种在花园里,而是种在房外一角,开花前采摘。

★ 艾草可驱除蛞蝓、菜蛾的幼虫（圆白菜害虫）、茎蝇（大蒜害虫）等。

沙拉地榆 ★ 快乐之心

近年来,全世界通用的沙拉蔬菜品种似乎越来越多。最近一次回英国,我惊讶地发现超市里竟然有许多日本香草,比如水菜和紫苏等。

儿子悠仁喜欢吃沙拉,所以我为他建造了一个小的沙拉菜园,里面种满了各种沙拉香草。为了让沙拉更美味,我撒下了紫苏、水菜、芝麻菜和意大利欧芹的种子,还有比较少见的沙拉地榆的种子。

沙拉地榆原产于欧洲,曾被认为具有抵御瘟疫的作用。现在,香草爱好者们把它用于沙拉装饰和烤鱼调味。沙拉地榆富含维生素C,可保护牙齿,也有解热的作用。

黄昏将至,我去花园里采摘了一些沙拉地榆如同花边一般纤细的叶子,然后装饰在晚餐的沙拉盘上。

栽培要点

多年生植物,喜日照良好和疏松的土壤。在炎热地区,稍有荫蔽为宜。可以自花播种,全年生长。春季和初秋播种,间隔至少10cm。采收外叶时,将叶子连到茎的部分一起摘下。看似要开花的茎秆,从根基部分剪断,可利于整体生长繁茂。

蜜瓜、黄瓜薄荷味沙拉
Melon and Cucumber Mint Salad

孙子们来我这里玩耍时,我会制作一种叫作奥德堡的沙拉。薄荷和酸奶有助于消化,对肠胃也好,孩子们还特别喜欢一口大小的蜜瓜球。蜜瓜的自然甜味和薄荷的辛香气息搭配起来,十分美妙。

材料(4人份)

小蜜瓜 半个
黄瓜2根(稍微削皮、切块)
小番茄8个(切成两半)
留兰香薄荷3枝(新鲜,装饰用)
沙拉地榆2枝(新鲜)

酸奶沙拉酱

法式沙拉酱3大勺
(由2大勺油、少许盐和胡椒、1大勺醋或白葡萄酒醋、1撮砂糖混合而成)
酸奶1杯
蜂蜜1大勺
盐、胡椒 少许

1 沙拉酱的材料混合后做成酸奶沙拉酱。
2 蜜瓜去籽,果肉用勺子挖成圆形。
3 将蜜瓜、小番茄和黄瓜盛在盘子里。食用前,将酸奶沙拉酱倒在上面。

洋甘菊 ★ 忍耐的香草

小时候,我很喜欢读《彼得兔的故事》。在故事中,彼得因吃了太多的生菜而肚子痛。母亲兔子太太让它躺在床上,喂它喝热的洋甘菊茶,帮助它减轻疼痛和安然入眠。

我开始频繁饮用洋甘菊茶是怀孕的时候。因为有严重的孕吐,为了缓解恶心和头痛,并想用自然疗法来解决,而不是服药,于是我开始喝洋甘菊茶。它不仅让我身体放松、心情愉快,而且也教会我,应对困难时期的最好方法就是放松并保持耐心。

洋甘菊还有许多其他用途,它是一种美妙的洗发水,特别适合金发,并有助于防止头皮屑。将洋甘菊茶包敷在眼睑上,有助于治疗眼睛酸痛和炎症,并修复黑眼圈。

栽培要点

洋甘菊有两类。罗马洋甘菊是耐寒多年生植物,可高达20～30cm;德国洋甘菊也是耐寒一年生植物,但可长至60～90cm。两种洋甘菊都喜排水良好、较为肥沃的沙质土壤。采收花朵时,最好在夏季炎热的晴天,此时花的含油量最高。

★ 洋甘菊可驱除蚊虫,吸引益虫草蛉。

放松身心的香草浴包
Bath Bag for Relaxation

当春天洋甘菊开花时,我喜欢制作香草浴包送给朋友。经常使用,皮肤会像丝绸般光滑。洋甘菊还可以治疗皮肤干燥和瘙痒,燕麦则可以缓解湿疹等皮肤病。

材料

洋甘菊(干燥的叶子和花)1 大勺
迷迭香(干燥的叶子)1 大勺
百里香(干燥的叶子)1 大勺
玫瑰或是薰衣草 1 大勺
燕麦粉 6 大勺
纱布 15cm×15cm
丝带 适量

1 将所有香草放入碗里后,用手轻揉捏,加入燕麦粉混合。
2 用纱布包上(1)并系上丝带。
3 入浴的时候,放入浴缸里,轻轻擦拭身体,效果更佳。

★ 将干燥的花和燕麦粉加入蒸馏水后,放入搅拌机里搅打,可以做成很好的脸部磨砂膏。

蒲公英 ★ 勇气香草

清晨，草地上的蒲公英缀满了露珠，好像钻石在闪烁光芒。用它来做沙拉吧，我连根拔起蒲公英，在路边的小溪里清洗。

蒲公英是大约 3000 万年前在欧亚大陆进化出来的植物，它的名字源于法语 dent de lion，意思是狮子的牙齿，指的是叶子呈锯齿状。

在传统的民间疗法中，蒲公英经常用来治疗黄疸、肝脏疾病和便秘等。现在，它作为食材而得到关注和好评。蒲公英的叶子富有营养，加入沙拉中十分美味；根部有促进消化作用，也可护肝脏。将蒲公英干燥后用烤箱烘烤，还可以用来制作无咖啡因的咖啡饮品。据说，蒲公英的花还可以用来酿制好喝的葡萄酒。

我弯下腰，凑近草丛间，将蒲公英银白色果实吹走，目送它们远去。

栽培要点

哪里都有野生的蒲公英，所以无须种在花园里。

★ 蒲公英可以吸引很多帮助果树授粉的昆虫。
★ 圆白菜旁边种上蒲公英，蚜虫就会因吃蒲公英而放过圆白菜。

蒲公英咖啡
Dandelion Coffee

晴朗的春日，我喜欢出门寻找蒲公英，把蒲公英连根挖起，用它的根做咖啡。
1 收集蒲公英的根，清洗。等到根完全干燥后，切细，放在烤箱烘烤。
2 将根用咖啡机磨好或粉碎机打成粉，保存到罐子里。
3 使用咖啡滤纸过滤，按普通咖啡的做法冲泡。

问荆护发素

Horsetail Hair Rinse

早春，我家周围的野草蓬勃生长，附近的人们总喜欢采摘其中的问荆的嫩芽作为春天的美食。不久之后，问荆的叶子就会长出来。去年，我才知道英国自古以来就有用问荆叶子制作洗发水的习俗，这是因为它富含二氧化硅，能自然刺激头发生长，保持头发健康强韧。

不过，这种洗发水保存时间不能过久，要尽快用掉。

1　烧开2杯水，放入8根问荆。
2　关火，盖上盖，放置30分钟，过滤后放入玻璃瓶中。
3　在普通洗发水中加入一杯，然后按摩头皮，让混合物深入发根。

问荆 ★ 春之生机

温暖的阳光好像热烈的亲吻，令地上的小草春心荡漾。问荆从草丛中探出头来，我蹲下来采摘它们，因为它们是春天的美味。春风拂过我的头发。

带有孢子茎的问荆，是可以追溯到恐龙时代的植物。从前，在夏天，为了帮助牛马驱赶蚊蝇，人们会将问荆的茎秆绑在牛和马的尾巴上。所以，在英语中，问荆又叫作"马尾草"。

夏天，问荆会长出被日本人叫做"杉菜"的羽毛状叶子，我将它煮水后用来制作洗发水，它有助于强化和浓密头发，据说还可以防止头发变白。问荆富含二氧化硅，可以增强指甲的韧性。作为茶饮，它有利尿、降温、缓解咳嗽和便秘的功效。

春季是英国人大扫除的季节。中世纪时，人们常使用问荆来清洗锡制杯子。现在，坐在西班牙的花园里，我也开始擦拭锅子。春天来了，会令人不自觉地开心笑起来。

栽培要点

在很多国家都有野生，趁着叶子幼嫩、叶鞘向上的时候，收获它吧。

April
4 月

种植幼苗

守护心中的爱,没有它的生活,就像没有阳光的花园。
——奥斯卡·王尔德

我不断地尝试用新的眼光来观察自己的花园。园艺的美妙之处就在于你正在描绘着一幅不断变化的图画。季节更替、树木长高、灌木繁茂、种子发芽……我完全就像在窥看大自然的魔法。

大多数多年生香草种植幼苗比播种更容易。如罗勒、雪维菜等这些一年生的香草,播种后,生长速度很快,但牛至、百里香、迷迭香等多年生的香草,若从种子开始,则需要很长的时间,一般来说,更推荐前往园艺店买苗或是扦插繁殖。

在购买养在花盆中的香草时,请检查根部,看看它是否健康。如果根是新鲜的白色,并且没有缠裹在坚硬的土团中,就可以健康生长。

花坛的配置

1 首先决定要在花坛中种植的植物的种类和颜色。较高的植物应种植在花床的后面。
2 种植植物的数量为 3、5、7 等奇数,看起来比例会更好。
3 种植时,应考虑每株植物最终生长的大小,以便在其与相邻植物之间留有足够的生长空间。
4 把最喜欢的植物种植在不同方向,错开它们的开花时间。植物接受光照量不同,开花期也各异,如西向的植物比东向的植物更早开花。

种植幼苗

1 将植物种植在花坛里时,阴天或雨天更好,这可以最大限度地减少干苗。夏天要等到下午三点以后再种植。
2 冬天种植,要先查询香草的耐寒性。有的品种需要放在屋檐下几天,等到适应外面的寒冷后再种植。
3 种植前要给苗好好浇水,如果花坛和花盆中的苗根系盘结坚硬,要用小手铲铲松后再取出。
4 挖一个种植坑,土壤不够湿润的时候要浇水,把苗放入坑内,用手按实土壤。
5 要想植物生长良好,请对它大声地说:"快快长大吧!"
6 在最初的 3 周,保持湿度,但不要让苗浸在水里。

即将移栽到小菜园的香草苗。

春天播种

春天播下种子,四颗种子连成一排。
一颗给鸟,一颗给风,一颗用于腐烂,还有一颗,是为了长大成苗。
——作者不明

当大原漫长的冬季结束后,我开始等待花园里梅树的花蕾渐渐染上淡淡的粉红色。此时,花园里还是一片寂静,裸露的土地上散落着黑褐色的枯枝,只有洋水仙冒出了嫩嫩的绿芽。植物生长的时间是由其自身来决定的。在气温大约升到 7℃和日照时间变长之前,植物不会有明显的成长,所以需要耐心等待。一旦泥土解冻并在晴暖的日子持续数日后变干时,就可以开始打扫花园了。我清理掉所有枯死的树枝和叶子,然后用扫把将花园小径清扫干净。

这是一个美丽的时刻,随着时间的流逝,花园之春隐藏的美丽慢慢显现出来。我开始每天一边拔除杂草,一边观看雪滴花、番红花、樱草的芽头慢慢长大。然后,我开始给花坛和菜园翻土,并混入堆肥,这就是我春天的日课。

当低温结束,白昼渐长,只要看到原产温带地区的植物生长,就可以看出季节的变化。在气温接近 7℃后,植物就会觉醒、成长。所以,在考虑播种或栽植小苗时,请倾听大自然的声音,然后再决定栽种的时间吧。在古代,人们会等到春分之后才开始花园里的劳作。

Preparing a Hanging Basket

建议

★ 在播种前,将个头大的种子放入水杯中浸泡。一般来说,浸泡过的种子更有生命力。

★ 外壳坚硬的种子也要浸泡处理,用稀释的堆肥土水浸泡一晚,效果更佳。堆肥水的颜色以淡琥珀色为准。这样可以让种子稍微提早发芽。

吊篮

若房屋狭小,没有地方造园,可以用吊篮或花盆来种香草。

据说,古罗马人常用空中花园(露台花园或屋顶花院)或吊篮来装点街道。准备好铁丝做的吊篮,为了避免土壤掉下,可以先在底部铺上苔藓或椰子壳。然后放入六个葡萄酒瓶塞和六个湿茶袋。软木塞有助于排水,湿茶袋可以保持土壤湿润。然后覆盖土壤并种植香草。

若用花盆种香草,尽量选择陶器,这样可以让植物冬暖夏凉。底部不需要铺苔藓或椰子壳,直接把葡萄酒瓶塞放入花盆里,可以促进排水。夏季,吊篮、花盆种植都需要每天浇水 1 次。

多舍花园里开满了花，蝴蝶围绕着毛地黄，琉璃苣和金盏菊飞舞。

园艺的秘诀就是爱

Rosa Canina 犬蔷薇

倏忽来又去，初开即委地。
浮世如朝露，繁花无长日。

——明和泉式部

Come quickly–as soon as these blossoms open,
they fall.
This world exists.
as a sheen of dew on owers.

—Izumi Shikibu

在中世纪的园艺日历中，5月是给予的月份。这个月还有一个重要的节日，就是祈祷丰收的五月节，人们围绕着五月柱跳舞。在英国，这是延续了几个世纪的习俗。五月柱通常由白桦树制成，因为人们相信，白桦树柱不仅可以驱走厄运，同时，也象征着漫长严酷的冬季终于过去，森林恢复了勃勃生机。人们将村里最漂亮的女孩选做五月皇后，所有的舞者都头戴着由山楂树花编成的花冠。这是一个繁花盛开的季节，所有人都欢欣鼓舞。

今天是星期六，我要写文章，所以早早起了床。太阳还没有升起，因为是休息日，家里其他人都在睡觉，只有我已俯在桌前奋笔疾书。

历史上，花园是通过不断演变而成为可以疗愈我们身心的天堂。从西方到东方，我相信所有热爱园艺的心都是一样的。我记得第一次在花园里独自干活，是6岁的时候，大约在西班牙生活一年后，母亲和她的第三任丈夫达德利叔叔在海峡群岛的泽西岛上购买了一座农场。泽西岛是靠近法国布列塔尼附近的一座小岛。

搬到泽西岛后，母亲和达德利叔叔在征询了建筑事务所后，开始扩建房子并重新装修了所有房间。达德利在房子的右侧添加了一个新翼楼，还特意为孩子们建造了一个游戏房。翻建工程结束后，我们开始饲养猪和鸡、在菜园里种蔬菜，之后还在果园里种了苹果、梨和李子等果树。每年，母亲都为了供应本地的鲜花市场而努力地种植洋水仙和唐菖蒲。我们放学回来，总会帮忙喂养家畜、清理猪圈，或拔除花园里的杂草，做些力所能及的家务。达德利叔叔喜爱孩子，他教给了我们很多关于动物和园艺的知识。我非常乐意在花园里给他帮忙，我喜欢用自己的小铁锹翻土，播种下个季节的种子。每天早晨我都去花园，看看种子是否发芽了，或者花朵是否开始绽放。

7岁时，我再次见到了亲生父亲。他在欧洲买了两栋房子，其中一栋小别墅位于法国南部普罗旺斯一个名为阿尔果斯的小村子里，从那里可以俯瞰蔚蓝色的海岸；另一栋位于瑞士日内瓦近郊莱曼湖边的美丽村庄阿尼埃尔。父亲和一位名叫海伦的美丽俄罗斯女人再婚，海伦金发碧眼，活泼、爱笑。我和弟弟查尔斯都非常喜欢这位继母。

从7岁到12岁的暑假，我都是在父亲瑞士或法国的家里度过。父亲和海伦没有雇佣仆人，过着简朴的生活。两栋房子都有小而美的花园，我和查尔斯经常在那里玩耍，至今，阿尔果斯花园里的那些红陶花盆，还常常浮现在我的眼前。花盆里种着很多有着甘甜香气的香草，如迷迭香和百里香等。为了取用方便，这些花盆就点缀在露台的周围。香草的花蜜吸引来很多蝴蝶和蜜蜂，嗡嗡飞舞。薰衣草更是香气甜美，芬芳怡人，让人难以想象这是世间之物。瑞士的家面向湖泊，前面有一大片绿色草坪，跑过草坪，可以直接跳进湖里。草坪周围的花坛里种满了海伦喜欢的花，红色的虞美人、蓝色的矢车菊和白色的雏菊。在花园的背后，是阿尔卑斯山的山峰，在远处闪闪发光。

现在，每当忙碌的一天结束后，我喜欢走进花园，感受新鲜的空气。微风吹过摇曳的树枝，好像也吹走了日常生活中的烦心事，让我内心安宁。孩提时代，每次搬家，新家的花园都宛如我的庇护所。

写了一会儿，我放下笔走到房外。黎明即将破晓，大原的山野渐渐亮起来，随后，早晨的阳光倾洒在周围的丘陵地带。微风徐来，花园里植物的叶子在清晨的露珠中，闪闪发亮。枫树绽放出新绿，我跪下来正准备拔除花坛里的野燕麦草，忽然眼前一亮，一只淡绿色的小蜥蜴从花盆后面钻出来，眨动着小眼睛。"早上好啊，你是想帮我收拾花园吗？"我问它，小蜥蜴欢快地跑了。

天气已经变暖，是时候在菜园里种香草了，这些香草会帮助我驱除花园里的害虫。每年，我的花园里都有很多访客，比如小鸟、小动物、昆虫，甚至还有野生植物，我想，它们一定知道这里是安全之处。

我静静地坐在一块巨大的灰色花岗岩上，在清晨这个神圣的时刻，每一朵花都以其色彩、芬芳和美丽让我感受到了幸福。长年的园艺工作，不仅让我更深刻地理解了人生，而且也让我越来越意识到，花园里的每一位访客，无论是昆虫、鸟类，还是野生植物，在地球的生命循环中都发挥着重要的作用。如果使用杀虫剂或除草剂，就会消灭花园里的许多生物，无论是有益的还是有害的。在我们笨拙地试图让我们的花园变得美丽的过程中，我们有时候也不知不觉破坏了大自然中存在的微妙平衡。

如同地球上其他所有的生物一样，人类也依赖新鲜的空气、干净的饮用水和提供营养的食物生存，但是，我们很多人都只关注自己的欲望、生活和健康，而忽略了许多用于农艺和园艺的产品，比如化学农药、除草剂、杀虫喷雾剂以及化学涂料等，实际上它们都是有害的，不仅会污染地球，也会毒害我们自己。

花草树木虽然不会说话，但是它们和人类一样拥有心灵和灵魂。它们能够感受到我们的爱意，也能察觉出我们是悲伤还是喜悦。我们必须了解并尊重维持地球运转的所有生物的生命力，这并不需要我们通过理论知识获得，而只需用心地感受和学习。如果我们能够发自内心地认识到这一点，就一定会感受到周围生物的生命力。将成长所需要的善意和尊重，就像给予周围的人那样，给予植物吧；将给予自己和所爱之人的关爱，倾注给植物吧。有些人认为园艺很难，其实园艺的唯一秘诀就是爱。

微风

今天早晨，我骑着自行车驶上河边小道，
去周日早市。
5月凉爽的微风从比睿山系吹过来，
路边的杂草蕴含着夏天的能量，轻轻摇晃。

远远看去，鲤鱼旗就好像在人生的波浪里起伏，
我仅仅因为活着而感到幸福。

Anemone
银莲花

Variegated Ivy
洋常青藤

五月的终结

太阳渐渐升起，温暖的阳光透过窗帘，令我苏醒。
我走下楼，走进花园，我的小小乐园。

空气还有些清冷。
家人还在睡觉。我呼吸着每一朵花香，然后剪下枯萎的花朵。
我为花坛里的植物间苗，给个高茎细的植物加上支撑，开始为梅雨季的到来做准备。
我的呼吸渐渐平缓，内心充满了宁静。
能够自由地呼吸，就是生命给予我们的最神奇的礼物。

Nobiru
野蒜

安全的花园 _____

从北山升起的晨阳,好像飘浮在空中。
花园里,新绿枫树叶子上的朝露,熠熠闪光。

当我跪下来拔除杂草时,
突然有一只绿色的小蜥蜴从花盆后面钻出来,眨动着眼睛。
我对它说:"早上好!"
"你要帮我做园艺活儿吗?"
小蜥蜴蹦蹦跳跳地跑了。

这样温暖的日子一直在持续,必须马上把可以除虫的香草们种到菜园里。

我喜欢在日本花园里轻嗅花香。

鱼腥草 ★ 排毒香草

我在英语学校授课时,经常有学生带鱼腥草茶泡给我喝。自古以来,日本人就将鱼腥草作为药草使用。鱼腥草的名字里有"止毒"的意思,又因为据说它有十种药效,所以又被称为"十药"。

鱼腥草泡茶,有种奇妙的苦涩味道。几年后,我发现大原家附近的树篱下和阴暗处生长着很多鱼腥草。我采摘并将其晒干,制成鱼腥草茶,再加入干燥的留兰香薄荷混合后,味道更易入口。

长时间饮用鱼腥草茶,有助于排除体内毒素、改善血液循环、增强免疫系统。对高血压、心脏病、肺炎、发烧、疟疾、痢疾等疾病也有帮助。

干燥后的鱼腥草叶我常用来做香草浴。可以帮助治疗和缓解皮肤病、泌尿系统感染、膀胱炎、青春痘、疖子、蚊虫叮咬和脚气等。将叶子榨汁,对脚气、湿疹和皮疹也有疗效。

生长在花园里的鱼腥草,非常值得珍惜。

栽培要点

耐寒多年生植物,野生于日本各地,繁殖能力强。5~6月开美丽的小白花。开花后,在晴朗的日子里,采摘叶子。

柑橘·芦荟·鱼腥草化妆水
Citrus Aloe Astringent with Dokudami

芦荟具有疗伤和促进细胞再生的功效,是古埃及人认为永生的植物。希望永葆青春和美丽的埃及女王克利奥帕特拉常用芦荟滋润皮肤。

我的朋友想美送给我一款用鱼腥草制成的化妆水,非常好用。我将她的制作方法和我常用的芦荟化妆水结合起来,并添加进香橙籽来调味,制成了一款新的化妆水。

材料

白酒 1.8L
芦荟(库拉索芦荟效果最好)100g
鱼腥草叶(鲜叶撕碎)100 片左右
香橙或是橘子籽 30 粒

1 芦荟洗净沥干。
2 将所有材料放入白酒中,在阴凉处保存 2 个月。
3 将(2)过滤后,分装小瓶,每瓶中放入一小段芦荟作为装饰。

香菜 ★ 激情香草

太阳渐渐消隐在对面的山背后，一天即将结束，我走进花园采摘晚餐要用的香菜。

因为具有强壮和调理肠胃作用，自铁器时代开始，日本就将香菜作为一种具有强烈气味的辛香料使用。

先生阿正很喜欢吃新鲜的香菜，所以冬天，我就用简易温室培育香菜苗。这样，即使在寒凉的天气里，香菜像花边的叶子也生机勃勃。

香菜的种子也很好用。将捣碎的大蒜、胡椒和香菜种子一起翻炒，是蔬菜和咖喱的绝佳调味料。它也非常适合用来为酸辣酱、蔬菜杂烩和香肠增添风味。另外，它还会为杜松子酒和查特酒利口酒增添独特的口感。

先生阿正在20出头时，第一次接触到了香菜，当时他正在从泰国到印度的漫长旅行中，作为配料，香菜总是出现在沿途的每一道餐食中。回到日本后，他开了一家名叫DiDi的印度料理店，并在许多菜肴中使用香菜种子和叶子。

实际上，这个餐厅就是我们相遇的地方，变化真是人生的调味料。

栽种要点

耐寒一年生植物，喜排水良好、肥力适中的潮湿土壤。春季喜欢阳光充足，炎热的夏季则需要部分遮阴。高度12cm左右就可以采收。要经常剪掉开花的茎，这样夏季就可以一直采收。开花接种后，可以从根部剪掉。

★ 香菜可以驱除蚜虫和胡萝卜蝇。

香菜种子和柠檬草的除臭剂

Natural Coriander & Lemongrass Deodorant

香菜是每年收获种子，干燥后翌年播种。只要开始萌发，花园里就会到处出现香菜苗，因为它每年都会自种。几年前，我读到化学除臭剂可能对我们的健康有害，所以我开始用柠檬草和香菜种子制作自己的除臭剂。

材料

香菜种子1杯
蒸馏水2杯
柠檬草精油20滴
薰衣草精油10滴
柏树精油5滴
尤加利精油5滴
柠檬尤加利叶子或是柠檬香茅叶子（新鲜或干燥）5片

1 蒸馏水煮沸后，加入香菜种子和柠檬尤加利叶子，再煮10分钟过滤。
2 加入上述所有精油混合。
3 冷却后，装入带喷头的玻璃瓶里。

野草莓 ★ 林地中的宝石

孩提时代，每年暑假，我都会前往瑞士和父亲一起度过。早晨，父亲有时会叫醒我，和他一起去附近一片繁茂的树林中散步。在林中空地，沿着小路，我会边走边寻找野草莓，然后将它们采下放进随身携带的小柳条篮里。

从远古狩猎采集时代起，人类就开始食用多种野生莓果。野生或林地草莓原产于温带地区，人们认为最早是在古波斯开始种植的。野草莓不仅味道鲜美，还具有强大的抗氧化作用和富含丰富的维生素及微量元素。

将野草莓压碎可以制作洁面乳、化妆水或面膜，它适合油性皮肤，有助于缓解晒伤，据说还可以美白皮肤，淡化雀斑。我有时还会用野草莓来擦牙齿，因为它有助于祛除牙齿的色垢。

我的孙子乔最喜欢做的事情之一，就是外出寻找野草莓，用来给我喜欢做的下午茶——草莓松糕当装饰。

栽种要点

多年生草本植物，多通过匍匐茎繁殖。喜肥沃、排水良好的土壤。在北方地区，喜日照好的地方；南方则更喜阴凉处。春季，分栽走茎，间隔 30cm 左右种植。结果后，要及时在其周围铺上自家制作的堆肥。不断采摘，可以促使新果长出。

草莓化妆水

Strawberry Cleansing Milk

这是一款舒缓化妆水，对油性、斑点或瑕疵皮肤有奇效。如果没有野草莓，也可以使用普通的草莓。不过这种化妆水不宜保存，现做现用。

材料

草莓 200g
牛奶 150mL

1 将配料放入搅拌机中搅拌，混合。
2 用脱脂棉球涂抹于面部。

★ 与野草莓同属蔷薇科草莓属的蛇莓，和野草莓很像，也常见于林地中，但不能食用，可以用来缓解蚊虫叮咬的疼痛。将大约 10 粒左右的蛇莓和 6 片艾草叶放入中号瓶子中，然后加入白酒浸泡，置放于阴凉地，1 个月后可用于涂抹蚊虫叮咬处。保质期 1 年。

抹茶饼干

Matcha Cookies

新的一天开始时,我们会经常饮用先生阿正泡的热乎乎的日本绿茶。抹茶饼干是在我们家非常受欢迎的点心。在炎热的午后享用,帮助恢复精力。

材料 (约 15 枚)

小麦粉 175g
抹茶粉 2 大勺
泡打粉 1.5 小勺
无盐黄油 120g
黄砂糖 8 大勺
水 1.5 大勺
鸡蛋 1 个

1 将面粉、抹茶粉和泡打粉一起过筛,放入碗中。
2 将黄油、糖和水混合在小平底锅中,用小火搅拌均匀。融化后从火上移开并稍微冷却。
3 (2) 冷却后,放入 (1) 的碗里,加入打散的鸡蛋并搅拌均匀。
4 将面团搓成小球,放在铺了油纸的烤盘上。
5 将烤箱预热至 200℃,烘烤 10 ~ 15 分钟。

茶树 ★ 健康饮品

清晨,随着薄薄的云层越来越亮,太阳终于出来了,大原沐浴在春光之中。

待花园里茶树上的晨露干透,我便开始采摘嫩叶。由茶树的叶子制成的红茶和绿茶都是古老的饮品,有着悠久的历史。12 世纪将茶树由中国引种到日本的荣西禅师,在其《吃茶养生记录记》一书中写道,茶叶不仅对五脏六腑有积极作用,而且还能改善大脑功能和骨密度,缓解消化不良和疲劳。

冷时,喝茶能温暖身体;炎热时,喝茶令人清爽;悲伤时,茶会为人补充元气;兴奋时又能让人冷静。

中国有句谚语:"清晨一杯茶,饿死卖药家。"

栽种要点

耐寒灌木,喜欢光照充足、排水良好的酸性土壤。干旱时,要适当浇水。一般是一年采收 3 次,以春季嫩芽品质最好。第二次采收为 6 ~ 7 月,第三次是 8 月。

莳萝 ★ 舒缓安宁

很久以前,在泽西岛一个太阳高照的夏日正午,我们坐在一棵无花果树下,安妮阿姨为我们准备了一顿传统的农夫午餐,里面有面包、切达干酪和美味的自制莳萝腌黄瓜。安妮阿姨在东欧长大,那里是莳萝的原产地,她特别擅长做腌黄瓜。

她常说:"莳萝帮助消化,令人精神放松。"她还告诉我,用莳萝泡茶可以缓解婴幼儿打嗝。有时她会让我帮忙从菜园里采摘一些莳萝叶,用于制作烟熏三文鱼、罗宋汤或新鲜的土豆沙拉。莳萝与苹果醋搭配也很好,可以调制美味的沙拉酱。

后来,我还了解到干燥的莳萝籽是一种非常有效的指甲强化剂。方法是将指甲浸泡在一碗温热的莳萝籽茶中,然后滴入三滴茶树精油。

莳萝的名字有安抚和平静的意思。那天午后,吃饱后的我,困倦地闭上眼睛,很快就睡着了。

栽种要点

耐寒一年生植物。喜欢充足的日照。适宜在潮湿肥沃、排水良好的土壤中生长。不要在茴香附近种植莳萝——它们非常相似,如果靠得太近,不利于彼此生长。莳萝有些任性,种子不太容易发芽。夏季避免土壤干透。种子播种后 2 个月,即可收获叶子。

★ 莳萝吸引益虫蚜蝇。
★ 蜜蜂很喜欢莳萝。

莳萝土豆沙拉

Potato Salad with Dill

这是我食谱中最简单的一款沙拉,和烤好的香肠一起吃最棒。

材料 (4 人份)

土豆 中等大小 4 个
洋葱 切碎,1 汤匙
欧芹 切碎,1 汤匙
莳萝 新鲜叶子切碎,1 汤匙
莳萝籽 1 茶匙
蛋黄酱 5 汤匙
奶油 1 汤匙
盐和黑胡椒 少许
莳萝 新鲜叶子适量,装饰用

1 将土豆带皮放入水中,用小到中火煮至能够插入竹签即可(根据大小煮 20 ~ 30 分钟),然后捞出剥皮,切成 0.7 ~ 1cm 的薄片。
2 将切碎的洋葱中加入欧芹、莳萝和莳萝籽,以及蛋黄酱和奶油搅拌,然后用盐和胡椒调味。
3 将(1)的土豆加入(2)中。不要弄碎,轻轻地搅拌,静置 1 ~ 2 小时,让土豆入味。
4 盛入餐盘,用莳萝叶子装饰。

旱金莲发膜

Nasturtium Hair Tonic

在家人外出的安静午后,我经常使用旱金莲发膜来犒赏自己,它会让我的头发丰盈且富有光泽。

材料

水 4 杯
问荆叶子 中等大小 4 片
旱金莲花朵和叶子 各 3 片
鼠尾草的叶子(带茎秆) 1 片
茶树精油 2～3 滴

1 水沸腾后加入问荆叶子,15 分钟左右再次煮沸,然后用茶滤网过滤出叶子。
2 趁热将其他香草加入(1)。
3 冷却后再度过滤,滴入茶树精油。
4 洗发后,将混合好的发膜涂抹在头发上,然后冲洗。也可以根据个人喜好,直接让头发变干。

旱金莲 ★ 胜利的香草

四岁时,我随家人搬到西班牙的一座别墅里。记得有一天午后稍晚的时候,我被一阵花香吸引着走进花园,只见温暖的阳光下,蝴蝶和蜜蜂正围绕着一片灿烂的橙色旱金莲翩翩起舞。海风袭来,旱金莲的花香分外香甜。

早在数千年前,旱金莲就已是南美安第斯山地区原住民的日常必备品。它富含维生素 C,安第斯山地区的原住民用它泡茶,来治疗咳嗽、感冒、流感等呼吸道疾病。16 世纪,旱金莲由西班牙探险家带回欧洲。

旱金莲的嫩叶、茎和新鲜的花朵可以直接做香草沙拉食用,花朵还可以切碎制成香草黄油,也很好吃。将旱金莲整株煮水,可以制成发膜。新鲜的叶子可以煮水或直接用来擦脸,利于减轻红疹和痘印。

那一天,当时只有 4 岁的我,静静地看着夕阳下的旱金莲,然后采了一束,去送给妈妈。

栽种要点

一年生半耐寒植物。喜日照良好,或稍微阴凉处也可以。适宜不太肥沃、排水良好的土壤。开花之后,收获花和叶子。不招蚜虫、小菜蛾幼虫,吸引益虫蚜蝇。

我用旧水壶和橄榄油桶种植物，用油抛光来保养我的园艺工具。

我用旧水壶和橄榄油桶种植物，用油抛光来保养我的园艺工具。

May

5 月

A garden scoop

植物的种植方法

> 贬低他人的花园，并不会让自己的花园里没有杂草。
> ——英国谚语

竖立支柱

5月底，许多开花的植物，如毛地黄、百合和矢车菊等都长高了，有必要给它们竖立支柱。为了防止在日本的梅雨和台风期间植物倒伏支柱必不可少用绳子编成"8"字形，将茎干绑在支柱上。尽量避免支柱比植物高，这样看起来较为好看。

除草

杂草茂盛，会妨碍香草的生长，需定期除草。早春户外气温适宜时，趁着杂草还小且易于拔除时定期将其清除，这也是捡拾枯枝落叶的好时机，将它们与杂草一起放入堆肥箱中。在结籽之前，将一年生杂草拔掉，就很容易根除它们。我每天花10分钟轮流为每个花坛除草。可以将未结籽的杂草直接放入堆肥箱中；如果已经结籽，最好把它们烧成灰然后再放入堆肥箱里。

除草秘方

* 对于小径缝隙里的杂草，用约4L的水加入1/2杯盐混合后浇灌，杂草就慢慢不再生长。
* 在石缝间种植普列薄荷，这将阻止其他草和杂草的生长。请注意，普列薄荷不能食用。
* 对于菜园，我尝试遵循福冈正信先生在他的《稻草革命》一书中的建议，即用稻草覆盖杂草以阻止其发芽。推荐这种做法，无须拔除，只需覆盖即可。这样，稻草会回到土里，让土壤肥沃，环境也会恢复到原来的自然平衡。

摘除残花

早晨摘除残花，是最快乐的工作之一。

方法

1 用剪刀剪除所有枯萎的花朵,可以促进开出更多的花。
2 玫瑰枯萎后，在距离它最近的叶子处剪掉。离剪口最近处，会长出新的花蕾。

覆盖稻草或旧草席有助于减少田间杂草的生长。

压条

多年生的香草，无论茎秆坚硬还是柔软都可以用压条的方法来繁殖，如鼠尾草、迷迭香、甜马郁兰、冬香薄荷、百里香等。

方法

选择靠近地面强健而柔韧的枝条。用晾衣夹或是"U"形铁丝，将这根枝条固定在地面。

如果树条较粗，则在距主干茎 20～25 厘米的茎下侧斜切，更容易弯曲。4～6 周后，从原来的植株小心剪掉枝条，移至其最终生长位置。

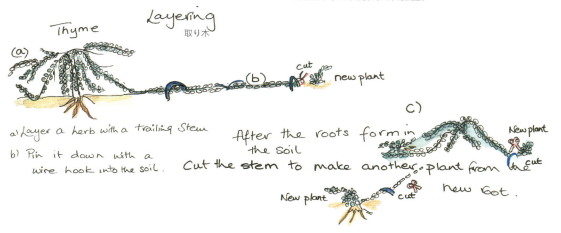

扦插

有些植物，如芳香天竺葵、薄荷、佛手柑等很容易用扦插繁殖，剪 7cm 左右的茎秆，放到有水的瓶里，1 周左右就会生根，直接种入土里即可。猫薄荷、月桂树、绵杉菊、迷迭香、欧石楠、薰衣草、茉莉、金银花等稍微有点难度，可以按以下方法扦插。

方法

1. 迷迭香和薰衣草扦插时，枝条剪到 7cm 左右。叶子仅保留枝上部 1/3，其他都去掉。
2. 将透气性佳、易碎的土壤放进小花盆，混合沙子让基质更轻（也可使用蛭石），打湿。
3. 然后将插条种植在其中。
4. 保持土壤湿润。数周后生根，移植。
5. 拔出幼苗时，抓住叶子，而不是茎。然后栽种即可。

春季扦插后，选择向外生长的茎、并至少有 5 片以上状态优良的叶子的枝条。

茎上只留下 1/3 部叶子，种植前干燥 2～3 小时，可以更加强健。

分株

一般来说，丛生的草本植物2～3年需要分株一次。新的叶子从外侧长出来，分株的时候要包括中心部分和外侧部分。长大的植株，为了避免过分繁茂，秋季要分株。植株挖出来用手掰开分株，或者用铁锹分开，种植在花园里新的地点，送给朋友也不错。

常见病害

健康的植物取决于良好的园艺。香草的病害一般都是由于湿度过高引起，改善通风后会健康成长，如果香草生长过度，日照和通风会变差，请时常注意除草和修剪。
浇水避免当头猛淋，应从茎秆基部浇水。浇水过多，植物会因一直潮湿而容易感染真菌。液体肥料给予植物活力，增强对病害的抵抗力。如果有必要，给予康复利液体肥料。另外，在附近种植西洋蓍草可以帮助任何患病的植物提高抵抗力。

病害治理

<u>落叶病</u> 间苗，如果叶斑严重，请将植物挖出并丢弃。
<u>白粉病</u> 柠檬香蜂草、罗勒、佛手柑在梅雨季节容易感染，请确保植物周围空气流通良好。如果严重，可喷洒牛奶。
<u>锈病</u> 薄荷叶子会长出红褐色斑点，将患了锈病的苗挖出来并丢弃。
<u>害虫</u> 驱除鼻涕虫、蜗牛等啃食蔬菜叶子的幼虫。

修剪

所有多年生香草都需要偶尔修剪。通常，每年春天需进行一次大规模修剪，确保促进新的生长的同时，防止它们在一个地方过度生长。另外，还需要修剪去除冬季受损的枝条。如果香草能定期采收，也可以不用修剪。

Pruning Herbs

芸香、柠檬马鞭草、鼠尾草、马郁兰、百里香、冬香薄荷和金丝桃，秋季剪去1/3的枝条，翌年春天萌发新芽前回剪。

开花后将牛膝草、迷迭香、薰衣草和金雀花修剪3cm左右。翌年春天再修剪3cm左右。

小白菊、洋甘菊、牛至、草地鼠尾草、凤梨鼠尾草和佛手柑，如果在开花后将其剪至距地面5cm左右，将再次开花。

雪维菜、罗勒、薄荷、柠檬香蜂草、玫瑰天竺葵、欧芹和香菜，春天结束时开始频繁地摘心，叶子会变得更加茂密。

覆盖

覆盖可以抑制杂草生长并在夏季减缓水分蒸发。在冬季，不仅可以保护土壤表面，还可以保护植物。最好的覆盖材料是发酵的牛粪和鸡粪、没有杂草的自制堆肥、稻壳和稻草等。在日本，每年11月底和早春时节覆盖最合适。大多数覆盖物会改善土壤质量，因为蚯蚓会吃掉覆盖物进行分解。盆栽的植物最好也有覆盖。早春和晚秋每年两次进行的适当覆盖，会给整个花园提供一年的充足营养。

● 方法

清除地面上的杂草。

选择合适的覆盖物。

碱性土壤：堆肥、稻草、稻壳、蛋壳。

酸性土壤：腐叶土和茶叶。

用5cm厚的覆盖物覆盖。小心不要接触任何娇嫩植物的茎，因为它可能会导致茎腐烂。

如果将不耐寒的植物留在室外，请用稻草覆盖它们

砂砾和小石子

堆肥

腐叶土或剩茶叶

蛋壳

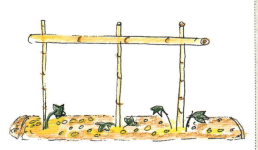

稻壳

June

6 月

当走在稻田里，在蓝天和灿烂的阳光下，我感觉自己仿佛置身于天堂。

繁花盛放

东方百合
'Bright Star' Lily

兰香熏蝶翅。

——（日）松尾芭蕉

Lady butterfly Perfumes her wings By oating Over the orchid

——Matsuo Basho

暮春，乡舍花园里的花朵有着柔和的色彩，淡淡的水粉色有着犹如少女的美。随着夏季缓缓来临，房屋后面的西班牙花园里绽放的花朵绚烂明丽，有着成熟女性的风情。在欧洲，从很久以前，6月就被认为是最适合举办婚礼的季节，它的英文来自婚姻守护女神朱诺的名字。这是一个繁花盛开的月份，花园里的香草都开花了，种在花盆和花坛里的百合色彩明媚，天竺葵则有着鲜艳的红色。

在迎来花园繁茂和美丽之前，我们需要拥有耐心、想象力和与万物的共感力。我们要了解植物的需求和保证自然微妙的平衡。只要我们静下心聆听，就能感受到周围所有的生物都和人类一样，有着各自不同的生长区域和生长需求。所以，有时我想，与其努力实现难以捉摸的理想，不如培养接受和欣赏事物自然规律的能力。比如，为了追求"完美""无瑕"的花园，我们努力清除所有我们认为是杂草的植物，并试图清理掉每一根杂乱的树枝、每一块石头和每一片树叶，但是这样做的结果其实是让我们的花园减少了大自然的丰富性，并且留给友善的小生物生活的地方也越来越少。

如同人类一样，动物也需要在没有人为过度干扰的自然环境中生息。树木的青翠，令我们内心安宁；山野的宁静与力量，让我们感到超越时间的永恒和安心；而水的生命力则令我们动容。寄身于大自然中，这样的感受此起彼伏。相反在人为过度干扰之地，就会感到疲惫和不安。为了鼓励小生物参观我们的花园，我们应该相信大自然的智慧，抵制过度清理的冲动。

今天清晨，我被窗外黄莺一声接一声的鸣叫吵醒。我走进花园，虽然空气还有点清凉，但花园里洒满了温暖的阳光。我计划在家人起床之前，为梅雨季的到来做准备工作。首先要做的就是间苗和竖立支柱。给花坛里的植物间苗，可以让它们呼吸到新鲜空气；给较高植物竖立支柱，这样它们因不堪重负花朵的重量而弯下的茎秆，就不会被雨水打折。我一边忙碌，一边环顾四周。在花园种植方案中，我认为色彩是重要的要点之一。冷色系的淡粉色、蓝色和淡紫色花朵，在太阳从东边升起的清晨时刻最为光彩照人；白色系花朵则在夏日的傍晚左右达到魅力的极致，在黄昏前它们看起来闪闪发亮；而红色、黄色和橙色等暖色系花朵在炎热的盛夏最为灿烂，当阳光从西边照射过来时，它们看起来绚丽夺目。

我走进房后的西班牙花园,清晨的太阳正斜照在花园的石墙上,红色和黄色的百合在狭长的阳光里,灿烂开放。这时黄莺停止了鸣叫,我听见蜜蜂嗡嗡声,那是它们正在靠近淡粉色的蔷薇,这株蔷薇非常美丽茂盛,一直攀缘至房屋的瓦片上。我忍不住坐下来,看着蜜蜂忙碌地从一朵蔷薇花上飞到另一朵蔷薇花上。

这座花园是为了纪念小时候我和家人在西班牙度过的快乐一年而建造的。当时我只有6岁,母亲和第三任丈夫达德利叔叔在西班牙巴塞罗那的郊区锡切斯租下了一栋别墅,别墅的外墙是雪白的,里面的家具都是由松木制成,结实而质朴,这一切至今令我记忆犹新。

从幼儿园回家后,我们小孩子常常要午睡。躺在挂着蚊帐的床上,外面的太阳光亮刺目,在来自橄榄树上的蝉鸣中,我们渐渐沉沉入睡,直到几个小时后,窗外鸽子咕咕咕的叫声将我们唤醒。我起来叫醒还在沉睡中的保姆婷婷,她走进厨房拿蜜瓜给我们做零食。西班牙的午餐时间是下午三点左右,晚餐则是晚上十点,通常还没有到吃饭时间,我们就饿了。

我们全家人会在房后一棵大无花果树下一起吃饭。粉色的蔷薇顺着木格栅爬满花园的凉亭。这样在户外用餐的快乐,让我至今难忘。在这里生活期间,客人少,所以吃饭的规矩也不多。当时母亲和达德利叔叔非常相爱,大概是被乐观热情的西班牙人所感染,这个时候的母亲仿佛忘记了自己是著名的寇松家族成员,变得开朗而放松。

我猜想母亲就是在这段时间发现了自己在烹饪方面的天赋。每天,她都会和婷婷一起步行去当地的市场,挑选各种用来烹饪的新鲜贝类和地中海蔬菜。午餐后,我们还会再小睡一会儿,因为天气仍然很热,直到傍晚从海上吹来凉爽的微风,气温才会下降。当时全家有六口人,母亲经常会做一份很大的海鲜饭。晚饭后,弟弟查尔斯和小卡罗琳会被送上床去睡觉,但我常恳求母亲和达德利叔叔允许我和他们一起去看弗拉明戈舞。有时,母亲会带我去,跳舞者的欢乐和活力常常令我激动。

我希望用这座花园来守护这些美好的回忆。红色天竺葵在蓝色的水泥花盆里盛放,凉亭被茉莉和月季包围,还有园中的那口古老的水井,每当看到这一切,我的心就飞回了过往。

今天的空气闷热而潮湿。我抬头望天,只见远处的云朵呈淡红色,高高地飘浮在空中。我记起一句谚语:"夜晚红天,是牧羊人的喜悦;清晨的红色天空,则是牧羊人的警告。"意思是出现晚霞,会有晴天,而朝霞可能会带来降雨。

真的会下雨吗?也许梅雨季即将开始,也许是会有台风。在炎热的夏季开始之前,梅雨季是大自然每天给花园浇水的时候。雨水不仅净化了空气,还清洗了水道,并给青蛙、鱼类和其他喜欢在水中生活和玩耍的动物带来溪流、湖泊和河流的丰沛水量。到时候,树木生长茂盛,绿草如茵,稻田里将是一片青翠欲滴的绿色。

园艺就好像在画一幅不断变化的图画。季节会更迭,树木会长高,花儿盛开又凋谢。有一天,可能醒来会发现暴风雨一夜之间摧毁了花园的一部分,但是没必要沮丧。我们没有办法控制自然,但是花园如人生,还有再次重建美好的机会。

花园就是创造幸福

昨天的阳光过分强烈,黄昏时,我给植物浇水降温。
忽然,我看见了花盆中宝蓝色的琉璃苣花朵,
是时候将花苗移栽到花坛里了。
忙碌不停的花园工作即将告一段落,
栽培花草也就是种下幸福。

Spider Wort
紫露草

梅雨季

梅雨季是炎热的夏季到来之前,
上天降下恩惠之雨。

雨水净化了空气和河流,
丰沛了河湖的水量,让青蛙、鱼、蜻蜓幼虫,
这些在水中生活的生灵快乐。
草木茁壮成长,
森林、原野和田地都染上了青翠的嫩绿色。

我听着雨声,
在屋子里写日记,
"太阳滋养黄瓜,雨水催生稻谷"。

Shasta Daisy
大滨菊

Fox glove 毛地黄

地球是我们的花园_____

今天,我漫步在大原的田野,
世界好像被施了魔法。
高高升起的太阳,
将阳光倾洒在深绿色的群山和山谷之间,
锦鸡在绿色的田地中自由散步。

初夏的野草开了花,
阳光温暖舒适,
清风吹拂着我的面孔。
太阳的光辉、新鲜的空气和美丽的大自然,紧紧拥抱着我,
我是那么真切地感受到"地球是我们的花园"。

我们生活的地球,是多么美丽。

当西班牙花园里的蔷薇开花时,蜜蜂就飞来了。

法国龙蒿 ★ 龙的香草

每年夏天,我们一家人都会从泽西岛乘渡轮,前往法国凯尔特人故地——美丽的布列塔尼旅行。母亲的快乐是去当地的米其林星级餐厅吃饭。这样的法国美食之旅,令母亲变得非常擅长烹饪。

法国龙蒿在希腊语中,是"小龙"的意思,是母亲最喜欢的香草之一。法国龙蒿味道浓郁,与沙拉、鱼、贝壳、鸡肉和鸡蛋料理搭配特别美味,对塔塔酱和蛋黄酱等著名酱汁来说,更是不可或缺。我喜欢切碎后,与奶油芝士或黄油混合,搭配新鲜出炉的面包食用,味道鲜美。把它浸泡在白葡萄酒醋里的做法也值得推荐。

法国龙蒿广泛分布在欧洲、亚洲(包括印度)等地,它富含维生素 A 和 C,可缓解发热症状。

当母亲享用当地美食时,我们 8 个孩子就会跑到外面观看夜幕降临。当万里无云的深蓝色天空中升起月亮和星星,夜晚就来临了。

栽种要点

耐寒多年生植物,喜日照良好和排水良好的肥沃土壤,稍微倾斜的多石土地更为理想。喜远离其他植物,不耐潮湿和雨水。我基本都用盆栽,放在遮风避雨的向阳处。在日本栽培有些难度,最初第一年,只收获了几片叶子。从第二年开始,正常采收。

惊艳鸡肉配龙蒿
Chicken Surprise with Tarragon

如果花园里有龙蒿,一定要尝试这个食谱,无论搭配法式面包还是米饭都非常美味,和新鲜的蔬菜沙拉一起享用,更能充分地享受香气和美味。

材料(6 人份)

鸡腿肉 3 块
盐、胡椒 适量
沙拉油 2 大勺
大蒜(捣碎)3 瓣
生姜(磨碎)4cm 段
番茄(切碎)1 杯
青椒(切碎)2 个
龙蒿或夏香薄荷(鲜叶,切碎)3 根
生奶油 3/4 杯
马苏里拉芝士或是披萨用芝士(磨碎)100g
几片完整的龙蒿叶 用来装饰。

1 鸡腿肉切成两半,撒上盐和胡椒。
2 锅中倒入油温热,将鸡腿肉带皮放入锅中,用大火煎,变成焦黄色后翻面用小火煎。
3 加入磨碎的大蒜、生姜和西红柿,用小火煮软后,加入青椒,再煮 3 分钟。
4 拌匀,装入烤盘,撒上切碎的龙蒿,加入生奶油放上芝士。
5 放入已预热 200℃的烤箱,烤 15～20 分钟,直至呈金黄色。
6 盛入盘中,用龙蒿叶装饰。

French Tarragon

香草烟熏三文鱼蛋卷
Herb & Smoked Salmon Omelette

孩提时，我们和继父达德利叔叔一起驾船游览法国塞纳河。有一天，叔叔让我们去沿途的小镇上买鸡蛋和新鲜香草。怀着忐忑的心情，我走进镇里，买到了鸡蛋和香草，赶紧拿着它们跑回船上。叔叔很满意，笑着教我做了这道简单又美味的料理。

材料（4人份）

鸡蛋 5 个
雪维菜、欧芹、龙蒿、虾夷葱（鲜叶，切碎）各 1 小勺 + 装饰用
黄油 1 大勺
烟熏鲑鱼（切大块）4 块
盐、胡椒 少许

1 将所有香草都混合。
2 鸡蛋打入碗中，打散，加入烟熏三文鱼、盐和胡椒搅拌。
3 在一个大煎锅中，融化黄油，将鸡蛋混合物倒入锅中。快速混合到蛋凝固，加入混合香草。
4 翘起靠近火的一侧锅，把没有烤热的部分流淌到下面，快速做出蛋饼的形状。
5 将蛋饼放入微热盘中，用剩余的香草装点。

朱莉奶奶的塔塔酱
Granny Julie Tartar Sauce

这是我母亲朱莉安娜的食谱，家人过去称她为"朱莉奶奶"。

材料

蛋黄酱 1 杯
黄砂糖 1 小勺
芥末酱 1/2 小勺
柠檬汁 1/2 小勺
煮蛋（切碎）1 个
刺山柑花蕾 1 大勺
大蒜（切碎）1 瓣
欧芹（鲜叶，切碎）1 大勺
龙蒿（鲜叶，切碎）1 大勺

1 将蛋黄酱、黄砂糖、芥末酱和柠檬汁放入小碗中搅拌。
2 加入刺山柑、煮蛋、大蒜、切碎的龙蒿和欧芹后，搅拌均匀。

枇杷 ★ 夏日的饮品

日本人过去认为枇杷具有预防食物中毒的功效,所以夏天喝枇杷茶。在江户时代的露天店铺里,小贩们常常靠夸赞这个功能来出售枇杷茶。据说,在日照强烈的闷热季节,枇杷茶有祛暑散热的功效。

在大原,绿意葱茏的森林和农田附近到处都有枇杷树,它们叶子深绿,繁茂旺盛。

枇杷老叶较厚,呈深绿色,更适合制作药草茶,对发烧感冒、咳嗽和支气管炎有好处。叶子采摘后,可以干燥保存。为了避免刺激皮肤,需先把叶子后面的茸毛去掉。

我在夏天喜欢制作枇杷麦茶,将干燥的枇杷叶2片和大麦茶包1个,放入耐热的杯子里,然后注入1L沸水,放置30分钟后,再拿到冰箱冷藏。

枇杷叶可以新鲜使用或干燥后制成汤剂、茶和敷料,也可用作沐浴药草。只需摘下叶子并在阳光下晒干即可。枇杷叶精油可用于制作发膜和护手霜。

我们家花园总是鸟儿最先吃到成熟的枇杷,但是我一点都不在意。我自己有枇杷叶就好了,晒干后可以为家人制作夏日祛暑的凉茶。如果还有一些果实,我就做成果酱。

栽种要点

耐寒常绿植物,喜日照良好和排水良好的土壤。

枇杷和金盏花爽肤水
Biwa & Marigold Skin Lotion

十年前，我们开始种植大枇杷树。用枇杷树肥厚的叶子可以制作美妙的爽肤水。金盏花有助于缓解痤疮和湿疹，并改善血液循环；茶树精油则有抗真菌作用，对改善痘痘和皮肤粗糙有帮助。

材料

乙醇或白酒 1 杯
枇杷叶 10 片
金盏花茶 2 杯
杜松子精油 10 滴
茶树精油 10 滴
将所有材料放入广口瓶中，阴凉处保存 4～6 个月。
过滤（1），然后装入小玻璃瓶。

★ 金盏花茶制作方法：

将 1 杯干燥的金盏花瓣加入 3 杯蒸馏水中，煮沸 10 分钟，然后过滤。

夏季足浴
Athlete's Summer Foot Bath

在炎热的天气徒步之后，将脚泡在温水中，身心都会得到放松。这是一个很棒的足浴，也可以用来治疗脚气。其中枇杷叶可以缓解脚部疲劳，金盏花可以修复晒伤，令皮肤保持湿润，并有助于静脉曲张治疗。而茶树精油则有抗菌作用。

材料

枇杷叶（干燥）1 片
鱼腥草叶（干燥或新鲜）10 片
金盏花 10g
茶树精油 5 滴
苹果醋 1/2 杯
热水 1.5L

1 将所有材料倒入泡脚桶中，加入沸水。
2 待水温适宜后，双脚浸泡 10～15 分钟，直至感觉身心放松舒畅。将脚擦干，再用薰衣草喷雾后会更清爽。

芳香天竺葵 ★ 童心满溢的杰作

夜里的风吹走了空中的云彩,现在已是晴空万里,太阳发出耀眼的光芒。

我走进花园开始修剪芳香天竺葵。不仅是花,它的叶子也是我栽种的目的。芳香天竺葵原产于南非喜望峰一带,当地人用它来驱除蛇和蚊虫。

天竺葵的种类繁多,每一种都有独特的香气,如玫瑰、杏、柑橘、苹果、肉豆蔻、柠檬、桃子……几乎拥有果园里所有类型的香气,数不胜数,好像是造物主用满满的童心创造出来的。

我常用芳香天竺葵的叶子制作甜品和香草浴。天竺葵精油按摩有助于治疗血液循环不良、恶心和更年期等问题。我把带有叶子的茎秆放在垃圾桶的底部,以保持垃圾桶一直散发出清爽的香气。

栽种要点

多年生植物,喜日照良好和排水良好的肥沃土壤,耐寒性弱,冬季应搬到室内,在户外过冬的时候要用稻草覆盖。春季摘心,可以让枝条更茂密壮实。如果长得太高,可以用竹竿柱来支撑一下茎秆。

★ 种在大型花盆里,放在窗边可以驱蚊。

柠檬天竺葵慕斯
Lemon Geranium Mousse

我家花园里培育了数量众多的芳香天竺葵,其中柠檬天竺葵散发出清爽的柠檬香气,下面介绍一种用它制作的慕斯。

材料 (4~6人份)

生奶油 150mL
柠檬 1 个
柠檬天竺葵叶子 12 片 + 装饰用
糖粉 175g
吉利丁片 15g
水 15mL
鸡蛋(大)1 个

1 在小平底锅中,放入吉利丁片和水,加热后使吉利丁片融化。
2 柠檬剥皮,榨汁。
3 将奶油、磨碎的柠檬皮和柠檬天竺葵叶放入碗中,隔水加热,直到散发出香气(注意不要让鲜奶油加热过度)。稍微放置后过滤。
4 将鸡蛋的蛋黄与蛋白分离,然后将蛋白打发至硬性发泡。
5 将糖和蛋黄一起搅打至浓稠,然后加入柠檬汁。
6 将(1)和(4)混合均匀直至光滑。
7 将(6)冷却至室温,与(3)的生奶油、(4)的打发蛋白混合倒入甜品盘,冷却至凝固。
8 装饰上柠檬天竺葵的叶子。

花椒 ★ 浓郁的果实

黎明时分，我醒来，走进花园，看看是否有植物需要浇水。多刺的花椒树，此时看起来有些蔫了，于是我给它浇了大量的水。

在日本古代编年史《古事记》中，花椒是具有浓郁味道的香料。无论是鲜叶、还是干燥的果实，都能温暖身体、预防肠道寄生虫和减轻食物中毒。以干燥的花椒粉作为主要原料的七味粉，常用来撒在鳗鱼蒲烧和面条上。花椒粉或新鲜花椒或新鲜叶，也适合与油腻的鱼、鸡肉和野猪或野鸭等野味搭配。还可以将花椒粉加入足浴中，有助于治疗脚气。

我摘了几片新鲜的山椒叶，回到屋里拉开窗帘。阳光透过窗户照进来，今天又是晴朗而快乐的一天。

栽种要点

落叶乔木，喜欢充足的阳光和潮湿、排水良好的土壤，可高达2m，耐零下10℃的天气。

随着树龄的增长，开花结种，种子适宜干燥保存。不喜被移栽和大幅修剪。

煎鳕鱼配蘑菇花椒酱

Cod with Mushrooms & Sansho Pepper Sauce

今年花园里的花椒，令人欣喜地结了好多果实。我用它们做了一种好吃的料理。

材料（3人份）

鳕鱼片 3 片
金针菇 200g
姬菇 200g
魔芋（切碎）3 块
沙拉油 适量
花椒 小勺 1/2
味淋 2 大勺
酱油 3 大勺
盐、胡椒 少许

1 在鳕鱼片上撒上盐和黑胡椒，平底锅放油，两面煎。
2 另一个锅里放入油，加入大蒜，炒金针菇和姬菇，放入味，淋酱油和花椒调味。
3 将（1）放在温热盘中，浇上（2）。
4 用时令新鲜花椒叶装饰。

玫瑰 ★ 爱的礼物

Apothecary rose

自古以来，玫瑰都是爱与美丽的象征。据说玫瑰的五片花瓣代表着女性的五个人生阶段，这五个阶段分别是童年、少女、母亲、智慧老年和永久的长眠。

几个世纪以来，因为玫瑰花瓣具有优雅的治愈力量和芳香，一直以来都被用于护肤乳液、香水和放松精油中。有些玫瑰品种，会在夏秋两季结玫瑰果。玫瑰果富含维生素C，可以强健身体。另外，玫瑰果还可以制成果酱、糖浆或用来泡茶。

观察野玫瑰的花心，你会看到极致的美。 通过倾听自己的内心，我们就会知道，美其实就在自己的内心。

栽培要点

耐寒灌木，喜中性至酸性排水良好的壤土。它们在阳光充足、风不大的地方生长得很好。随着天气变暖，为了驱除害虫，培育强壮健康的植株，我每周用自制的有机木醋向玫瑰丛喷洒3次左右。

★ 我喜欢的芳香玫瑰

高卢玫瑰：英语中也叫它药剂师玫瑰，花瓣很可爱，适合用于玫瑰茶和果酱。玫瑰茶能缓和头痛和宿醉，有着平稳的镇痛、抗忧郁效果。

犬蔷薇：英国也叫它狗蔷薇，欧洲的野蔷薇，维生素C含量丰富，果实干燥后作玫瑰果茶和糖浆。

大马士革玫瑰：这种玫瑰香气优美，我将花瓣放入装有伏特加的瓶中浸泡一周，制成玫瑰水。玫瑰水具有舒缓作用，是一种温和的清洁剂，对皮肤有软化作用。

玫瑰：日本玫瑰，也叫"滨梨"，我用它的花瓣制作干花。

玫瑰果糖浆

Rose Hip Syrup

至今，我仍然记得放在我儿童房里的深红色的玫瑰果糖浆。在英国，母亲们喂孩子喝这种糖浆以预防感冒。这种糖浆富含维生素C，冬天可以用热水稀释，夏天则直接加入冷水冲淡饮用。

材料

玫瑰果（干燥或新鲜，切碎）1kg
木槿花（干燥）100g
砂糖 和溶出液同等分量
水 2L

1 新鲜的玫瑰果洗净，除去果上茸毛和种子。用食物粉碎机打碎。
2 水烧到沸腾，放入玫瑰果和木槿花，煮30分钟。
3 用过滤袋或棉纱布过滤。
4 测量果汁的量并添加等量的糖。
5 将混合物放入锅中煮，直至达到所需的稠度。
6 保存在消毒后的玻璃瓶里。

小白菊（夏白菊）★ 庇护的香草

凉爽的清晨，我一边在花园里散步，一边随手摘掉已经枯萎的花朵，小昆虫在我身边嗡嗡飞舞。不知何时，可爱的和雏菊很像的小白菊已经开始绽放。

小白菊原产于欧洲高加索和东南欧一带。据说它可以净化空气、辟邪，所以在过去，经常被种植在房屋附近。因为即使被剪下，花朵也能保持很长时间，所以经常用来作为葬礼上棺材的装饰物。小白菊香草茶有解热作用，对缓解关节炎、风湿病和经期疼痛也有帮助。

在英国，小白菊因其缓解头痛或偏头痛的功效而闻名。据说，人们吃了内有涂了蜂蜜的小白菊叶子的三明治，可以治疗头痛。

栽培要点

耐寒多年生植物，喜日照良好和排水良好的多石干燥土壤。在最后一次霜冻前两个月左右在室内播种。不要在需要授粉的植物附近种植小白菊，因为蜜蜂不喜欢小白菊花粉的气味，会避开它。

小白菊三明治
Feverfew Sandwich

我的两个孩子小时候就有头痛和偏头痛的问题，这时我就会给他们做这种三明治。小白菊味道很苦，但涂上蜂蜜后，就好吃得多了。

材料

切片的全麦面包 2 片
黄油和蜂蜜 适量
小白菊（鲜叶）2 片

全麦面包涂上黄油和蜂蜜，然后夹入小白菊的叶子。

小白菊的酊剂

将 20 片新鲜的小白菊叶子放入空酒瓶中，然后加入伏特加，盖紧盖子或木栓，放置在阳光处 10 天左右，即可使用。每天服 3 茶匙以缓解疼痛或发烧。不适合儿童或孕妇。

晴朗的午后，收获田里的除虫菊。

大蒜 ★ 神奇的力量

今天的天气非常闷热,已经两天没有下雨了,人变得无精打采。我将一桶满满的蔬菜垃圾倒进堆肥箱里时,看了看菜园,土地变得十分干燥,栽种的大蒜可以采收了。

大蒜是烹饪中用途最为广泛的调味料之一,不仅味道出类拔萃,而且还是一种天然抗生素,可以净化血液、降低胆固醇和血压。

原产中亚的大蒜,是古埃及人的一种美味佳肴,压碎的大蒜会释放出一种叫作大蒜素的物质,可以有效抑制细菌、病毒和真菌。

我用小铲子挖出大蒜,带回家里,切碎后做成家人都喜欢的大蒜面包和汤。乔跑进厨房,大声喊着:"我闻到大蒜面包的味道了!已经开始饿了!"

宽容和时间让心灵变得强大。

栽培要点

大蒜喜日照良好和肥沃的黑土,它是葱科植物,该科植物包括洋葱、红葱头和韭菜。

10月份种植。将1瓣大蒜(侧球)间隔10cm 芽头朝上种植,盖土5cm左右,充分浇水,直到生根。注意不要让球根腐烂,保持土壤湿润。

成熟后,土壤有些干也无所谓。茎叶枯萎变黄至茶色后,在干燥的日子采收,放在温暖干燥的阴凉地晾干。

* 大蒜可以驱除蚜虫和鼻涕虫。

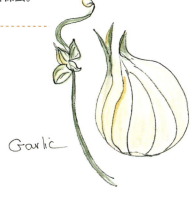

有益于支气管炎的大蒜蜂蜜
Garlic Honey

蜂蜜和大蒜都具有抗菌作用,对喉痛和咳嗽有效,孩童每次1小勺,成人4小勺,1日服用3次。

材料
蜂蜜 350g
大蒜 8 瓣

大蒜剥皮,切成5mm碎片,放入蜂蜜罐中。静置数日后可以使用,在阴凉处保存。

大蒜面包
Garlic Herb Bread

这种面包是我们家人的大爱。一上桌就很快被吃光了。从孩提时,我就对大蒜香草黄油不可抗拒。

材料
法式面包 1 根
大蒜香草黄油 适量

1　面包斜切,切口两面均匀涂抹大蒜香草黄油。
2　用铝箔包裹,烤箱烤 10 ~ 15 分钟。

★ 大蒜香草黄油的做法

捣碎四瓣大蒜,与200g 软化黄油混合均匀,然后加入2大勺切碎的欧芹、香葱、雪维菜和罗勒等新鲜香草,调入适量的盐和黑胡椒,搅拌均匀。

香料栗子红薯糕
Candied Chestnuts with Sweet Potatoes

这个蛋糕象征着来年吉祥如意、繁荣昌盛。栀子的果实可以用于给蛋糕上色。朋友玲奈建议再加入桂皮和肉豆蔻,会更美味。于是,我想出了这个食谱。加入少量的生奶油,做成蛋形,然后涂上蛋黄液用烤箱烤,就好像英国冬日的甜点了。

材料

红薯 550g
栀子果实(切开捣碎)1 个
枫糖浆 1/2 杯
味淋 1 大勺
栗子甘露煮(一种糖煮栗子罐头)10 个
桂皮粉 1 小勺
肉豆蔻 1/2 小勺
黄油 10g
香草精或是朗姆酒 1 小勺
盐 少许

1 红薯切成 1.5cm 厚,剥皮,用盐水浸泡 30 分钟左右,去浮沫。
2 将压碎的栀子果实放入茶包或纱布包中。
3 将红薯、水(刚好没过红薯)和栀子果实一起放入锅中,煮至红薯变软,染上好看的栀子黄色。
4 倒掉水,取出栀子果实,趁热把红薯捣碎(稍微保留一点煮汁,后面可以通过加减来调整硬度)。
5 把(4)放入锅里,转小火一边搅拌一边加入枫糖浆和味淋。
6 再加入黄油、桂皮、肉豆蔻、盐、香草精或是朗姆酒,搅拌直到光滑。
7 加入栗子甘露煮,慢慢搅拌几分钟,不要弄碎栗子,完成。

栀子 ★ 精致的植物

将近夏至的炎热午后,我前往收放花盆和园艺工具的仓库。每当我想独自呆一会儿时,就会去仓库。路上,我看见了栀子花丛。

在这个炎热、明亮的午后,乳白色的栀子花终于开放了,空气中弥漫着甜美的香气,我不由得笑了。

栀子原产于中国东南部。虽然在欧洲,栀子果实的效用几乎不为人所知,但是在日本,其实作为汉方药材已经使用 2000 年以上,栀子的果实常作为天然的黄色素,用于给新年的栗子红薯糕上色。

干燥后的栀子果实可药用,可帮助缓解感冒、咳嗽和降低血压。它还具有抗菌、抗炎和抗真菌作用,并能促进消化系统,缓解感染引起的发烧。但孕妇和哺乳期不能使用,腹泻时也不要过多服用。

我想放松一会,就给自己煎煮了栀子的果实,然后一边慢慢饮用,一边看向窗外,小鸟正在啄食无花果的果实。

栽培要点

常绿灌木,喜温暖高湿的气候和有一点阴凉的地方,不喜风。盛夏开放白色花朵,晚秋结果实。等到果实变为红黄色时采收。

愿你的前行路上常有花开，愿你的每一天都被太阳照耀。
——爱尔兰祝福语

May flowers always line your path and sunshine light your day.　—Irish blessing

花的意义

The Reason for Flowers

美丽的花朵带给我们如此多的享受,以至于我们很容易忘记它们本来存在的意义,它们是为了吸引昆虫并确保植物授粉而存在的。从这个意义上来说,美丽的花朵是植物本身不可以缺少的一部分,植物为了繁衍生息而创造了花。

依靠风传播花粉的谷物和草类,它们的花朵看起来很普通;而依靠昆虫授粉的植物,则会开出鲜艳而有香味的花朵。授粉如此重要,以至于有些植物还会产生美味的花蜜来奖励昆虫。每一种花都通过花朵的颜色和气味来引诱昆虫不断造访。

花朵是上天赋予我们人类的美妙礼物,我们不仅能够尽情地欣赏它们,而且在内心深处还会被它们所滋养。在忙碌的生活中,当我们放缓脚步,花时间驻足欣赏身边的植物,单是凝视一朵百合就可以让我们感到幸福,轻嗅一缕薰衣草就让我们充满喜悦。

花朵告诉我们,内心的平静始于敞开心扉,接受周围的馈赠。

July

7月

在我的花园里，蜜蜂可以享受薰衣草和百里香等香草的香味和花蜜。

快乐学会

Bush Clover
胡枝子

太阳滋养黄瓜，雨水催生稻谷。

——越南谚语

Sun is good for cucumbers, rain for rice.

— Vietnamese proverb

在英语中，7月是以伟大的古罗马皇帝朱利叶斯·恺撒命名的。日本7月雨水多，我经常利用这段时间，在室内享受阅读和写作的乐趣，或是修缮物品。我还会将不喜雨水的植物搬到屋檐下。为了在炎热的夏季保持室内凉爽，日本老房子的屋檐一般又宽又深，屋檐下的区域对植物来说，非常友好，夏季可以为植物遮雨，冬季则可以遮挡风雪。

很多外来植物非常不适应多雨的季节，若想采收薰衣草等原产于地中海沿岸的香草，一定要等到7月最后一周梅雨季结束，因为它们需要在非常炎热干燥的天气里采收。为了保证这些香草安全渡过这段时间，我经常用透明的塑料雨伞为它们遮雨。当雨季结束，天气热起来，地面渐渐干了，香草们仿佛都长吁了一口气，开始精神起来，天国般的香气再次充满了整座花园，蝴蝶和蜜蜂也快乐地翩翩起舞。

我们家位于大原山谷西侧，从位置上来说，来自南边的正午阳光基本照不到花园，这对原产于地中海沿岸的香草们，是一件痛苦的事情，因为它们喜欢生活在炎热、干燥的地方，希望一天大部分时间都有充足的阳光。所以，17年前，当我们搬来时，决定做的第一件事就是让房前的区域变得开敞，首先我们通过挖走大量的土来降低地面，然后将此地设为停车区域，并将它的旁边作为家的入口。之后，我们沿着停车区域砌了石墙，并在墙上做了三个长长的花坛，用来种植香草，如此一来，它们就可以接受到正午的阳光了。

我们将从房前到石墙这个区域称为门廊花园。夏季采收香草后，我就在房子的大屋檐下晾晒。如果临时有客人来，也可以在这里招待。房前有一个大花坛，我在里面栽种了啤酒花和较高的植物，如锦葵、蜀葵和大丽花等，它们可以提供阴凉。所以，门廊花园是和朋友们午餐聚会的最佳场所。客人们可以一边吃饭，一边欣赏山谷另一侧东山的景色。

后来，我又在靠近石墙的位置安放了一个大花坛，里面种植了大量的矢车菊、虞美人和雄黄兰等，这些香草都是古罗马帝国从被征服的国家引入的。古罗马人常将薰衣草和迷迭香等香草种在一起，用于日常生活。迷迭香的拉丁文名是rosemary，意思是海之露珠，它们在地中海沿岸岩壁上匍匐生长，看起来很幸福。

今年，为了表达对蜜蜂的敬意，我建造了一座蜜蜂花园，里面种植了大量蜜蜂喜欢的植物，如薰衣草、百里香、牛膝草、柠檬香蜂草和迷迭香等，它们吸引了大量蜜蜂来到花园，我希望这样可以帮助蜜蜂繁衍生息。在过去的几年里，针对世界各地蜜蜂数量越来越少的现实，我感到很担心。因为植物80%的授粉，都来自蜜蜂和蝴蝶，没有它们，我们人类就无法生存。

蜜蜂减少的速度也令人震惊——据说美国和欧洲的一些地区已经失去了一半以上的蜜蜂！转基因作物、杀虫剂和除草剂是最早被怀疑造成这种局面的直接原因之一。最近德国的一项研究表明，手机和手机信号塔的电磁辐射会影响蜜蜂的导航系统，令蜜蜂迷失方向，无法顺利返回蜂巢，直至死去。看到这些消息，我非常着急，想要为蜜蜂做点什么，我绝对不希望有任何一只蜜蜂因为我而死去。情急之下，我决定停止使用手机，并开始营造蜜蜂花园。

天空渐渐变得昏暗，站在屋檐下，听着山里传来的隆隆雷声，越来越近，随后大雨倾盆而下，雨水像瀑布一样，从房顶倾泻下来，部分雨水顺着排水管流进我用来储水的木制水桶中。在雨中，不远处的稻田看起来绿油油的。将近黄昏时，大雨渐渐停了。因为惦记田里的薰衣草是否能够经受住这么大的雨水，我撑伞走出去看看它们。这时，从田间传来青蛙们快乐的歌唱，好像是奏响了夜间交响曲。

"梅雨季，真是青蛙高兴的季节。"我一边这样想着，一边走到薰衣草前。薰衣草被雨水打得有点儿凄惨，但是它身边像鱼腥草这样喜欢雨的植物却看起来很精神。每年，鱼腥草都会从各个地方长出来，欢迎我去采摘。

在花园里劳作越久，学到的东西就越多。随着学到的东西越来越多，也愈发意识到我们真正了解的东西是多么的少。随着年龄的增长，我已经发现人生最重要的学习，是无论顺境还是逆境，都要拥有让自己变得快乐的能力。人生的快乐其实都蕴藏在简单的事情中。对我来说，呵护四季花园，就是呵护自己的内心花园。

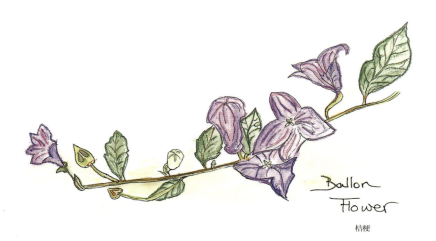

桔梗

蝉的叫声

夏天的劳作，在清晨就会结束。
每天黎明时分，我都会被蝉充满爱意的叫声唤醒。

呼吸着清凉的空气，我走进花园，
拔草、覆土，让土壤保持松软易碎，
植物就能将根系深深扎入有地下水的土层。

灿烂的阳光照进大原的山野，蝉停止了鸣叫。
我收拾好工具，返回阴凉的房中。
家人已经起床，我们一起做饭和清扫房间。

在倦怠的暑热中，
我躺在凉爽的榻榻米上，看着花园里大大的蜻蜓飞舞。
不知不觉进入梦乡。

马鞭草

天人菊

花园的智慧

园艺就像在画一幅不断变化的图画。
季节的流转、树木的生长、疾风带走种子……

在历史中,花园不断发展为一个天堂般的存在。
在这里,心灵与身体仿佛都会得到重生。

对园艺的热爱,无论在东方还是西方,
都是一颗永不枯死的种子。

有一天早晨起来,也许会发现暴风雨摧毁了花园,
请记住,这是大自然的魔法,所以,不要沮丧。
这是给予我们机会,让花园变得更美丽。

照顾植物,就是我们在向大自然学习。
花园是最接近神明的地方。

圣约翰草 ★ 神圣的香草

大原的天空蔚蓝无云，我走到田野里采摘鲜黄色的圣约翰草花。这种美丽而古老的植物一直与善良的力量联系在一起。

最近，每天我都会去采摘这种花，然后用石臼捣碎，浸泡在纯橄榄油里或是浸泡在伏特加里做成酊剂。在日照良好的架子上放置20天左右，由于花瓣中富含的金丝桃素，液体会慢慢变成红色。

圣约翰草对神经系统有益，据说可以缓解轻微的抑郁症、焦虑症、失眠和压力等。在中国，它已有4000多年的使用历史，在欧洲则有2000多年。贯叶金丝桃素是一种有效的抗抑郁药，没有现代药物的副作用。它还具有抗炎特性，能够促进烧伤、肌肉疼痛、神经痛和坐骨神经痛的恢复。

请注意不要与圣约翰草同时服用其他药物——可能会产生拮抗作用。另外，如果怀孕或在哺乳期，也不要服用。

栽培要点

耐寒多年生植物，喜日照良好和排水良好的干燥土壤。很容易生长，但要确保选择正确的品种——贯叶金丝桃，它的叶子上有油腺，在光线下会显示为透明的点。夏季收获，秋天砍掉茎，并给它覆盖堆肥。

圣约翰草油
St. John's Wort Oil

当我患有非常痛苦的肩周炎时，它确实对我有帮助。现在，每当我有任何肌肉疼痛时，都会用它来按摩。它可以有效缓解坐骨神经痛、关节炎、风湿病、疱疹、湿疹、瘀伤、烧伤和晒伤等，是一种有效的抗氧化剂，还能滋润干燥的皮肤、头发和头皮。

材料

有机初榨橄榄油 100mL
圣约翰草 1 勺
（从花穗尖开始7cm处剪下花、花蕾、叶子、茎，全部切成碎末）

1 将刚摘下来的圣约翰草切碎装到干净的保存瓶3/4处。
2 加入足以没过草碎的橄榄油。注意香草不要从油中露出，以免氧化。
3 盖上盖子，摇晃均匀，在温暖、阳光充足的地方放置1个月，每天摇晃瓶子。
4 1个月后，油的颜色变成褐色，过滤后装入保存瓶中。在阴暗处可保存数年。

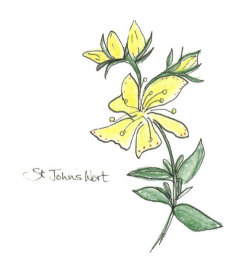

梅雨季结束后,采摘蔬菜地里种植的圣约翰草的黄色花朵。

圣约翰草酊剂

St. John's Wort Tincture

如果上床时间太晚,我就会久久不能入睡。如果喝一小酒杯这种加冰酊剂,就可以舒服地睡着了。它不仅对缓解失眠有效,而且对缓解焦虑和轻度抑郁也有好处,已经被广泛运用了数个世纪。儿童、孕妇以及正在服用精神疾患药物的人避免使用。另外饮用圣约翰草酊剂的次日早晨,有可能发生轻度的记忆力衰退,注意不要频繁使用。

材料

圣约翰草 12g(花穗顶部 7cm 左右剪断,把花、蕾、叶、茎全部切碎)
伏特加 200mL
纯净水 200mL

1 将圣约翰草和伏特加放入搅拌机,搅打成液态,倒入遮光玻璃容器内放置。
2 两天后,将水添加到混合物中。
3 在阳光充足的地方再放置两周。经常摇晃容器。
4 过滤干净,放入消毒后的遮光瓶里,贴上写好日期和品名的标签,存放于阴凉处。

薰衣草 ★ 奉献的香草

曾经，有女儿的欧洲家庭，都会为女儿的出嫁早早准备好床单、桌布、毛巾和被子等生活用品，并保存在专门的木箱中，这是自古以来的传统。木箱中还会放入干薰衣草，以防止蛀虫和用来保持布料的色泽。时至今日，散发着薰衣草香味的雪白床单依然是当家主妇们值得炫耀的物品。

7月，在花园里薰衣草盛放的晴朗日子，为了能沾染上香气，我喜欢在薰衣草花丛上晾晒衣物。收纳衣物的时候，顺便把干燥的薰衣草放进去，衣物上就会有薰衣草的香气，还防虫蛀。

薰衣草糖、薰衣草水、薰衣草香皂、薰衣草醋，我们用花园里的薰衣草，制作各式各样的东西。将手巾浸泡在冷薰衣草茶中，用来敷面，可以缓解头痛、镇静神经和调理皮肤。

薰衣草精油也非常有用，在浴缸里滴上几滴，可以治愈一天的疲劳，放松身心。滴在纱布上放入枕内，能让人愉快入眠。另外在基础油里滴上几滴，做成薰衣草油，蜂虫叮咬、烫伤、擦伤时都可以涂抹。在洗发水喷雾瓶中装满液体肥皂，并加入20滴薰衣草精油，我的儿子很喜欢用它来洗浴。

栽培的要点

耐寒灌木，喜好日照，也稍耐阴。适宜碱性肥沃的土壤。开花期结束后轻度修剪，春天再次剪至茎秆底部，修整成好看的样子。

★ 薰衣草可以驱除毛毛虫、蚜蚋。
★ 蜜蜂非常喜欢薰衣草。

薰衣草砂糖

Herb-Flavoured Sugars

在制作甜品如蛋糕、点心之前，我喜欢先做各种各样的香草砂糖备用。

香草砂糖非常容易做。除了薰衣草，迷迭香、百里香、柠檬香茅、柠檬马鞭草也能做芳香的香草砂糖。

1 2～3枝新鲜薰衣草。
2 在一个中等大小的玻璃罐中装满砂糖，然后将薰衣草深埋其间，封紧罐子，放置几周后再使用。香草慢慢干燥时，它的味道就会渗入糖中，赋予其美妙的香气。

薰衣草喷雾
Lavender Iron Spray

可以将这种喷雾在熨烫床单和内衣时，喷一下，或是洗涤后直接使用。具有薰衣草芳香的床上用品，会让来访的客人酣然入睡。薰衣草花水还可用作化妆水，调整肌肤，唤醒皮肤细胞活性。

材料
蒸馏水 500mL
薰衣草花水 3～4 大勺

1 薰衣草花水和蒸馏水混合，装进大号的喷雾容器中即可。

薰衣草花水制作方法
在带盖的耐热玻璃容器里放入 50g 干薰衣草花，然后倒入 800mL 煮沸的蒸馏水。待冷却后，加入 60mL 伏特加和 6 滴薰衣草精油。放在阴凉处 5～6 天，然后过滤，装入瓶中。

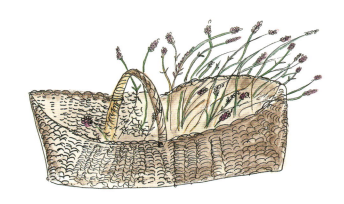

A Lavender Basket

薰衣草混合干花
Lavender Blue Potpourri

薰衣草的香气总让我想起小时候唱的一首童谣《鹅妈妈的故事》里的一句"薰衣草是蓝色的"，每当做香包，我总是情不自禁地哼起这首歌。

材料
薰衣草花(干燥)2 杯
白玫瑰花瓣(干燥)1 杯
蓝色三色堇或是麝香锦葵(干燥) 1/2 杯
粉末香鸢尾根(香鸢尾) 2 大勺
薰衣草精油 4～5 滴

1 全部材料放入大碗里，用手混合均匀。
2 放入密封袋中，悬挂在阴凉处，让其熟化 4～6 周。为了确保气味很好地混合，请每周摇匀或混合一次。
3 6 周后可以使用，可以放入香包中、敞口的盘子上，或放入专门设计的容器里。无盖的容器会让干花的香气很快消失。

桑葚 ★ 美味之果

夏天又回来了。这是一个安静而慵懒的早晨,我去花园里的桑树下晒衣服,当我仔细看时,发现一些桑葚已经变成了深红色,可以采摘了。桑葚是野生动物特别喜欢的浆果,我赶紧在鸟儿把它们全部吃掉之前,登上梯子摘了一些。

桑树是一种非常致密的硬木,不易腐烂,因此通常用于制作柱子、网球拍和板球棒。蚕特别喜欢吃白果桑树的叶子。

桑葚是钾的极好膳食来源,可以提高免疫力,据说还可以永葆青春,但一次不能吃太多。桑树的叶子可以用来泡茶,有缓解痛经、呕吐、咳嗽、流鼻血和感冒等效用。在美国,印第安原住民用桑葚给药物增添味道或做成果酱。

我采了满满一篮子的桑葚,正好做下午茶点心——桑葚肉桂蛋糕。

栽培要点

落叶乔木,对土壤要求不高,但需要充足的阳光。每年梅雨季修剪一次,仲夏浆果成熟时收获。

桑椹桂皮蛋糕
Mulberry & Cinnamon Cake

每年夏天,花园里的桑树都可以结很多果实。我经常用它做果酱,或是做好吃的蛋糕,当作招待客人的下午茶点。

材料

无盐黄油(切小块)140g
砂糖 140g
杏仁粉 140g
小麦粉(无漂白)140g
泡打粉 1 小勺
鸡蛋 1 个
肉桂粉 1 小勺
香草精 1 小勺
桑椹 225g
装饰用糖粉 适量

1 直径 23cm 的蛋糕模子内壁薄薄涂上一层黄油,筛好小麦粉。
2 桑葚用冷水洗净去蒂,然后用纸巾擦干。
3 将一勺砂糖撒在桑葚上,放在一边。
4 除了糖粉之外,所有材料放入碗里,搅拌至光滑的面糊稠度。
5 其中一半放入蛋糕模子内,用勺子抹平,上面撒上(3),稍微按压。
6 加入剩余的面糊,再次抹平表面,然后放入预热 180℃的烤箱,烤 50 ~ 60 分钟。
7 烤好后,带着模子冷却,之后取出蛋糕。
8 完全冷却后撒上糖粉。

Mulberry

紫苏果冻

Shiso Jelly

我去附近的丹波茶屋吃午饭时,甜品总是喜欢点紫苏果冻,加上发泡的生奶油很好吃。

材料

紫苏(鲜叶,根据喜好也可以加入青紫苏叶)300g
柠檬酸 13g
砂糖 400g(根据喜好调节分量)
水 2L
吉利丁片 40g
水(吉利丁片用)400mL
鲜奶油 根据喜好

1 在大锅中煮沸2L水。加入洗净的紫苏叶,用小火煮10分钟。
2 关火,加入柠檬酸,搅拌2~3分钟,让它溶解。
3 过滤(2),将紫苏汁放回锅中,加入砂糖转小火,搅拌溶化。
4 撇去浮沫,关火。
5 将20g吉利丁放入200mL升温水中溶解,加入紫苏汁,放置到冷却。
6 剩余的20g吉利丁用200mL冷水溶解,加入(5)里,搅拌。
7 倒入容器中,放到冰箱凝固。分食时,根据喜好加入鲜奶油。

紫苏 ★ 沉稳的香草

一天的大雨过后,第二天晴空万里。我沿着大原的砂石路行走,眼前的田野,好像美丽的拼布,绿色的稻田旁边是紫苏的紫红色田地,对比鲜明,非常好看。

紫苏于8世纪从中国传入日本,在大原已经种植了数百年,多用于制作梅子干等各种腌制品。每年7月,花园里就会到处冒出紫苏来,我常用它制作紫苏果汁,配上一片柠檬和大量的冰块,非常美味。如果再加上一点梅子酒,那就是最适合炎热夏季的冰鸡尾酒了。

在炎热的夏日里,和朋友们在无花果的树荫下,一边聊天一边摘紫苏的叶子,是我最喜欢做的事情之一。

★ "人多,力量大。"——约翰·海伍德

栽培要点

耐寒一年生植物,喜日照和排水佳、有保湿性的肥沃土壤。冬季将种子播种在遮盖物下,或在春末播种在花坛中。夏季收获叶子,秋季采收种子。

甜马郁兰 ★ 羞涩与喜悦的香草

我第一次知道甜马郁兰，是孩提时住在泽西岛的时候。到了暑假，全家人经常一起坐船到法国布列塔尼地区旅行。每当海上的风浪肆虐时，保姆婷婷就会在手帕上滴几滴甜马郁兰精油，吸入后，可以缓解恶心和头痛，还能帮助平复胃部的难受。

甜马郁兰和同属的牛至很相近，但是甜马郁兰更温和、更甜，适合搭配番茄和芝士料理。

用甜马郁兰的精油做按摩，可以缓解肩部酸痛、关节痛和改善血液循环。因为长年使用甜马郁兰，我的身体变得年轻而灵活。

在中世纪时，甜马郁兰油经常被添加到家具上光剂中。我用木蜡油做家具用的蜡时，会添加甜马郁兰油以获得其微妙的香味。

现在，我 60 多岁了，愈发感觉到，幸福和喜悦永远都潜藏在自己平静的内心深处。

栽培要点

多年生植物，喜日照良好，也稍耐阴。喜干燥、排水良好的土壤，不太肥沃也可以适应。

★ 蜜蜂很喜欢甜马郁兰。

蜂蜜甜马郁兰猪排
Pork with Honey and Marjoram

这是一位从夏威夷来的朋友教给我的菜谱，操作简单，很快就能做好，特别适合时间紧张的时候。烤好之后配上土豆和绿叶沙拉，很美味。

材料

猪肋排 4 块
蜂蜜 2 大勺
甜马郁兰（鲜叶，切碎）2 大勺
百里香（鲜叶，切碎）2 大勺
柠檬汁 1 个
盐、黑胡椒适量
油 适量

1 猪肋排撒上盐和黑胡椒。
2 肉的每一面刷上蜂蜜、切碎的香草和柠檬汁，腌制 30 分钟。
3 锅里放油，大约 10 ~ 15 分钟中火，将两面煎至金黄（也可用烤箱的烧烤模式）。

新鲜香草披萨
Pizza with Fresh Herbs

周末，女儿朱莉和她的儿子乔回到大原的家里，我们喜欢边打扫卫生和做饭，边讲讲一周里所发生的事情。有时我们做披萨，又快又简单，趁热吃最好。这种披萨特别适合花园里有很多新鲜香草的夏天。

材料（4人份）

大蒜（腌制3瓣）
披萨饼皮（直径约9cm）4块
甜马郁兰、牛至、欧芹、罗勒（撕碎）合计1杯
鲜奶油50mL
橄榄油1大勺
马苏里拉芝士（披萨用芝士）400g
盐、黑胡椒 少许

1 马苏里拉芝士控水，5mm细切。
2 在披萨饼底上刷上橄榄油。
3 在一个小碗中，混合香草、奶油、大蒜、盐和黑胡椒，然后铺在披萨饼皮上，撒上切碎的马苏里拉芝士。
4 预热230℃，在烤箱中烘烤约20分钟，直至外皮呈金黄色。

混合普罗旺斯干香草
Herbs of Provence Dried Herb Blend for Cooking

繁忙的时候，在披萨、烤鸡、炖菜上撒这种香草，可以做成非常好吃的料理。夏季，预先做好这种料理用的混合干香草吧！

材料

百里香6大勺
甜马郁兰6大勺
罗勒4小勺
茴香籽4小勺
鼠尾草2小勺

所有材料混合好，放入密封容器内保存。

佛手柑 ★ 美妙的香气

初夏，透过环绕着大原的群山，阳光倾洒在高野川上，这个时候，我家花园里的佛手柑开花了，它鲜艳的颜色吸引蜜蜂和蝴蝶飞来。

佛手柑茶首先为美洲原住民使用，可缓解恶心、痛经和失眠。由于还具有抗病毒作用，所以佛手柑也用于蒸汽浴，以治疗感冒、喉咙痛和咳嗽。

我有时会在浴缸里滴几滴佛手柑精油，因为它非常能令人打起精神和放松心情。失眠的时候，我会将干燥或新鲜的佛手柑叶子放入茶杯里，然后加入煮沸的牛奶，浸泡7分钟，喝下以后很快就能进入梦乡。

"幸福的生活需要很少的东西。"

栽培要点

耐寒多年生植物，喜半阴，但在日照良好的地方也可以生长。喜排水佳、湿润、肥沃的土壤，每年春天施用堆肥覆盖。我家的佛手柑长得很高，所以我通常每年收获两次，一次在初夏，一次在秋天，叶子干燥后，可以做成非常芳香的香草浴。

★ 蜜蜂很喜欢佛手柑。

佛手柑室内喷雾

佛手柑有一种美妙的气味。它是一种有效的除臭剂，并且具有抗菌和抗病毒作用，可以做成专门的室内喷雾剂，房间会立刻被仿佛天堂般的香气包围。乙醇和蒸馏水各1杯放入喷雾器内，再加入以下精油摇晃均匀：佛手柑12滴、百里香8滴、茶树10滴、尤加利5滴。

佛手柑和苹果酱

Bergamot & Apple Jam

每年我花园里的佛手柑都会开花，干燥的叶子有美好的香气，可以混入红茶里，也可以用于制作果酱。如果没有佛手柑叶，也可以使用薄荷叶。

材料

苹果 1kg
佛手柑（鲜叶，切碎）10片
砂糖 煮好后和苹果等量（约800g）

1 苹果削皮，去核，切块。
2 放入大锅中，加水没过果肉，用小火煮至糊状。
3 量取苹果果肉，然后加入等量的砂糖，再加入切碎的佛手柑。
4 持续搅拌锅里的果肉，直到砂糖完全融化，最后用大火一口气煮好。
5 慢慢冷却后，加入清洁的容器内保存。

芦荟 ★ 美容药草

1971 年,我在日本度过了第一个冬天。由于房间里很冷,所以我买了个煤油炉,结果不小心被滚烫的炉子烫伤手。

我跑到邻居阳子房间,洋子立即切了一片芦荟贴在我的伤口处。令我吃惊的是,疼痛几乎立刻消失了。洋子解释说,这是因为芦荟凝胶对烫伤很有效,它还可以用于治疗皮肤干裂、湿疹,对滋润皮肤、清除痤疮和抚平皱纹也有帮助。

当我开始认真研究香草后,我将芦荟混合到洗发水和化妆水中。在手工酸奶里也加入芦荟,每天早上食用。

这种多肉多汁植物因能促进细胞再生和有利于皮肤愈合而在世界各地广泛使用。吃芦荟对更年期症状、便秘、溃疡和肠易激综合症等有好处。如果用芦荟凝胶轻轻擦拭眼睛,可缓解结膜炎。芦荟还可以增强免疫系统,是一种抗氧化剂,含有维生素 C、E、B_{12} 和 β-胡萝卜素等,但怀孕期间不宜食用。

"美是你内心的感受,它反映在你的眼睛里。"

——索菲亚·罗兰

栽培要点

不耐霜冻的多年生植物,喜日照良好。在寒冷地区用盆栽,冬季移到室内。喜加入砂质堆肥和排水良好的中性土壤,注意不要过度浇水。移栽的时候,把芦荟从盆里拔出来,晾晒干燥 2 天后再种植。

去除霉菌的芦荟醋

闷热的夏季,可以用芦荟醋去除霉菌,白醋 2L 加入芦荟叶子 10 片左右,放置数日完成。

July

7月

Pruning Shears.

修剪

将树木和灌木修剪成装饰性形状，在 17 世纪的法国花园中变得非常流行。在英国，园丁们也喜欢通过将香草修剪成几何图案来建造"结花园"。 在日本，可以说盆景的创作类似于西方花园中的植物修剪。在我的花园里，我有一些用冬青和迷迭香制成的盆栽植物。我根据季节把它们移动场地摆放。我在大原拥有 6 个主题花园，每个入口处都放有盆景，用以表示出入口。另外，在冬天，我会把冬青盆栽放在玄关附近，作为圣诞装饰。如果我在 12 月初完成冬青树的修剪，那么就可以用剪下的树枝制作圣诞冬青花环。

做法

1 在陶器花盆底部放一些小石头或碎瓷器，加土，然后将灌木种在里面，灌木高度 80～100cm。

2 定期浇水，尤其是在阳光明媚或有风的情况下不可缺水。

3 春季和秋季，追施肥料或添加一些新鲜堆肥。

4 在整个生长季节，逐渐修剪叶子和树枝，以达到所需的形状和大小。如果想要棒状，请从树干或茎的下部去除叶子。

5 夏季会长出很多新芽，把最上方的新芽经常修剪，定期摘心，让叶子更茂盛。

6 每年，从仲春开始修剪，并在整个生长季节进行修剪。满怀爱意地照顾它，就会长成美丽的形状。

我 喜 欢 用 的 花 园 工 具

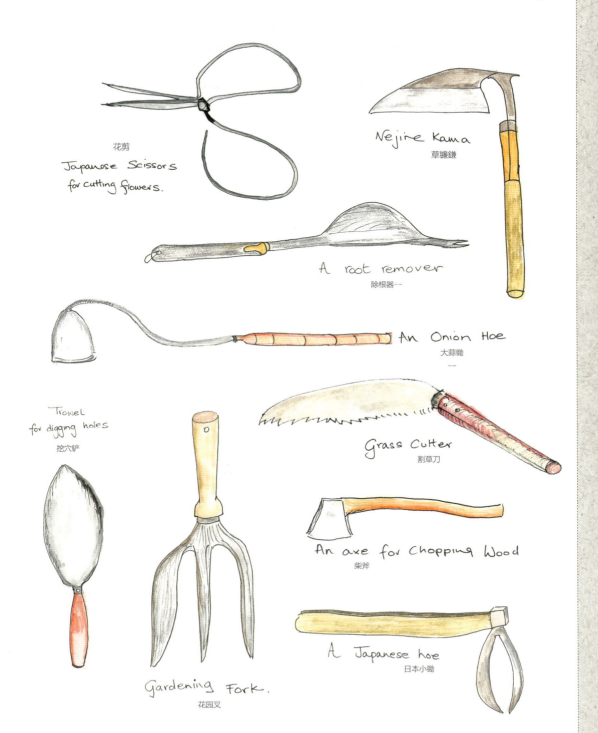

August

8月

夏天的葡萄酒花园,是我们的晚餐厅。

葡萄酒花园的回忆

万物皆有其时。
天下之事皆有定时。
生有时，死有时。
栽种有时，拔出有时。

——《旧约 传道书 3：1-2》

To everything there is a season,
and a time for every purpose under Heaven:
a time to be born and a time to die,
a time to plant and a time to pluck up
that which is planted.

—《Old Testament: Ecclesiastes 3：1-2》

Torikabuto
乌头

在日本旧历中，8 月被称为叶月，是稻田里的稻穗长得又高又茂盛的时候。每天，我都会检查园艺日记，并列出需要做的事情，比如，给幼苗浇水，摘掉枯萎的花朵以促进新一轮开花，修剪开花后的植物等。不过，8 月里最重要的事，就是采收即将成熟的香草。每次我将需要做的事情一一写下后，就合上日记本去花园。

夏天，黎明时分，我就会被高声鸣叫的蝉叫醒。起床后，我常常喝一杯热乎乎的英式红茶，然后走进花园，深深地呼吸一口清凉的山间空气。太阳正从北山升起，微风吹拂着枫树的叶子，这是一个令人舒适的好天气。我跪在地上，开始拔除地面的杂草，给香草覆土。如果让土壤总是保持松软的状态，植物的根系就会深扎土层，获得地下水的滋润。

当蝉鸣停止，远处传来斑鸠轻柔的咕咕声。金色的阳光就渐渐洒满了山谷，我拿起园艺工具，躲到房后的葡萄酒花园的树荫下，继续除草。蜜蜂嗡嗡嗡地拍打着翅膀，忙着在柠檬马鞭草的白色花朵上采集花粉。花园里，每个清晨，每一株植物的美丽和芬芳都让我惊叹不已。

葡萄酒花园是我们所建造的 6 个花园中，最后完成的一座。每建造一座花园大约需要一年时间，所以，这座花园是我们在大原生活后的第六年开始建造的。当初开始建造时，先生阿正提出想要一个可以做木工的地方，并且还让我尽可能留出足够的空间来存放冬天用的木材。最终，我决定建造一个以葡萄酒为主题的露台花园，花园里所有灌木和花卉都是葡萄酒的颜色：红色、白色和桃红色。阿正利用日式传统厨房里的花岗岩和红砖，设计建造了一个烧烤区和一个存放木材的大架子。当设在烧烤区的室外水槽安装好后，我们就开始请朋友过来烧烤。户外烧烤总是很有趣，全家人都会帮忙准备。餐后，所有的客人也会帮助我们清理干净。在夏天的午后，我喜欢一个人在葡萄酒花园里安静地写作；夜晚，则喜欢一个人在星空下享受葡萄酒的美味和回忆往事。

母亲也喜欢请客人在花园里就餐，她称之为户外用餐。她会亲自制作美味的小吃，并为客人们提供香槟。母亲40岁的时候，决定和男朋友搬到爱尔兰蒂珀雷里郡。当时，厌倦了伦敦社交生活的我，满脑子都是关于"人生真正的幸福到底是什么"的烦恼，所以根本没有问过母亲搬去爱尔兰的原因。那个时候的母亲已经经历了四次婚姻，生了七个孩子，现在想来，她应该只是想要一个新的开始。

对母亲来说，新的生活之地几乎是一个完美的地方。我也认为它非常棒，母亲的确选择了一座景色非常优美的村庄。整座村子不大，只有少量的房子和一家邮局、一个酒吧。母亲买了一家可以俯瞰美丽的德格淡水湖的旅馆，取名为塞尔INN。站在湖边码头，可以尽情地欣赏美丽的日落。

在即将前往印度旅行之前，我特意去看望了母亲。当时，七个孩子中，只有最小的妹妹七岁的露辛达和最小的弟弟六岁的杰米和她在一起生活。母亲的酒店大约有10间客房、一间酒廊和一间餐厅。记得那个时候，酒店里的花园杂草丛生，我帮母亲清理落叶和拔除杂草。尽管母亲反对，但我还是告别了他们。那是九月的一个早晨，我伤感地紧紧拥抱了露辛达和杰米，然后返回伦敦。一个月后，顺利到达印度。在那里我拜在普仁罗华上师门下，倾听了他的教诲，获得了人生众多难题的答案。我在印度生活了8个月后，机缘巧合，我好像被命运驱使一般抵达了日本。

两年后，我结婚，并在京都开办了一所小型英语学校。我一边努力工作，一边养育了三个孩子。结婚13年后，很遗憾，我成了单身母亲。在六年的单身母亲生活中，我非常思念故乡，所以每年夏天都会带着孩子回到母亲的身边，在她的附近租一间湖畔小屋小住。这样的生活，对我来说非常重要，不仅让孩子们体验了英语环境，而且还再次和母亲、兄弟姐妹保持紧密的联系。母亲对在爱尔兰的生活非常满意，随着年龄的增长，她变得温柔、宽容和随和。母亲终于安定下来，在爱尔兰扎根生活了。

但是，不幸的是，78岁那年，母亲因交通事故去世。我们在当地的天主教堂为她举行了盛大的葬礼，然后埋葬在多洛米尼村的墓地。葬礼结束后，所有来宾应邀参加了弟弟查尔斯在花园里举行的盛大自助餐派对。坐在户外吃着新鲜的冷鲑鱼和母亲一直喜欢做的其他菜肴，这是对母亲——一个真正热爱生活的人的一场独特的告别。我之所以想起这些往事，是因为8月4日是母亲的生日，母亲总是在这一天邀请村里所有人，参加她在花园里举办的生日烧烤餐会。

仰望天空，一束狭窄的阳光照射在花园后面高高的花岗岩石墙上。我拿起一篮杂草，穿过花园，前往房外的田里。当我经过乡舍花园时，只见那些英国传统花卉正在清晨的阳光下忙着绽放。

早晨的阳光照耀着大原的山谷。因为连续三天都是晴天，花园里的土地已经完全干透了，蝴蝶围绕着猩红色的佛手柑翩翩起舞，蚂蚁列队忙碌地穿过花园小径。一只小蜥蜴发现了我，快速消失在新鲜的绿罗勒花盆下面。当我静静地欣赏这一切时，忽然想起自己是要将杂草放进堆肥里的，于是连忙走到田里。当我将杂草放进堆肥箱里后，发现附近的蓍草和圣约翰草依旧开放，于是弯下腰采摘了一些黄色和白色的花朵，准备制作一些酊剂来帮助自己入眠。

这时，一只鸢鸟突然从我身边飞过，落在附近的田野上。我静静地看着它，对它说："早上好！"

夏季采摘

终于,连续下了三天的雨停了。
气温越来越高,花园里的土地都干透了,

当我准备采摘薰衣草时,一只紫色的蝴蝶从一个花蕾飞到另一个花蕾上,
薰衣草的花蕾轻轻颤动。

我走进田里,
蓍草和圣约翰草依旧开放,一群蜜蜂嗡嗡飞舞。
我高高兴兴地采摘了一篮子黄色和白色的花。
这是多么安静、美丽的一天。

Ageratum Autumn
藿香蓟

Rudbekia
三叶黑心菊

Heliopsis 'Ballet Dancer'
赛菊芋

Hoshi no shizuku
土人参

浇水_____

夏日的正午,炎热干燥。周围静悄悄的。
在黄昏到来之前,大原的田野中空无一人。

太阳无情地炙烤着大地,植物们干渴难耐,
等待着我从井里打上新鲜冰凉的水,为它们浇灌。

太阳终于落山了,我将水管放进每个花坛中。
每个花坛 5 分钟。给植物浇水,与其喷洒,不如尽情地让它们喝个够。
植物喜欢在夜晚慢慢地吸收水分。

浇水后,空气都变得凉爽。
水真是生命之泉。

朋友用画装饰了我存放干香草的罐子。

蓍草（西洋蓍草） ★ 战场香草

夏日炎热的午后，我去地里采摘蓍草，房后的杉树林中传来高声鸣叫的蝉声。自从朋友推荐我种蓍草，我终于在花园里也开始种植药用植物了。

美洲的原住民印第安人将蓍草视作一种万能草药，认为蓍草茶有助于改善血液循环；如果仅用蓍草的花制成茶，还可以缓解花粉症。在英国，蓍草也是重要的草药，用于感冒、流感、高烧的治疗，但是要注意怀孕期间不能饮用蓍草茶。

古希腊人用蓍草的叶子给在战场上负伤的士兵们止血。从蓍草"战场的香草"这个别名，我想起了这句格言：

"即使失败，也可以从人生的战场上学到东西。"

栽培要点

耐寒多年生植物。喜日照良好，稍微阴凉也可以。喜排水良好、稍微肥沃的土地。将蓍草放入堆肥中，不仅可加速堆肥分解，而且还可以增强植物对病虫害的抵抗力，提高其他香草的药效。开花后晚夏采收，晾干花和茎秆。

★ 蓍草吸引益虫食蚜蝇和草蛉。

蓍草、薄荷和甜叶菊牙膏
Yarrow, Mint & Stevia Toothpaste

这款牙膏由许多对牙齿有益的物质制成。蓍草可以预防牙龈疾病，茴香籽可以清新口腔，甜叶菊的甘甜味道让牙膏更易入口，胡椒薄荷精油有消毒杀菌作用，对缓解牙疼有效果。另外，用小苏打和葛粉刷牙能减少牙垢和口臭。牙膏做好后，用小勺舀出来放在牙刷上使用。

材料

热水 80mL
蓍草（新鲜或干燥）1 大勺
茴香籽 2 小勺
葛粉 3 大勺
甜叶菊（干燥）1 大勺
小苏打 2 小勺
胡椒薄荷油 10 滴
甘油 4 小勺

1 甜叶菊用石臼捣碎成细粉末。
2 将茴香籽和蓍草放入沸水中，煮约10分钟，做成浓汤，过滤放置。
3 容器里放入（1）和小苏打、葛粉、甘油混合，再加入胡椒薄荷精油。
4 舀出 2~3 大勺（2）的浓汁，缓慢加入（3）中，搅拌成喜好的硬度膏状。
5 存放在密封容器或管状容器里，在洗手间可保存 2 周左右，夏季放入冰箱。

牛蒡 ★ 健康滋补

微风吹拂中，牛蒡叶子上的露水发出光芒。作为根茎料理常用的牛蒡，我第一次吃到它，是刚到东京的时候，当时就觉得美味无比。

牛蒡产于世界各地，比如英国的树篱下。在西方通常是用根的部分作成香草茶，但在日本，它更常作为蔬菜食用。

牛蒡是众所周知的健康滋补品，它对肾脏和肝脏特别有益，据说还可以缓解风湿病。很久以前，人们受伤后，会用牛蒡大叶子来包裹伤口，它对治愈疮口、烧伤和瘀伤有帮助。牛蒡富含铬、铁、镁、磷、钾、维生素 A、钙和氨基酸。 最近的研究表明，牛蒡还具有抗菌、杀菌和抗氧化特性。

我非常喜欢牛蒡，所以，今年在菜园日照良好的一角，我种植了牛蒡。当我从肥沃潮湿的土里拔出它们粗大的深根时，深感大地就是我们的花园。

栽培要点

多年生植物。喜肥沃、湿润、柔软的土壤，以便根部能够深入土壤中生长。春天播种，夏末收获。

芝麻牛蒡薯片
Sesame Burdock Chips

这是我年轻时，为了让孩子吃牛蒡而想出来的配方，结果大获成功，不仅我的子女，如今，孙子们也很喜欢吃。

材料

牛蒡 中等大小 2 根
料酒 3 大勺
黑酱油 3 大勺
砂糖 2 大勺
水 3 大勺
七味唐辛子 少许
芝麻 2 小勺
菜籽油（油炸用）适量

1 牛蒡洗净削皮，就像切薯片一样，斜切成薄片。将切片在冷水中浸泡一两个小时，除去涩味，然后过滤。
2 将水、料酒、砂糖和黑酱油放入小锅中，和（1）混合，开火，稍微炖煮，变得柔软入味后，取出，滤掉水。
3 炒好芝麻，放在其他盘子上。
4 炒锅内加入菜籽油，将软化的牛蒡煎炸。
5 取出炸好的牛蒡片，沥掉油，撒上七味唐辛子和炒芝麻。

Burdock Root

蓝莓 ★ 有益眼睛

夏日,黄昏前的空气闷热,花园里的蓝莓成熟了。

在远古时代,女性负责采集果实,男性外出狩猎,据说这样的分工导致了男性的视力更适合望远,女性的视力则更适合发现近处的物体。现在,很多女性仍旧喜欢采集野菜和果实。

随着老去,我的视力也慢慢衰退,值得高兴的是,蓝莓能有效改善视力,它富含的具有抗氧化作用的花青素,可以帮助眼睛保持年轻和明亮。

我喜欢每天早起,以冥想开始新的一天。之后仿佛日课一般,一边吃着加了自己做的蓝莓酱的酸奶,一边眺望花园。

我提醒自己,只有快乐的人才能给别人带来快乐。

栽培要点

喜日照良好和酸性的潮湿土壤。把泥炭和肥沃的表土按 2∶1 比例混合,适合种植蓝莓。为了帮助授粉,要种植至少两个不同品种的蓝莓。

蓝莓根部靠近土壤表面,因此需要保护其免受杂草侵害,需用干净的稻草、锯末或木片覆盖。在最初的两三年里,只修剪短的、树枝状的茎。8 年后,每年晚冬把老的分枝剪掉一半左右。春季以后大量浇水。

薄荷蓝莓雪糕
Blueberry Snow with Mint

当突然有客人来访时,可以快速做出这道简单甜品,非常受欢迎。

材料

蓝莓 150g (+装饰用的数粒)
鲜奶油 200mL
酸奶 150mL
糖粉 8 大勺
蛋白 2 个
薄荷叶 约 2 片

1 用发泡器打发鲜奶油到出现角状立起。
2 酸奶混合糖粉,和(1)大致混合。
3 蛋白打发成立起的硬度,搅拌,和(2)大致混合。
4 蓝莓和(3)轻轻混合。
5 盛入到冷藏的玻璃器皿里,加上几粒蓝莓,装饰些薄荷叶。

覆盆子和黑莓 ★ 大自然的馈赠

童年时,每到夏天我们就喜欢偷偷推开花园的古老木门,钻进被红墙围起来的菜园里摘覆盆子和黑莓吃。母亲因为要制作覆盆子冰淇淋和黑莓奶酥,所以经常告诉我们不要去偷吃它们。

但是,我们总是无法抗拒莓果的诱惑,每次趁母亲外出购物,就悄悄潜入菜园,大快朵颐。开着美丽花朵的莓果树周围总是围绕着很多蜜蜂。

黑莓和覆盆子也被称为荆棘(Bramble)。它们原产于北半球温带地区和南美洲。不仅美味,而且对健康也有益,因为它们富含维生素C和K以及各种膳食纤维,是强大的抗氧化剂。

在大原,当果实即将成熟时,我会用一张大网保护它们,以避免被猴子和鸟吃掉。

黑莓和苹果奶酥
Blackberry & Apple Crumble

夏末秋初,英国的树丛和树篱间长满了多汁的黑莓。当我还是个孩子的时候,保姆婷婷常常给我一个柳条篮,让我去采黑莓,我在树丛和树篱间搜寻。黑莓和苹果奶酥是英国家庭经常做的甜品,也可以加入其他水果,如蓝莓、梨和大黄。如果没有时令浆果时,就只用苹果制作。

材料(4人份)

苹果(削皮,切成1cm片)400g
黑莓(新鲜或罐头)200g
柠檬汁 1个柠檬的分量
砂糖 2大勺
黑莓、薄荷叶(装饰用)适量
鲜奶油 根据喜好

奶酥制作方法
- 砂糖 180g
- 小麦粉 280g
- 黄油 120g
- 桂皮粉 1.5大勺

1 将苹果和黑莓放入耐热容器内铺好,加入砂糖和柠檬汁,留下少许黑莓作为装饰。
2 制作奶酥,将小麦粉、砂糖、桂皮粉倒入碗中混合,加黄油,用手混合搅拌至颗粒状。
3 (2)放在(1)上,铺2~3cm,注意不要按压奶酥。
4 用180℃预热的烤箱烤30~40分钟,让表面的奶酥酥脆是要点。
5 抹上鲜奶油,装饰黑莓和薄荷叶。

★ 完成后的厚度通常在5cm。

栽培要点

莓果树喜日照良好和排水佳、深厚、沙质、肥沃的土壤。如果土壤里有机物较多就会生长良好,要定期用堆肥覆盖土壤表面。黑莓需要比较高的网格栅,树莓则不需要那么高。春天较早的时候成列种植,需提前制作网格栅。藤条在春天长出,盛夏开花,秋天结果。

树莓的修剪

A 秋季结果的树莓在其落叶后,紧贴地面修剪。
B 夏季结果的树莓收获后,将结果的藤条修剪至地面高度。春季将剩余的藤条剪至50cm。

黑莓的修剪

种植当年不要修剪。第二年,黑莓才会结出果实。早春时,剪掉枯死的枝条,选择粗壮健康的枝条留下,剪短至15cm。春季开花后,蜜蜂会飞来采蜜。

August
8月

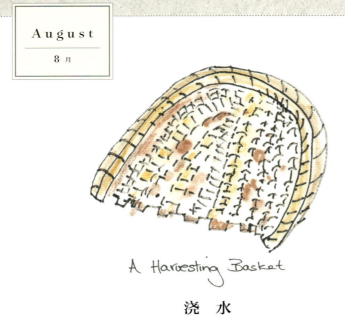

A Harvesting Basket

浇　水

当你有花园后，就会开始注意天气。没有比倾听着雨声、想象着植物饱吸雨水的情景更动人的了。
——作者不明

植物通过根系吸收水分，在湿度高的情况下，也会通过叶子吸收水分。当然，它们也通过叶子经蒸腾作用排出水分。要记得地下水位会随着季节的变化而升降。

需水量

当种植很多植物后，就会慢慢单凭感觉就能了解土壤的湿度。播下种子，养成每天至少观察一次土壤湿度的习惯，并且至少每隔一天就在花园里巡回观察，看看是否有植物需要浇水。刚刚种下的苗和种子，要用喷雾喷壶小心地浇水。对于更成熟的植物，则可以使用软管。

根据季节不同，植物需水量也不一样，浇水的方法也不同。夏季需要大量的水，如不浇透反而会起到反面效果。如果水仅存于土壤表面，植物的根会向上生长寻找水分，形成浅根，易受伤。夏季要在黄昏时分浇水，植物会在阴凉的夜晚慢慢吸收水分。

秋天，随着植物开始休眠，植物对水的需求减少。冬天，几乎不需要浇水，仅偶尔给屋檐下的植物或冬季开花的植物浇水。

在植物生长期，一定要给予充足的水分。除了苗床，大部分植物都是与其频繁地少量浇水，不如偶尔大量给水，更有效果。浇水的时候，在花坛里放上水管，让水流5～10分钟，水就会渗透到地表以下30cm处，这样植物会扎根到更深的地方，根系也更牢固。但是，浇水过多又和水不足一样有不好的作用，在花园日记里，不仅要记下各种各样的植物需要的日光量，还要记下它是否需要潮湿或干燥的土壤。慢慢养成习惯吧。

浇水的秘诀

- 花坛里，将水管或喷淋对准花坛中植物的基部，距茎约5cm处浇水，并至少保持5分钟。花盆则是根据尺寸不同，持续时间约为默默数到10和20之间。浇完水后确认花坛或花盆是不是整体都湿润了。
- 夏季在黄昏时分浇水。夜间植物会慢慢吸收。
- 将水轻轻喷洒在叶子和花朵上，让它们恢复活力。
- 夏季在黄昏时分浇水，植物会在夜间慢慢吸收。
- 冬季避免夜间使植物受冻，早晨浇水比较好。
- 淘米水、面条、乌冬面、意大利面的煮汁都可以浇花。因为植物喜欢淀粉，这些含有淀粉的水会让植物长得更加茁壮。

老式手压泵雨水收纳罐。

September

9 月

秋之七草在微风中轻轻摇曳。

我的乡舍花园

我获得的财富来自大自然,
它是我灵感的源泉。

——(法)克劳德·莫奈

The richness I achieve comes from Nature,
the source of my inspiration.

—Claude Monet

炎热的夏季终于过去,秋天悄然来临,阳光变得柔和,空气也变得清爽起来,花园里的工作逐渐减少。在日本传统历法中,9月被称作长月,意思是黑夜将一天比一天长。在秋分时节,人们会祭祀丰收月,以祈求来年稻米和蔬菜丰收。

经过一周的高温,昨夜的一场雨挽救了植物们即将枯萎的叶子。早晨,当我将房间和花园清理干净,准备开始写作时,忽然发现窗外的枫树叶端已开始渐渐变为深红色。我望着花园,期待种子和果实成熟的那一天。

几年前,一位英国朋友来我们家喝茶,当她看到乡舍花园时,忍不住连声赞叹道:"多么可爱的日本乡舍花园啊!"但另一位日本著名作家来我们家时,则说道:"杂草真多啊!"想到这些,我忍不住笑起来,世界各地的人们,对于花园的理解真是各有千秋啊。就让我简要介绍一下乡舍花园是如何产生的吧。

花园在人类漫长的岁月中发展而来,自从约公元前3000年出现栽培花园后,世界各地就陆续发展出不同类型的花园。早期的药用植物园通常属于寺庙或神圣树林会,由祭司看管。这些历史记录可以在埃及壁画和早期波斯绘画中看到。待到古罗马时期,古罗马人盛行在他们的别墅中建造庭院花园。古罗马帝国灭亡后,这种花园风格,逐渐被南欧早期基督教的修道院花园所取代。

渐渐地,这种风格的花园遍布整个欧洲。它们是修道士为了自给自足而发展出来的。修道士们在长方形的花坛里种香草、花卉和蔬菜;在被称为"天堂花园"的开放式庭院中,种芳香植物,并用它们的花朵来装饰教堂。

kujakuso 紫苑

1340年，黑死病肆虐欧洲，造成了大量劳动者的死亡，空闲出很多土地。在英国，许多庄园主为了留住劳动者，于是分给他们每户一座小房子和一小块土地，这就是英国乡舍花园的由来。乡舍花园的诞生是出于需要，而不是为了美观，所以起初它们的设计非常随意。人们尽可能利用每一寸土地，种植尽可能多的植物来满足日常需要，如治疗简单疾病的香草、养家糊口的蔬菜和用来制作精油的花卉。

我自小生活在各种大宅邸里，每一座宅邸都有精心设计的意式大花园，不仅有修剪整齐的草坪、玫瑰园，还有山茶、杜鹃等灌木丛，以及栽种着绣球的大花坛。香草和蔬菜则被种植在面积约 $1000m^2$、由围墙围绕的小花园里。这些花园往往由住在庄园里的三四个全职园丁照看。在这样的环境里长大，我却从小就梦想拥有一座完全属于自己的乡舍花园。当我们搬来大原后，梦想终于成真了。

我们的乡舍花园是以原屋主留下的地藏菩萨为中心建造的。春天，来自英国的杂草，如毛地黄、飞燕草和矢车菊等争相竞放；秋天，则是日本本地杂草的天下。比如现在，就正是日本秋之七草和高贵的菊花的花期，秋风送爽，花朵们翩翩摇曳。

编写于日本公元759年奈良时代的《万叶集》，是日本最早的和歌集，其中就提到了秋之七草，当时的人们认为这七种植物大部分都可以用来制作利尿的香草茶，并有利于在经过炎热的夏季后恢复体能。秋之七草包括桔梗、芒草、抚子、荻花、败酱、胡枝子和葛，除了葛——这种具有侵略性的杂草外，其他我都种植在花园里。葛像无花果一样带有银色的大绿叶，酒红色的花朵成串开放，在附近高野川两岸随处可见。

在英国，欣赏枯萎的花冠被认为是秋天里的一种乐趣，所以，在我的花园里，秋天植物开花后，我也会放任不管，任由其自然脱落，这样对植物在第二年生长得更为茂盛和根部强健也有帮助。

深红色、橙红色、金黄色……花园里的秋色丰富而温暖。每年这个时候，趁着室外还很温暖，我都会打开房间的玻璃窗，为植物们播放一些舒缓的肖邦音乐。今天也是如此，我和植物一边听音乐，一边开始制作冬季用的香草糖浆。

几个小时后，我将做好的香草糖浆装入干净瓶中，放在阴凉处保存。然后开始傍晚的散步。我穿过村子，走到广阔的田野上。夕阳西下，空中云朵舒卷，树篱和河岸边绽放着火焰般的红色彼岸花。

沿着砂砾路一路行走，突然，我停下来，只见刚收割完毕的稻田里，有一对野鸡在蹦蹦跳跳。当察觉有人在注视它们时，其中一只有着红绿相间羽毛的野鸡发出一声尖叫，然后两只一起快速飞走了。我绕着村子走了一圈，然后来到河边，一只白鹭正站在湍急的河水中捕鱼。为了不惊动它，我屏住了呼吸，但它还是发现了我，振翅从芒草丛中飞过，消失在垂暮的天空里。

"花和杂草的界限到底在哪里呢？"我看着开满田埂的野花，一边思索，一边向位于村子尽头的家走去。夜幕降临山谷，群星闪烁，村里的澡堂的烟囱里冒出缕缕灰烟。我仰望天空，一轮圆月不知何时悄无声息地出现，仿佛在陪伴我，聆听我的思绪。

假龙头花

每个季节都有自己的美

秋天来到我的花园,秋之七草随风摇曳。
过去的人们认为,利尿的秋之七草茶,
也可以赶走炎热夏季带来的疲惫,恢复活力。

植物的花瓣落下,然后静静地等待种子成熟。
英国人认为枯萎的花冠是秋天的美景之一。
每个季节都有自己独特的美。

春天是少女之美,
夏天是明媚的成熟女性之美。
秋天是微微褪色的中年女性之美,
冬天是深思熟虑的银发女性之美。
不同年龄阶段的女性,就像不同的季节,
每一个阶段都有自己的女性美。

种子_____

早晨湛蓝的天空，太阳金光闪闪，蜻蜓在黄色的菊花花蕾上飞舞。
白天越来越短，菊花盛开的季节到了。
每一种植物都能接受到大自然的感召。

是时候为来年春天保存种子了。
种子成熟后，在温暖的黄昏收获它吧。
尽量把收获的种子直接播种在土里，保持湿润，等待发芽。
只要有合适的光、热和水分，它们就会长成健康强壮的苗。

我们的心里也藏有许多种子，耐心地等待着发芽。
如果我们唤醒潜力，相信自己，奇迹就会发生。

Autumn Europys Daisy
黄金菊

天体的音乐* _____

所有植物都很敏感。
它们能感受我们的喜怒哀乐。

如果将它们放置在嘈杂的电视或电器附近，它们通常会枯萎死亡。
如果为它们播放舒缓宁静的音乐，或者温柔地对它们说话，它们就会茁壮成长。
就像人类一样。
如果你鼓励一棵植物，
说它"奇妙而美丽"，它就会长得坚强，开出许多花朵。

如果我们培养自己的敏感度，就能感受到周围一草一木的心跳。
尝试一下——让你内心的花园倾听——你会感到惊讶。

* 据说每个行星转动时都会发出自己的声音，以和太阳互动。后来基督教将此收入自己的教义中。

左：用收获的罗勒制作罗勒酱，天竺葵则用于制作饼干和蛋糕。
右：将收获的各种香草悬挂在屋檐下晾干。

罗勒 ★ 香草之王

罗勒，意为王者气息。在古代，罗勒被认为是通往天国的保护，在印度和欧洲的一些地区，至今，为了让死者顺利往生天国，还会将罗勒放在死者手中。

很多厨师都将罗勒称为香草之王，它是夏季沙拉不可或缺的一份子，新鲜的罗勒用在意大利面里也很好吃。

在印度阿育吠陀医学中，罗勒被用来治疗焦虑、哮喘和糖尿病，它还能令人保持活力，提高免疫力，改善专注力和记忆力。罗勒香草浴对感冒、咳嗽和其他呼吸道疾病有好处。另外，罗勒还能改善女性的月经不调，提高生育能力。孕期不能大量使用罗勒。

9月是最适合采收和干燥冬季备用罗勒的季节。可以做成罗勒酱，放入玻璃器皿中冷藏保存，以供冬天使用。

栽培要点

半耐寒一年生植物，喜日照良好，中午有些许遮阴更好。需防风。喜排水佳、湿润、肥沃的土壤。种植前在土壤里混合堆肥，夏季注意不要过度浇水。在开花前剪掉叶子和茎，通过摘心会促进不断发出新芽。

★ 夏天，在窗台上放几盆罗勒，可以驱除蚜虫、蚊蚋、叩头虫、果蝇。

★ 蜜蜂很喜欢罗勒。

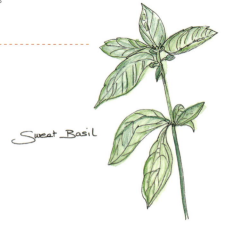

罗勒、番茄烤沙丁鱼
Grilled Sardines with Basil and Tomato

这是我的老朋友马克教我的食谱。当有剩余西红柿时，配沙丁鱼罐头就可以做成这道美味。与法式面包一起食用。

材料

油浸沙丁鱼（已调味的不可）2罐
番茄（切薄片）4个
罗勒（鲜叶子）6枚
盐、黑胡椒 少许
橄榄油 6大勺

1 将沙丁鱼放入耐热浅盘中。
2 将西红柿切片，铺在沙丁鱼上。放罗勒在最上面。
3 淋上橄榄油，用盐和黑胡椒调味，在预热180℃烤箱中烤10～15分钟。用剩余的新鲜罗勒装饰。

肉塞青椒
Stuffed Bell Peppers

在小的时候，父亲曾经带我去日内瓦的一家伊朗料理店吃这道菜。我经常使用大原的青椒，做肉塞青椒。

材料

大青椒 7 个
绞肉 400g
小鸡蛋 1 个
红葡萄酒 2 大勺
伍斯特酱汁 1 小勺
大蒜（切碎）1 瓣
桂皮罗勒（鲜叶，切碎）12 大片
甜罗勒（鲜叶，切碎）4 大片
盐、黑胡椒 少许
墨西哥辣酱或哈瓦那辣椒汁 数滴
小麦粉或淀粉 少许
沙拉油 适量

1 除青椒和沙拉油以外，所有材料混合均匀，做成肉馅。
2 青椒切半，去掉里面的筋和籽，撒上小麦粉，塞入（1）。
3 平底锅内薄薄放一层油，填馅面朝下，中火煎烤数分钟，翻过面来再煎烤数分钟，将青椒烤至喜好的焦黄程度。

罗勒脆面包
Basil Crostini

这是突然有客人到访时的重要珍宝，撒上黑胡椒烤好后，就可以立刻食用。和意大利红葡萄酒很搭配。

材料（6 人份）

法式面包（小）1 根
黄油（软化）适量
马苏里拉芝士或喜欢的芝士 100g
成熟西红柿（剥皮去籽）1 个
凤尾鱼片（洗掉多余的盐分）6 片
罗勒（鲜叶）大 6 片

1 法式面包切 1cm 左右薄片，两面涂少量黄油。放在涂有黄油的烤盘上。
2 马苏里拉芝士切薄片，在每片面包片上放一片。
3 番茄切细条，与凤尾鱼片呈十字形交叉放在面包上。
4 预热 200℃烤箱烤 15 ~ 20 分钟，马苏里拉芝士加热过度会变硬，不要烤过头。以面包烤好后、芝士刚刚融化为宜。
5 从烤箱取出，加罗勒叶装饰。

辣根（西洋芥末） ★ 提神之味

Horseradish root

小时候，星期天午后，我们常跟母亲的第四任丈夫约翰叔叔一起去当地的教堂。对此不热心的母亲则留在家里准备午餐。英国传统的星期天午餐也叫"星期天烤肉"，其中有大块的猪肉、鸡肉、羊肉、牛肉等。我们菜园里种有辣根，在制作配牛肉的新鲜酱汁时，母亲就会叫我去拔些辣根。

在烹饪时，必须使用新鲜的生辣根。它可以增强消化系统并刺激食欲。将辣根浸泡在冷榨油中几周，可有效治疗肌肉酸痛，令人心情舒爽。感冒严重的时候，也可以使用，很快就会感觉舒服起来。

受寒后喝些辣根做的香草茶，有助于让身体暖和起来。在苹果醋里放上磨碎的辣根，用水稀释后是很好的护发素。

今天晚餐邀请了特别的客人，所以我用烤箱烤好牛肉，并浇上现做的辣根酱汁，用传统的英式星期天午餐招待他们。

栽培要点

耐寒多年生植物，原产于西南亚和南欧，喜阳光充足、开阔的环境。根系深，所以要事先翻好土，稍微湿润的土壤会促进它根部粗直生长。需要时时浇水，尤其是在夏末和秋季。

秋季采收，存放在装满沙子的箱子里，放在阴凉处保存，用油浸或醋浸保存也可以。

★ 在附近种植土豆，可以防止土豆病害。

传统辣根酱
Traditional Horseradish Sauce

经过两年的等待，辣根终于可以收获了，我制作了这种英国传统酱汁。

材料 （4～6人份）

黄油 25g
小麦粉 25g
牛奶 300mL
辣根（剥皮、磨碎，1～2大勺）
鲜奶油 3 大勺
砂糖 少许
柠檬汁 数滴
盐、黑胡椒 少许

1 将黄油放入锅中融化，加小麦粉。再一点点加入牛奶，用锅铲搅拌到酱汁的浓度。
2 转小火，加入剩余的材料，用小火温热，不要让它沸腾。

辣根新鲜薄荷酱

将少量水与切碎的薄荷叶和磨碎的辣根混合，再加入少许柠檬汁、蜂蜜和奶油，混合均匀成糊状。适合用于烤三文鱼等鱼类料理。

啤酒花 ★ 令人放松的香草

很久以前,由于英国没有安全的饮用水,所以英格兰的每个村庄都拥有自己的啤酒酿造厂。酿酒师使用啤酒花、牛蒡、蒲公英和苦薄荷等来酿造低度酒和淡啤酒(酒精含量低的发酵啤酒)。在德国,人们用啤酒花为啤酒调味,它可以增加苦味并充当天然防腐剂。啤酒花还可以让人放松,对头痛和消化系统有好处。

许多年前,穿过狭窄的深山小路,我们抵达了美丽的美山茅草屋之乡。在所见的当地香草中,我买了一根啤酒花的扦插枝条带回家,种到花园里。

我采摘啤酒花的淡绿色花蕾,放在屋檐下晾干,然后塞入枕头里。这个香草枕会让我很快进入美梦。干燥的啤酒花,还可以用于香草茶和香草浴。

炎热夏季徒步后,没有什么比冰镇啤酒更好喝的了。

栽培要点

耐寒藤蔓植物,喜日照良好和排水佳、湿润、肥沃的土壤。雌株和雄株都会开放,雄花成小簇,雌花是黄绿色的松针般的球形花,可用于啤酒酿造。夏末采收花朵。啤酒花生长得非常快。需用铁丝和木棍支撑,最高可达 8m。秋季修剪藤蔓,冬季作为奖赏,给它厚厚的覆盖吧。

薰衣草和啤酒花抱枕
Lavender Hop Herb Cushion

每年夏天,我都采摘啤酒花的淡绿色花蕾,晾干后用来做抱枕。啤酒花的花蕾轻而有体积感,和薰衣草一样,都是极好的填充物,传统上,两者都具有温和的镇静和放松作用。

材料

布、棉花、蕾丝或丝带 适量
薰衣草精油 数滴
啤酒花花蕾、薰衣草花(干燥) 适量

1 将啤酒花和薰衣草按照 2:1 的比例混合在大型容器里,添加几滴薰衣草精油。
2 用布制作想要尺寸的抱枕套,塞入和(1)同样分量的棉花。
3 缝好,用蕾丝或丝带装饰。

茴香 ★ 值得称赞

秋天是成熟的季节,树叶的颜色会变深,种子会成熟。

在我家房前的田地里,我种植了茴香以及其他需要空间的香草。茴香虽然原产于地中海沿岸,但现已在全世界广泛种植。

茴香叶最出名的是作为鱼类料理的专门香料。它也可以作为香草茶饮用,另外,它不仅能清洁和舒缓皮肤,而且对记忆力和视力也有好处,是大脑的良好滋补品。

中国代表性混合香料——五香粉,其中之一就是茴香籽。用它作为茶饮,可以缓解饥饿感。将一小勺茴香籽放入一杯沸水中,放置10分钟,过滤后慢慢啜饮,有助于修复宿醉后的肝脏。结球茴香的球根部分可以食用,可以煮,也可以放到汤里食用。为了干燥,我常将带有茴香籽的树枝倒挂在厨房里晾晒。

这时,壶里的水烧开了,我给自己泡了一杯茴香籽茶。

栽培要点

耐寒多年生植物,喜日照良好,稍微有荫蔽也不要紧。喜排水佳、湿润的土壤,但不喜欢浇水过多。冬季地面部分枯萎,根系仍存活。不要种植在莳萝附近,因为它们是竞争对手。

★ 吸引食蚜蝇等益虫。
★ 蜜蜂很喜欢茴香。

鳕鱼子茴香酱

Taramasalata Pâté with Fennel

这种肉酱是我母亲最喜欢的食物之一。这是一种在希腊很受欢迎的传统开胃菜,可以在冰箱里保存一周左右。

材料

奶油芝士 100g
鳕鱼子(搅散)120g
黄油 5g
蒜(切碎)1 瓣
洋葱(切碎) 1 大勺
柠檬汁 适量
盐 少许
鲜奶油 10mL
茴香叶(新鲜,酱用)2~3 片
茴香叶(新鲜,装饰用)2~3 片

1 锅里放入鳕鱼子、洋葱、蒜、黄油,稍微翻炒。
2 除装饰用的茴香外,其他材料放入搅拌机中搅拌直至变成糊状,放入冰箱中冷却至稍微硬点。
3 盛入小碟子,用茴香叶装饰。

茴香风味的萝卜鱼汤

Hearty Fish Soup with Turnip and Fennel

朋友们会在自家地里种萝卜，所以冬天的早晨，我醒来经常会发现有新鲜的大萝卜放在我家门口。在英国，我们经常在冬天做萝卜汤。萝卜和鱼的味道出奇地相配。

材料

白鱼肉（无骨）400g
萝卜 1 个
洋葱（切碎）1 个
胡萝卜（切碎）1 根
韭菜（切细）1 根
月桂叶（干燥或新鲜）1 片
欧芹茎秆（干燥或新鲜）4 根
水 500mL
鲑鱼 225g
牛奶 500mL
黄油（煮汁用）25g
黄油或色拉油（浇汁用）15g
小麦粉（煮汁用）1 大勺
酸奶油（可用鲜奶油代替）2 大勺
盐、黑胡椒适量
茴香（鲜叶，装饰用）2 大勺

1 将白鱼、萝卜、洋葱、胡萝卜、韭菜、月桂叶和欧芹茎秆放入大锅中，加水煮约 30 分钟，直至萝卜变软。
2 锅里融化黄油，稍微煎鲑鱼，将它们切成小块，然后放在一边。
3 从（1）锅中取出月桂叶和欧芹茎秆。添加牛奶。
4 将（3）倒入搅拌机中，打成光滑的糊状。
5 将剩余的黄油放入小锅中融化，然后加入小麦粉用小火轻轻翻炒 1 分钟，做成煮汁。
6 将（2）放入（5）里，用中火煮软。
7 用盐和黑胡椒调味。根据喜好趁热浇上酸奶油或是鲜奶油享用，用切碎茴香装饰。

茴香眼部湿敷

Fennel Eye Bath

在雨天，当我无法在花园里工作时，我会放松并享受这种舒缓的茴香眼部湿敷。它可以使疲劳的眼睛恢复活力，还有助于缓解酸痛或炎症。

材料

茴香（新鲜）1 杯
茴香籽 1 小勺
盐 少许
水 2 杯

1 将水烧开，加入所有材料，煮 20 分钟。
2 过滤并让液体冷却。
3 用药液沾湿脱脂棉。躺下，一边放松，一边敷眼。

艾菊（艾蒿菊） ★ 除虫香草

秋天慢慢走进我的花园。今天午后，为了招待来访的老朋友们，我特意拿出了最好的茶具，然后去花园里采花。

我想做一小束香草花束，于是到黄色花坛里采摘了苹果薄荷和艾菊。

艾菊具有辛辣的芳香和樟脑的气味。过去人们将其新鲜叶子贴在生肉或生鱼上，来驱赶苍蝇。干燥后的艾菊是一种强大的驱虫剂，放在家里，不仅会驱除苍蝇和蚂蚁，甚至连老鼠都会被赶跑。不过，艾菊不能内服，要注意。

我回到房间，将小花束插进蓝色小花瓶里，然后等待朋友们的到来。

栽培要点

耐寒多年生植物。喜日照良好和干燥的土壤。为了利于帮助驱除害虫，有时会种在果树和蔬菜田附近。

除虫鼠艾菊干花
Tansy Ant and Mouse Repellant Posy

我唯一害怕的动物就是老鼠，每年都会制作这种干花束，放在厨房里驱除老鼠和蚂蚁。

材料

艾菊干花 8 枝
罗勒（干燥）4 枝
普列薄荷（干燥）4 枝
薰衣草（干燥）4 枝
丝带 适量

1 将所有干香草收集成一束，用丝带绑在一起。
2 放在家中蚂蚁的通路或是老鼠喜欢出没的地方。

Lemon Verbena

柠檬马鞭草柠檬鸡
Lemon Verbena Lemon Chicken

用中式炒锅就可以简单制作，使用大量柠檬和黄油的爽口鸡肉料理。烤完后剩余的黄油可以用于制作肉汁沙司。

材料（4人份）
鸡胸肉 4 片
小麦粉 2 杯
柠檬汁 1 人份
盐，黑胡椒少许
柠檬马鞭草（新鲜）8 枝（4 枝只用叶子）
黄油 200g

1 将鸡胸肉清洗干净，用纸巾擦干。撒上盐和胡椒，表面抹上小麦粉。
2 中式炒锅或是深煎锅烧热，将黄油融化，然后将鸡胸肉两面煎至熟。
3 将一些融化的黄油倒入小盘中，以备后用。
4 将柠檬汁和 4 枝柠檬马鞭草枝放入锅中的鸡肉中，再次轻轻炒香。
5 鸡肉盛入盘子，浇上锅里的热柠檬黄油，把剩余的柠檬马鞭草作为装饰。

柠檬马鞭草 ★ 魅力香草

今天，家人都外出了，我一个人在花园里拔草，只有太阳和大地相伴。我享受着这难得的清静。

拨开丛生的柠檬马鞭草，它枝叶散发出美妙的香气，令人感觉愉悦。这种富有魅力的香草原产于南美洲，17 世纪，由西班牙人带回欧洲。

我在烹饪中经常使用柠檬马鞭草叶，为糖、冰淇淋、果汁冰糕、水果沙拉、蛋糕和果酱增添柑橘味。柠檬马鞭草叶泡茶也很美味。若用浸泡后的毛巾敷眼睛，对舒缓眼睛浮肿有帮助。它的精油可以用来缓解呕吐，洗澡时用一点煎汁和精油可以起到镇静作用。我还将精油添加到我自制的面霜中，用来软化皮肤。

将干燥后的叶子装入枕头中，它的香味舒缓，有轻微的催眠作用。用柠檬马鞭草做洗手水也很出色，只需将几片叶子和一些冰凉的水放入水晶玻璃碗中即可。如果餐中弄脏手，用它清洗，会非常清爽。

我将摘下的柠檬马鞭草叶子带回厨房，用它泡好茶，微微的镇静作用让我闭上眼睛，朦胧中仿佛回到了过去岁月。任何人，在内心深处都有令自己安宁的源泉。

栽培要点

不耐寒落叶小灌木。秋季结束后，修剪细长的枝条，天冷后用稻草全部覆盖。注意覆盖仔细，避免冻伤根部，可以承受零下 15℃的气温。春季到来后，去掉稻草覆盖物，喷洒温水，很快就会长出新叶。

盆栽的小植株可以在温暖的室内过冬。除了冬季，其他季节喜欢充足的阳光和水分。春、夏两季需每月一次给予康复利液体肥料。

September
9月

A Cold Frame

用种子培育一年生植物

当花朵渐次盛开,努力得到了回报。

秋季可以种植耐寒的一年生种子,如香菜、金盏花、欧芹、雪维菜、矢车菊、毛地黄、三色堇,它们足够坚强,放入简易温室里,可以耐受隆冬的寒冷。

其他一年生植物,如千鸟花、虞美人、黑种草、旱金莲、罗勒、德国洋甘菊等耐寒性弱的一年生植物,我会等到土壤足够温暖后直接种植在花园里。在大原,这通常在 4 月左右。

为春天的花园做准备,在最后一次霜降前的 3 周,我开始在室内用小花盆或是种子盘播种一年生的香草和蔬菜种子。稍微提前一点做好准备,会在生长季节中快速启动,可以更早开始收获。从香菜、莳萝、旱金莲、罗勒、欧芹、雪维菜等一年生的香草开始吧。为了不让种子浸泡在水里腐烂,要使用粗颗粒排水好的土壤来播种。

若想一整年都采收一年生香草,就要每隔数个月播种一次。日本的夏天比英国炎热很多,7 月下旬开始到 8 月末不要播种。但是日本的秋季比英国温暖,培育收获香草的时间也更长,一直到 11 月末都可以收获香草,这简直太棒了。

播种秘诀

◉ 播种稀疏一些,过密,不容易生长,浪费种子。
◉ 尝试在温暖的日子播种。如果土壤太冷,则不应播种。
◉ 首先在托盘或是花盆里放入土,抹平表面再播种,根据种子的大小播种方法也不同,种子越小,播种的深度就应该越浅。

✱ 细小的种子轻轻按压进土壤里。
✱ 小到中型种子,按照下面的图片,松散地撒在土壤表面,然后覆盖 1cm 左右筛过的细土。
✱ 大型种子,用铅笔在土里挖一个孔,然后将种子放入孔中并盖上土。

● 用喷雾喷壶浇水,保持土壤湿润。出芽后,放到通风良好的明亮处,经常湿润土壤。
⊕ 种子分期播种,让收获期拉开距离。
⊗ 发芽过多的时候要间苗,间苗时,提前一小时少量浇水,这将使间苗变得更容易。
○ 播种菠菜、欧芹或胡萝卜之前,将种子浸泡在水中 24 小时,有助于它们发芽。
○ 豆类种子最好在春季播种。

用卫生纸芯和鸡蛋盒播种很方便,把苗移栽到花坛时,直接带着纸一起种下去,即使是厚纸也会分解。在干燥的日子移栽后,直接浇水,根会充分吸收。

种子的保存

芫荽、罗勒、虞美人、茴香、莳萝的种子可以简单地保存。

● **方法**

1 在晴朗干燥的日子采收要保存的种子。
2 将带有种子的花头,连着茎秆一起放入纸袋内。
3 上下颠倒放在通风良好的阴凉地方。
4 为每种不同类型的种子准备纸袋并贴上标签,分开纸袋保存。
5 干燥后,将种子抖落到干净的信封中并贴上标签。
6 存放在干燥阴凉处。

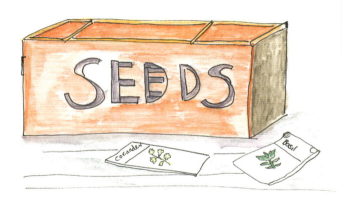

Shukaido
秋海棠

Glory Bush
野牡丹

We may grow old, but in the garden,
our heart doesn't ever change.

人生随年岁老去，花园中的心灵却既往如一。

October

---

10 月

无花果的大叶子装点着西班牙花园。

古代的神明和自然

油点草

地球同时也是一位母亲。
地球是所有自然的母亲，
全人类的母亲，
拥有所有种子的全体之母。

——（德）希德加·冯·宾根

The earth is at the same time mother, she is the mother of all that is natural, mother of all that is human.
She is the mother of all,
for contained in her are the seeds of all.

——Hildegard of Bingen

在日本传统历法中，十月被称为神无月，即无神的月份。据日本的古代传说，这一天全国各地的神明都会前往日本最古老的神社——岛根县出云大社，聚集在一起议事。

据日本最古老的史书《日本书纪》记载，日本的大国主神在完成所有的造物工作后，向他的众神儿女宣布："从现在起，你们将分管各地事务。我将在全国各地为你们建造神社，在那里你们要依靠魔法，帮助当地的人们共同过上幸福和谐的生活。"

大国主神决定请太阳神天照大神主管人间一切事务，他和他的孩子们则主管神界事务。他让天照大神为他建造了一座宏伟的神社——出云大社。从那时起，每年十月，诸神都会聚集在出云大社。据说，他们是来向大国主神报告过去一年的情况，并讨论来年人们的婚嫁、生死等各项事务。

每当我想起这个传说，脑海中就会浮现出神明们聚在一起议事的情景，好奇地揣测他们的讨论内容，并想象他们谈话的样子，然后就忍不住笑起来。

今年的夏天特别炎热，雨水也很少。午后，一阵清爽的凉风吹过日本花园里的枫树，树叶干的沙沙作响。傍晚时分，我开始给薄荷花坛除草，蜻蜓在粉红色的秋牡丹上面飞舞，太阳渐渐隐入房后远处的高大深绿色雪松林中。拔完草，我去看了看简易温室，是时候为来年春天播种了。

有的植物播种应该在秋季开始，这个时候，夏季的杂草正在慢慢消失，冬季的杂草还尚未出现。在秋天温暖的黄昏里，采下干燥成熟的种子，然后直接撒在有活力的土壤中，并一直保持土壤湿润直到发芽。

如果能够为种子提供适当的光、热和湿度，它们就会成长为健康的幼苗。

今年我决定尝试一下古老的"月亮种植"法。众所周知，不仅月亮的运动周期会影响地球磁场，进而影响植物的生长，而且月球引力也会对地球上的水产生影响，比如引发海洋潮汐。所以古人在满月的时候种植一年生植物，因为这个时候地下水的水位较高，有利于种子发芽；在月亏时种植多年生植物，因为此时地下水的水位较低，有助于多年生种子在土层更深处扎根。

在古代，农民通过观察天空和飞鸟来预测天气，我现在也是如此。当我正在为来年播种时，两只燕子低飞着从我头顶掠过，飞向稻田。尽管现在天空还是蓝的，但是我知道很快就会下雨了。

"燕子低飞要下雨"，当即将下雨时，大气压会降低，燕子就会低空飞行捉虫吃，因为此时昆虫的翅膀被空气中的水汽打湿，难以飞高。看着忙着吃虫的燕子，我加快了手中的工作。

播完种，我走进房间给自己泡了一杯迷迭香茶。一边喝茶一边望着花园里的秋色，禁不住想到，秋天是大自然给予我们的告诫，它告诉我们，所有事情的发生都有最好的理由，失去与成长并存，就像季节到了就会飘落的树叶，也许我们也必须摆脱一些东西，停止一些行为，努力打破一些习惯或模式，甚至通过放弃一些责任让后代独立成长，这样人生才会开始新的阶段。秋天是让我们反思的好时机。

随着感受自然的能力日益增强，我现在越来越明了花园其实是自己内心花园的倒影。只有砍掉人生的枯木，才会诞生新的机会，期待积极的成长，虽然这并不一定都是愉快的经历。

大部分人可能都是这样吧，生活中时不时就会有一些出乎意料的事情像潮水一般袭击你。就我而言，这种情况似乎大约每七年就会发生一次。每当这个时候，我就心跳加剧、身体颤抖，陷入崩溃的边缘。而引起这一切的或许是一场突如其来的事故，也可能是亲人的离世，抑或是某种背叛和工作失败。我没有办法集中注意力、读书和冥想，甚至连吃饭都无法做到，唯有祈求生命之神伸出援手，帮助和引导我走出困境。

渡过这段令人崩溃的时期，可能非常困难和痛苦，因为我们永远不知道它会持续多久。可能是几天，也可能会持续几年。我们能做的只有默默地忍耐和等待。每当这时候，我发现最好的办法就是做最简单的事情，比如园艺劳作、打扫房间、外出散步或爬附近的山，这些事情帮助我释放掉内心的痛苦。

当心灵陷入危机，就好像陷入了风暴之中。待暴风雨过后，我们就像变了一个人，内心的改变，会让我们重新获得心灵上的平静，更清晰地看到人生的方向。随着时间的流逝和风暴的平息，我们愈发变得从容和平静。每一次度过人生风暴，我都会发现自己对周围的人更加宽恕和包容，也再次认识到，爱是无条件的。在我看来，人生的意义并不是等待暴风雨过去，而是学会在雨中跳舞。

花园里的木炭

早晨，洗完衣服，我走到花园里呼吸新鲜空气。
这是一个阴翳的天气，阳光若隐若现。
微风吹过，几乎光秃秃的枫树沙沙作响。
我不想马上回房间，于是将落在地上的枯叶耙起来，
收好送去田地里的堆肥箱中，丰富我的堆肥。

路上，一只鸢鸟从我身边飞过，落在附近的田野上。
我停下，静静地看着它。
它拍打翅膀，伴随着一声刺耳的尖叫，
腾飞而起，消失在秋天灰色落寞的空中。

我回到花园，将新鲜的碎木炭撒在地中海香草周围，
木炭会吸收湿气，保持土壤干燥。香草喜欢干燥的土壤。

Joe Pye Weed
泽兰

猫的尾巴,青蛙的手

在这个美丽的绿色世界,我们只是暂时停留,人生没有永久。
每一天,我都放慢自己的生活节奏,努力感受生命本来的样子。
枫树为我遮挡强风,守护花园。
它细弱柔软的枝条,让我感觉到它的温柔与质朴。

在大原的乡间小路和树篱旁,一年四季都生长着朴素的狗尾巴草。
它易被忽视的毛茸茸的修长姿态,教会我谦恭虚己。
只有拥有平静的内心,才能看到万物之美。

装点秋日花园的秋牡丹,用分株来繁殖。

把去年收获的香菜种子播下,在简易温室里培育,每天不要忘记浇水,在寒冬也可以健康生长。

柠檬香茅 ★ 降低热度的香草

秋天的空气里弥漫着静谧的气息。天气仍旧很热，因为没有带帽子在花园里工作，头皮被晒得滚烫。在森林花园入口处，柠檬香茅细长的穗状花序又高又细，随风摇曳，散发出独特的柠檬气味。我在花园里的秋千上稍作休息，饮用柠檬香茅泡的热茶降温。

柠檬香茅在东南亚烹饪中经常用于咖喱、汤和面类中。众所周知，它的气味可以驱除虫和猫。它还可以通过促进排汗而降低体温，有助于消化，可用于治疗发烧、感冒或腹泻。

我喜欢用它的精油来制作古龙水：将柠檬草、香茅和薰衣草精油与乙醇混合，闻起来很香，但蚊子讨厌它！

如果我们有一周这样温暖干燥的天气，将是收获柠檬香茅并将其挂起来晒干的绝佳时机。我常用柠檬香茅增加香草茶和辛辣的泰式咖喱的风味。

栽培要点

不耐寒多年生植物，喜阳光充足，需在零上 7℃ 以上过冬，在寒冷地区要用大花盆种植。春天分株。

将具有保湿性的肥沃土壤和椰壳按照 2:1 的比例混合作为种植土壤，每月一次加入有机液体肥。从地面开始 15cm 左右的叶子富有水分，味道更美。冬天修剪叶子后用稻草覆盖，或把花盆移到屋檐下或室内。

柠檬香草茶

Lemon Herbs Tea

这是一款清爽的、充满柠檬香气的香草茶。柠檬香茅有助于缓解疲劳，帮助消化；柠檬马鞭草具有提神、舒缓功效；柠檬香蜂草可缓解焦虑、头痛和抑郁；柠檬薄荷有助于消化。

材料

干燥柠檬香茅 2 杯
干燥柠檬马鞭草 2 杯
干燥柠檬香蜂草 2 杯
干燥柠檬薄荷 2 杯

1 将叶子细细切碎，全部混合。
2 放入密封容器里，保存 1 年左右。
3 1 杯开水，加入满满 2 小勺香草碎，泡茶。

海索草 ★ 净化的香草

我的女儿朱莉很喜欢和我一起散步。她患有自主神经功能失调，随着年龄的增长，语言和记忆功能会慢慢退化，但是散步可以帮助她恢复记忆。夏季的黄昏，当我们散步回家，看到花园里的薰衣草已经开放，海索草青色的尖尖的花序在微风中摇晃。

把海索草和柠檬香蜂草、苦薄荷、百里香、迷迭香、薰衣草等蜜蜂们喜欢的植物种在一起，可以长得很好。

作为有名的科隆香水和荨麻酒的原料，海索草香草茶对支气管炎、头痛感冒、胸口痛等多有益处。我每年会用大铁锅制作含有生姜的止咳糖浆，除了苦薄荷和百里香，还加入大量的蜂蜜和海索草。

大原的山野暮色四合，在为朱莉准备海索草香草茶的时候，我拉上了窗帘。

栽培要点

耐寒多年生植物，类似灌木的植株。喜日照良好和排水好的土壤，为了让枝条不伸展过度，春季应大幅修剪。老旧的枝干会不断发出新枝，不用担心。秋末给它覆盖一层有机堆肥。频繁摘心，可以让叶子保持柔软和鲜嫩。海索草的花蜜也很美味，可以把蜜蜂的蜂巢安排在附近。

有一天，在我退休后，我希望开始养蜜蜂，自己来酿造蜂蜜。

★ 蜜蜂很喜欢海索草。

海索草和百里香的止咳糖浆

Hyssop and Thyme Cough Syrup

儿时我在英国喝过的止咳糖浆的味道非常可怕，只能强忍着喝下去。这种糖浆是我为了孩子们容易喝而想出来的，海索草可以止咳，百里香可缓和喉咙的疼痛，生姜有祛痰的作用。

材料

海索草的枝叶（新鲜或干燥）1 杯
百里香的枝叶（新鲜或干燥）1 杯
生姜（切丝）100g
黄砂糖 600g
水 800mL

1　海索草、百里香、生姜和水加入锅里，煮到沸腾后，转小火 30 分钟，过滤。
2　（1）重新放回锅里，加入黄砂糖煮 10 分钟后转小火。
3　冷却后装瓶，在冰箱里保存。

藏红花 ★ 小事就是大事

小时候住在西班牙时，每当到了让人昏昏欲睡的夏日，在从幼儿园回家午睡时，我经常会被花园里燃烧松果和小树枝发出的香气而唤醒，我知道，这是在做我最喜欢的西班牙海鲜饭。我走到外面看，果然，母亲的第三任丈夫达德利叔叔在做饭，浅浅的大锅里，藏红花米饭咕嘟咕嘟地煮着。在西班牙度过的那一年，我爱上了藏红花的味道。

原产波斯的藏红花，10世纪经北印度传到西欧后，得到广泛的利用。藏红花的名字萨夫兰，语源是阿拉伯语中黄色的意思。在波斯、印度、希腊，黄色是身份高贵的人才能用的皇家颜色，藏红花自古以来是非常珍贵的香草，偷盗它的人会被判处绞刑。

现在藏红花的主要生产区是西班牙到克什米尔地区，在烹饪方面，以中东料理为主，米饭、鸡肉、海鲜和蛋糕里都会用到藏红花。

我曾经喝过藏红花的香草茶，它可以温暖身体、改善失眠、哮喘、忧郁、风湿等症状。也可以改善月经不调，提高生殖能力。但是，它会引起流产，在妊娠中不可以使用。

藏红花好像细丝一般的长长的雌蕊，是价格非常昂贵的商品，"小事就是大事"，请记住这句话吧。

栽培要点

耐寒多年生球根植物，喜好稍微阴翳的地方和排水佳、适度肥沃的土壤。春季或秋季，把球茎的根部向下，在距离地面8～10cm的深度种植。每3～4年，初夏叶子枯萎后挖出球根，分球后再次种植；秋天开花后，用镊子拔出三根红色的雌蕊，用带颜色的纸张夹住，放在通风良好处干燥，阴凉保存。

西班牙海鲜饭
Paella

小时候，我曾随家人搬到西班牙巴塞罗那住过一段时间，下午较晚的时候，经常吃西班牙海鲜饭，直到今天我都记得那个味道。

材料 （6人份）

虾 12 只
贻贝 12 个
鸡肉（翅根）12 根
番茄（切碎）2 个
红椒（切薄片）1 个
米 225g
水 500mL
橄榄油 适量
盐、胡椒 各适量
月桂叶（干燥）2 片
藏红花 1 小勺
青豆 1/2 杯
大蒜（切碎）4 片

1 虾和贻贝各自放入加水（各300mL）的锅里，5分钟沸腾后，取出沥干。
2 虾和贻贝放在一旁。
3 炒锅加橄榄油，加入番茄和红椒翻炒。
4 大炒锅里放入橄榄油，炒大蒜和鸡肉到焦黄色，加入米，整体轻炒。
5 米炒到透明后，加入（1）的煮汁，一边翻炒一边注意不要让米焦糊。
6 加入月桂叶、藏红花，用盐和胡椒调味。
7 用大火煮5分钟，经常搅拌，需要的话加些水。
8 海鲜饭专用盘或是大盘子里盛入（7），周围装饰虾和贻贝，中间放上番茄和红椒。
9 盖上铝箔，预热180℃烤箱烤20分钟，差不多好时加入青豆，盖上铝箔，再烤数分钟，海鲜饭的米饭要稍微硬一点好，注意不要过软。
10 从烤箱拿出，直接上桌。

无花果的开胃菜
Fig Hors d'Oeuvre

我和先生阿正结婚的时候,英语学校的学生们送给我们一株无花果树。现在这棵树已经长得很高大了,每年从9月到10月,每天都可以收获成熟的果实。无花果的果实容易受伤,需在冰箱里冷藏,两天内食用。突然有客人来的时候,用帕尔马火腿卷上新鲜的无花果,再配上冰镇白葡萄酒就可以招待。

如果有烤好的面包,可以放上切片的无花果,再加上薄切片的戈贡佐拉奶酪,淋上一点蜂蜜,用烤箱烤几分钟,这样的组合,是非常好吃的餐前小点。

无花果 ★ 丰饶的象征

突然刮起风来,大滴的雨点从无花果的枝叶间落了下来。我抓住装着成熟无花果的篮子把手,赶紧从梯子上下来。

无花果是人类最早栽培的植物之一,在佛教、伊斯兰教和基督教三大宗教里都是神圣的象征。释迦摩尼坐在和无花果同属的印度菩提树下冥想而悟道,亚当和夏娃在伊甸园里用无花果树叶遮挡身体。

原产中东的无花果,在晴朗干燥的地方,寿命可长达100年。干燥无花果常被当作代替砂糖的甜味剂,在传统医学里也被当作泻药。它的钾、钙、铁、维生素C的含量都很丰富。

我把无花果切成薄片,和葡萄、加曼贝尔奶酪一起作为白葡萄酒的下酒小菜。

栽培要点

无花果树喜欢中性、沙质、干燥的土壤。种植的时候,稍微加些有机质,挖60cm深的孔穴,加入混合了砂石的土和骨粉。最适合在4月修剪,每年春季在根基部放些鸡粪肥和海藻精作为覆盖。

生姜 ★ 温暖身体

当从山上吹来的冷风,开始摇晃树木和草叶时,我做了温暖的生姜茶。生姜让身体温暖,是一种强壮身体的香草。

我最初认识生姜是很久以前在印度旅行时。当时19岁的我在伦敦感到生活幻灭,想要寻找真正幸福的方法,我追随一位年轻的印度上师普仁道华学习,在那里学到很多之后,辗转到了日本。

在印度,我遇到各种各样用生姜制作的料理,我特制的感冒糖浆主要原料也是生姜。后来先生阿正告诉我,生姜还可以缓解头晕、呕吐、腹泻和促进血流循环,"记性也会变好!"阿正笑着说。

制作饼干和蛋糕时加入生姜,味道会更好;用生姜精油按摩,可以缓和头痛、肌肉痛、风湿和疲劳。生姜可以抑制妊娠中的呕吐,是一种很安全的药品。

种植生姜很简单,我一边喝着生姜茶,一边到田里看看生姜的长势。

栽培要点

不耐寒的块茎植物,喜温暖的气候、肥沃湿润的土壤。喜淋不到风雨的地方,不适应严霜、阳光直射、强风、水涝。从晚冬到早春种植生姜根茎时,选择新鲜、圆润、芽头饱满的根茎,种的时候芽头向上,距离地面5～10cm。

防晕车生姜糖浆
Ginger Syrup for Travel Sickness

这是我在印度的时候,朋友教给我的做法。

材料

生姜 1 大块
蜂蜜 1 杯
水 1/2 杯

1 好好洗干净,切薄片。
2 煮开水,加入(1),慢慢煮到变软。
3 关火,加入蜂蜜,搅拌至溶解。
4 放置一晚,储存在已消毒容器里。

姜薄荷冰茶
Ginger Mint Iced Tea

突然有客人来的时候,可以准备这种清爽的茶水待客。

材料

祁门红茶 2 小勺
热水 适量
生姜 (切碎) 2.5cm 长
薄荷或是胡椒薄荷叶,约 10 片
砂糖或蜂蜜 根据喜好
草莓 (切片) 根据喜好

1 将茶壶里放入祁门红茶、生姜和薄荷,沸水倒入,浸泡 10 分钟。
2 根据喜好加入砂糖或是蜂蜜。
3 过滤后注入玻璃水壶里,加冰块,放上薄荷叶,根据喜好放入草莓片。

甜叶菊果酱

Stevia Berry Jam

我常在喝茶时用干燥的甜叶菊和蜂蜜代替砂糖。甜叶菊也可以用于果酱的调味。

材料

泡好的玫瑰果茶 150mL
甜叶菊 12 枝
果胶 2 小勺
莓果（喜好的种类）500g
蜂蜜 少许

1 莓果清洗干净，去除果蒂，放入锅里，稍微煮烂。
2 玫瑰果茶煮沸后，加入甜叶菊，再稍微煮后，关火放置 20 分钟。
3 （1）用火加热，慢慢加入（2），加热到 104℃，边搅拌边煮（煮到有透明感）。
4 把少许（3）放到其他容器里，一点点加入果胶，一边搅拌一边放入，溶解。
5 把（4）一点点放回（3）里，令它到合适的硬度。
6 确认甜度，如果甜度不够就加些蜂蜜，冷却后放入已消毒容器里，贴上标签。

甜叶菊 ★ 甜味香草

清晨的太阳刚刚升起，花园里就洒满了阳光。秋天的红叶在金黄色的阳光照耀下，美丽的颜色光彩夺目。我走出房门，边呼吸着新鲜的空气，边准备在初霜之前采收今年最后的甜叶菊，因为甜叶菊是不耐寒的植物。

我从小就喜欢吃甜食，所以甜叶菊对我来说是一种妙不可言的香草，可以在不使用糖的情况下满足对甜食的渴望。作为低卡路里的天然甜味剂，甜叶菊也不影响血糖值。

甜叶菊原产于巴拉圭北部和巴西南部的高地，被当地原住民用作草药茶的甜味剂。日本从 20 世纪 70 年代初在北海道开始种植甜叶菊，现在得到了广泛运用。

我在花园里弯下腰，倾听寂静中细微的自然之声。不可思议的是随着秋天的气温下降，甜叶菊的甜度反而增加了，我很喜欢在初霜降临的这段时间里，在英式下午茶中使用甜叶菊作为甜味剂，加入新鲜的薄荷茶和可可里也很适宜。我在制作莓果果酱和薄荷糖浆时，也使用甜叶菊。

我回到家，把甜叶菊的枝条挂起来晾干。

栽培要点

半耐寒多年生植物，必须良好的日照，喜排水佳、轻质土壤。频繁浇水，不要让根部干燥，用有机堆肥覆盖根部周围。每 3 周摘心 1 次，可以增加侧芽让叶子繁茂。大约 3 年移植 1 次，重新种植后，在气温下降后的晚秋收获。

苦薄荷 ★ 清肺香草

在微风吹拂下,花园里的花朵们好像跳舞一般,摇曳生姿。我看了看花园里的香草,发现苦薄荷长得太高,需要修剪了。孙子乔有些感冒,正好用来给他制作止咳糖浆。

苦薄荷富含维生素,有助于增强免疫力,并能化痰,在患支气管炎和感冒的时候非常有用。

苦薄荷原产于地中海地区,在《圣经·旧约》中,它曾经为希伯来和埃及的祭司们使用。它的名字源自埃及天空和太阳之神荷鲁斯。过去,人们普遍认为苦薄荷可以使自己不受恶灵和魔法师的伤害,因此经常将其装在小香袋中随身携带。

我给乔穿上棉外套,说:"喝一勺子止咳糖浆,到炉边去暖和暖和吧!"

栽培要点

耐寒多年生植物,喜没有风、日照良好的地点和排水佳、中性或碱性土壤。春季花开后收获,频繁采收可以促进分出侧芽,生长更加旺盛。

苦薄荷止咳糖浆
Horehound Cough Syrup

这种带苦味的香草可以让喉咙清爽舒畅、止咳。感冒、支气管炎、哮喘、咳嗽的时候喝一小勺苦薄荷糖浆,或1杯苦薄荷茶吧。

材料

苦薄荷叶子(新鲜或干燥)1/2 杯
水 2 杯
蜂蜜 3 杯
生姜(磨碎)2 大勺

1 锅里放入苦薄荷叶子加水煮到沸腾,转小火,加盖再煮20分钟。
2 过滤(1),加入蜂蜜和生姜末,存放在密封罐中。

菠菜豆腐咖喱
Spinach Curry with Tofu

这是年轻时在尼泊尔和印度学习料理的先生阿正教给我的菜肴，一般是使用一种叫巴尼尔(Paneer)的印度奶酪，但是我用了豆腐代替。

材料（5人份）

菠菜 800g
番茄（切大块）200g
木棉豆腐（切2cm方块）1块
大蒜（切碎）30g
生姜（切碎）30g
色拉油 适量
黄油 50g
盐 4/3 小勺
椰奶 200mL
水 适量

香料混合

- 桂皮（1cm×10cm）1片
- 小豆蔻 4 粒
- 丁香 6 粒
- 芥末籽 1.5 大勺
- 孜然子 1.5 大勺

香料粉末混合

- 姜黄 1 大勺
- 辣椒 2/3 小勺
- 黑胡椒 2/3 小勺

1 用热水焯一下菠菜，稍微沥水后用搅拌机打成糊状。
2 锅里放入100mL色拉油加热，香料按个头大小顺序依次放入。香料味道出来后，加热到油发出噼噼啪啪的声音，注意不要炒糊了。
3 (2)里加入黄油、大蒜、生姜，炒到稍微变色后，加入香料粉，再炒1分钟。
4 (3)的锅里，加入番茄炒到变软，加入(1)的菠菜，注意不要烧糊，一边搅拌一边让它沸腾。水分不足的话可以加一些。
5 木棉豆腐用油稍微煎一下。
6 (4)用盐调味，最后加入椰奶。菠菜煮太久会没味道，不要煮过度。
7 盛入碟子，其中(5)的豆腐每个碟子放入6小块左右。

Turmeric root

姜黄
★ 消炎与净化

今天阳光灿烂，大地上所有的植物都伸展舒放，姜黄也开出了美丽的花，这让我想起了在冲绳的时光。

数年前的夏天，我去参观了那里的一个村庄，村里有许多健康快乐的百岁老人。当我询问他们长寿秘诀时，他们告诉我他们经常喝掺有姜黄粉的绿茶，当地人相信它不仅可以帮助血液净化，而且还能净化全身组织。

姜黄原产于印度，现在全世界的热带地区都有栽培，它对肝脏和消化器官有益，并能让骨骼强健。姜黄含有的姜黄素有抗氧化作用，对于胃溃疡、消化不良、糖尿病、细菌感染等有疗效。

将姜黄的根茎干燥并研磨成粉末，只需一两茶匙的粉末就能给咖喱和米饭带来温和的味道。用几滴水，这种粉末就可以制成糊状，用于治疗皮疹、割伤和伤口。姜黄的颜色是一种深黄色，还可以用于给食物和织物着色。

我常使用姜黄制作印度人每天都会吃的小扁豆汤。坐在花园里，喝着刚煮好的汤，蜻蜓悠然的振翅声传来，让我感到宁静。

栽培要点

多年生植物。在温暖干燥的气候下繁茂生长，稍微荫蔽、温暖湿润的场所也长势良好。成长期需要给予液体肥料，干旱的时候用喷雾器喷水，秋天即使干些也无所谓，长至1.5～1.8m高后，在初霜降临前收获，需用小耙子小心挖起来，洗干净后摊开，日晒晾干。

October
10月

植物伴侣种植法

我们在人生中会遇见很多人，其中有的会成为好朋友，有的则不会。性格相投的人之间产生友谊，帮助彼此成长。相反，性格不相容的人在一起就会互相消耗，结果不得不分开。

香草、蔬菜也和人一样，有友善和谐、互相帮助的组合，也有水火不容的组合。花园和菜园植物的种植位置，请参考下面的图表吧。特别是种植蔬菜时非常有用。

性格相投的好组合

（促进彼此成长，让彼此风味更浓郁）

黄瓜 + 莳萝
草莓 + 琉璃苣、菠菜
芦笋 + 欧芹、番茄
胡萝卜 + 豆子、洋葱、葱
豆子 + 白菜花、夏香薄荷、法国万寿菊
西兰花 + 洋葱、土豆、芹菜
番茄 + 罗勒、细香葱、洋葱、欧芹、芦笋、大蒜、紫苏
旱金莲 + 柠檬香蜂草
生菜 + 葱
圆白菜 + 百里香、鼠尾草、德国洋甘菊、莳萝
茄子 + 佛手柑、荷兰豆、秋葵、罗勒、香菜
青椒 + 秋葵、罗勒、佛手柑
玉米 + 土豆、豆子、黄瓜、南瓜、佛手柑、荷兰豆
南瓜 + 玉米、佛手柑
洋葱 + 德国洋甘菊
花菜 + 豆子
玫瑰 + 欧芹

性格不容的组合

（妨碍彼此生长）

豆子 + 洋葱、大蒜、细香葱、唐菖蒲、茴香
西兰花 + 番茄、豆子、草莓
白菜花 + 番茄、草莓
黄瓜 + 土豆、芳香香草类
四季豆 + 洋葱、大蒜、唐菖蒲
南瓜 + 树莓 + 土豆
番茄 + 茴香、圆白菜、土豆、莳萝、玉米
树莓 + 黑莓
艾蒿 + 孜然、茴香、鼠尾草
茴香 + 香菜、莳萝
胡萝卜 + 莳萝、茄子
罗勒 + 芸香
芸香 + 鼠尾草、罗勒、圆白菜
小白菊 + 树莓

除虫伴侣

我花园里有很多香草，所以我几乎没有为虫害烦恼过。特定的蔬菜和香草组合一起种植，有着互相驱除害虫的功效。比如，将番茄和罗勒、琉璃苣或是紫苏一起种植，危害番茄的害虫斜纹夜蛾和烟草夜蛾的幼虫就不会靠近。胡萝卜和洋葱一起种植，危害胡萝卜的害虫胡萝卜茎蝇的幼虫就不会靠近。十字花科的蔬菜（圆白菜、白菜花等）和豆类一起种植，十字花科的害虫蚜虫和茎蝇就不会靠近。德国洋甘菊和西洋蓍草一起种植，蛞蝓就不会靠近。在蔬菜附近种植有驱除害虫效果的香草还有很多种。

驱除花园和菜园害虫的香草

★ 毛虫：芸香、绵杉菊、咖喱草、法国万寿菊
★ 蚜虫：法国万寿菊、旱金莲、虞美人、薄荷、留兰香、细香葱、大蒜、欧芹、罗勒、猫薄荷、紫花猫薄荷、山葵、香菜、薰衣草
★ 蚊蚋：罗勒
★ 果蝇：罗勒、艾菊
★ 蛞蝓：大蒜、细香葱、艾蒿、芸香、茴香
★ 茎蝇：艾蒿、香菜
★ 鼻涕虫：大蒜
★ 小菜蛾、青虫：旱金莲、葱、普列薄荷、艾蒿、法国万寿菊、海索草、琉璃苣
★ 叩头虫：琉璃苣、罗勒、紫苏
★ 玫瑰上的蚜虫：薄荷、细香葱

驱除房屋周围害虫的香草

在花盆里种植以下香草，放在窗旁或是狗窝旁边可以驱虫。

★ 蚂蚁：艾菊、薄荷、普列薄荷
★ 跳蚤：薰衣草、薄荷、茴香、艾菊、普列薄荷
★ 摇蚊：普列薄荷
★ 蚊子：洋甘菊、芳香天竺葵、普列薄荷、迷迭香、鼠尾草、绵杉菊、薰衣草、薄荷、百里香

吸引益虫的香草

下面的香草种在花园里，可以吸引益虫来吃掉花园里的害虫。放手交给大自然吧，花园里是可以不用杀虫剂的。

★ 草蛉：蓍草、洋甘菊
★ 瓢虫：万寿菊、蓍草、蒲公英、金盏花
★ 食蚜蝇：蓍草、莳萝、茴香、旱金莲

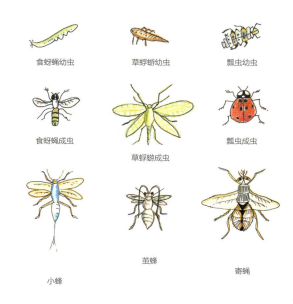

食蚜蝇幼虫　　草蛉蝽幼虫　　瓢虫幼虫

食蚜蝇成虫　　草蛉蝽成虫　　瓢虫成虫

小蜂　　茧蜂　　寄蝇

驱除讨厌的害虫　保护花园的秘诀

蛞蝓

1 在蛞蝓喜欢的植物周围，撒上砂砾或是打碎的鸡蛋壳，蛞蝓就不容易爬过去。

2 将加入啤酒的杯子埋在植物附近的土里，鼻涕虫就会不小心掉进去淹死（只要它不会游泳）。

November

---

11 月

我喜欢坐在森林花园的秋千上看书。

秋日之歌

Camellia sasanqua 茶梅

雾气弥漫、果实成熟的秋，
你和成熟的太阳成为友伴；
你们密谋用垒垒的珠球，
缀满茅屋檐下的葡萄藤蔓；
使屋前的老树背负着苹果，
让熟味透进果实的心中。

——（英）约翰·济慈《秋颂》

Season of mists and mellow fruitfulness,
Close bosom-friend of the maturing sun;
Conspiring with him how to load and bless
With fruit the vines that round the thatch-eaves run;
To bend with apples the mossed cottage-trees
And fill all fruit with ripeness to the core.

—John Keats《Autumn Ode》

在日本传统历法中，11月是霜月，是有霜降的开始。今天，我比平时起得略晚，打开窗户，只见远处的北山下，有两只鸢鸟正在蔚蓝的天空追逐嬉戏，然后渐渐远去。

我赶紧下楼走进厨房，煮好姜红茶，装入保温瓶中，然后打开玄关厚重的拉门，冷风扑来，外面犹如冰冻一般，看看挂在墙上的温度计只有4℃，这是一个会有霜冻的早晨。我不禁打了一个寒颤，往冰冷的双手上呵了几口热气，热气瞬间化为白雾消失。

花园里，西洋柊树和南天竹的果实渐渐变红；枫树深红色、金色和黄褐色的落叶铺满了花坛，好像地毯一般。是时候给植物提供舒适的冬季覆盖物了，因为它们和我们人类一样，都需要在冬天保持温暖。今天这样的天气，虽然有些冷，但还是很适合园艺劳作，我计划把一些不耐寒的植物搬进室内。

不过，首先还有很多家务要做。我返回房间开始洗衣服，然后将洗好的衣服挂在二楼东侧的竹竿上，太阳渐渐升起来，微风吹拂着枫树的枝条。午后，做完家务，我走进花园，先将芳香天竺葵和柠檬马鞭草搬进室内，然后将其他香草搬到屋檐下，接着开始耙落叶，在晴朗的天气里干这件事，非常令人愉快。最后，我开始拔杂草，并给植物覆盖。

花园里的工作一旦开始，就停不下来，往往正做着一件事，忽然就看见另一件事，等忙完它回过头来继续之前的事，可能又有新的情况出现。我在花园里忙来忙去，植物不断向我诉说着它们的需求。因为太过于投入，我忘记了时间，生活中的烦恼也抛之脑后。花园独轮车里不知何时已经装满了杂草和落叶，当忙完手中的一切，我一手推着它，一手拎着一桶厨余蔬菜果皮，走到房前田里的堆肥箱里，先将蔬菜果皮倒进去，然后将杂草和落叶覆盖在上面。

忽然，一股寒意包裹了我，原来已是傍晚了，夕阳将我的身影拉长。白天越来越短了，年底即将到来，所以要抓紧将枯叶和落果都放进堆肥箱中。

在花园里，我们每一天、每个季节都经历着生命的循环——枯萎和新生。11月，虽然花园万物枯败，但是我们可以帮助大自然让土壤变得更肥沃、更富饶。作为人类，其实每一天都可以从大自然的生命循环中获益良多。但是，随着社会节奏的加快，都市里被高楼大厦包围的人们因为远离大自然，而日渐感到身心疲惫。请放慢脚步，重新俯身倾听植物低语，找回生命的乐趣吧。

要知道，我们每一个人生来就与大自然有着亲密而深刻的联系。当我们还是婴儿时，我们抬头仰望美丽的蓝天，看着头顶上飘浮着白色云朵，心里充满了惊奇；当我们开始爬行并会东张西望时，花园里蹦蹦跳跳的小鸟让我们兴奋不已；我们会侧耳仔细聆听，因为地球充满了各种声音；我们把东西放进嘴里，石头、木棍和其他任何我们可以抓到的东西；我们敏锐地闻到每一种香味，就这样，慢慢地开始意识到大自然的多样性。让我们尝试再次以童心生活吧，那会怎么样呢？一定会觉得在这颗美丽星球上生活的每一天，都充满了奇迹。

在和大原这座房子相遇之前，我一直很想念英国的四季，每年都非常努力工作，就是为了积攒足够的钱，暑假可以带着孩子们一起回到爱尔兰，那里有我一半的家人。

每次回国，我都会和分别住在牛津郡和什罗普郡的两个妹妹相聚。英国的夏天白昼很长，太阳要到晚上十点才落山。天气也凉爽，草地上开满了美丽的花朵，蝴蝶和蜜蜂翩翩起舞。孩子们转到国际学校就读后，我们在英国待的时间变长，这样就能够欣赏到比日本早到的秋天。8月底左右的英国，白天变短，阳光变得柔和，山楂树渐渐染上红色和金黄色，西北风带着雨云而来，叶子慢慢凋落，呈现出一幅美丽的秋景。

我已经有好多年没有回英国了。自从母亲去世后，大原的花园成为我生活的中心，如今我很享受大原的秋日，这里的秋天柔和而灿烂。

地榆
Ware Moko

寒冷的早晨_____

今天起床晚了。
我赶紧走下楼,泡了一杯姜红茶。
拉开玄关的大门,外面的气温只有 4℃。
我禁不住打了个寒战。
在这个令人瑟瑟发抖的清晨,
我向双手呵了几口热气,指间瞬间升起白烟。

这种天气,要给植物温暖的覆盖,
植物和人类一样,
都想要舒舒服服地过冬。

Tsuwabuki
大吴风草

Shumei Giku

秋牡丹

屋檐下的回廊花园

昨晚,气温突然下降。
今天早晨拉开窗帘,
森林覆盖的山脉充满了令人惊叹的中世纪色彩。
花园里,红色和黄色的枫叶变得更加鲜艳。

在寒冷晴朗的天气里,我清理屋檐下的回廊,
为怕冷的植物建造一个庇护所。
我将不耐寒的香草搬进室内,让它们享受柴火炉的温暖。
柠檬马鞭草和芳香天竺葵的美妙香气,弥漫房间。
在寒冷的冬天,屋檐下的回廊变成了花园。

左：每天一起来，我就去花园里取柴炉用的木材。

右上：圣诞节前几周，我用花园里的常绿树装饰房间里的旧木柱。常绿树是永恒生命的象征。

右下：阴沉的冬日下午，我待在室内为圣诞节制作餐桌装饰。

百里香 ∗ 唤起勇气的香草

晚秋晴朗的早晨，微风徐徐。在寒冷的冬天到来之前，我会修剪百里香过长且散乱的枝条。

百里香可以提高免疫力，我常将它干燥后，用于制作治疗感冒和咳嗽的药物，或制成著名的"百香包"，作为汤和炖菜的调味料。

百里香，意思是勇气，可以使身体充满活力，帮助克服恐惧或害羞。在古罗马，士兵们在出征之前会用百里香进行温热的香草浴，以此给予杀敌的勇气。回顾百里香的历史，欧洲在中世纪骑士时期，贵夫人们常常将刺绣着在百里香枝头飞舞的蜜蜂丝巾，在骑士竞技赛事上，赠送给暗恋的骑士。

我家从不缺少百里香的身影。当宿醉或是肠胃不调的时候，把梅干和百里香放入锅里煮沸后饮用，会神清气爽；头痛和感到压力时，将百里香放入香炉里焚烧，会让人情绪高昂、症状减轻。用百里香做蒸汽浴，有益于改善青春痘、皮肤粗糙等问题。在基础油里加入百里香精油按摩，可缓解关节炎和痛风。百里香混合黄油制作成香草黄油放入冰箱，冬天也可以使用。在古罗马的寺院里，人们会焚烧百里香枝条，作为烟熏杀虫剂和防虫剂。

栽培要点

耐寒多年生小灌木，喜日照充足，稍微有些荫蔽也可以。喜排水佳、较为肥沃的轻砂质土壤，注意不要修剪过度，我在冬季到来前会修剪茎干至 1/3 左右的长度。

∗ 百里香有驱蚊作用。
∗ 蜜蜂很喜欢百里香。

百里香、泻盐护发素
Energizing Thyme and Epsom Salt Treatment

泻盐（硫酸镁）可以增强活力、放松神经和排出体内的毒素。将身体或头发浸泡在水中至少 15 分钟，确保水不要太热。

材料

百里香（新鲜或干燥）10 枝
泻盐（硫酸镁）4 大勺
水 4 杯
百里香精油 10 滴

1 水烧沸后，加入百里香和百里香精油，煮 20 分钟。
2 过滤，和泻盐混合。
3 放入浴缸或盆中。

百里香蘑菇吐司
Mushrooms on Toast with Thyme

这是小时候，保姆婷婷给我们做的下午茶食谱。

材料（4 人份）

全麦吐司面包 4 片
蘑菇（3mm 厚切片）100g
大蒜（切碎）2 瓣
百里香（鲜叶，切碎）1 大勺
橄榄油 少许
盐、黑胡椒 少许

1 将蘑菇和大蒜在油中炒香。
2 用盐和胡椒调味，加入大部分百里香叶，保留一些作为装饰。
3 烤面包。上面放上蘑菇混合物，并用剩余的新鲜百里香叶装饰。

甜椒豆腐牛至风味烩饭
Pepper and Tofu Gratin, Oregano Flavour

这是很好的开胃菜，或是夏季午餐，搭配刚烤好的罗勒面包最佳。

材料（4人份）
中红椒 3 个
初榨橄榄油 2 大勺
面包屑 10 大勺
牛至（鲜叶，切碎）2 大勺 + 装饰用
欧芹（鲜叶，切碎）1 大勺 + 装饰用
豆腐（最好是木棉豆腐，切成 1cm 大的方块）1 块
盐、黑胡椒 适量
沙拉油 适量

1 用烧烤网将红椒烤到表面有焦色，稍微过水后剥皮，去掉种子，撕成 1cm 的条状。
2 将辣椒和豆腐放入涂了油的烤盘中，撒上盐和胡椒调味。
3 将面包屑、部分牛至和部分欧芹混合在一起，撒在豆腐和红辣椒上。淋上橄榄油，预热 200℃烤箱烤 20 分钟。
4 用剩余的牛至和欧芹装饰。

牛至 ★ 山巅的喜悦

传说，希腊神话中爱的女神阿芙洛狄忒在碧蓝的海底发现了一种香草，女神将它带到附近的山顶悉心培育，这就是牛至。所以牛至又有个名字为"山巅的喜悦"。

牛至香草茶有镇静作用，能够治疗头痛和晕船，还是一种很好的护发素，但要避免孕期中大量摄取。

年轻时，我们开着二手面包车经土耳其前往印度，在土耳其，每天晚上在小村子里扎营后，负责做饭的我就用当地的蔬菜利用营地的篝火制作蔬菜杂烩。慢慢炖煮蔬菜时，我常常爬上附近的小山丘，寻找能增添风味的牛至。牛至生长在荒芜的草原地带，每当闻到它随风飘来的香气，我就满心欢喜。

栽培要点

耐寒多年生植物，喜日照充足和排水佳、略肥沃的土壤，可以一直收获，晚秋剪到 10cm。

★ 蜜蜂很喜欢牛至。

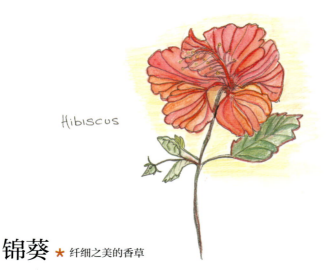

锦葵、玫瑰果、柠檬香茅茶
Hibiscus, Rose Hip & Lemongrass Tea

先生阿正去山间徒步的时候,一定要把这种茶装入水壶随身携带。可以浸泡30分钟做得浓一点,再根据喜好来冲淡。加冰后饮用,是适合夏季的爽口饮料。维生素C丰富,发烧和感冒时也很有帮助。

材料

干燥锦葵 2 小勺
干燥玫瑰果 2 小勺
柠檬香茅 8cm 左右,3 根
热汤 1L
蜂蜜 适量

1 将锦葵、玫瑰果和柠檬草放入茶壶或耐热壶中,倒入沸水。
2 浸泡 5 分钟左右,然后根据喜好加入适量的蜂蜜。

锦葵 ★ 纤细之美的香草

今天一早,我和先生阿正就起床,徒步走到仰木垰的山脚下,然后穿过绿色的草地,慢慢沿山路上行。中途休息时,我拿出装有蜂蜜锦葵茶的保温瓶饮用。锦葵富含维生素C,也是很好的利尿剂,有降低血压的作用,为我们在登山时补充能量。

锦葵原产于墨西哥、非洲牙买加等热带地区,所以在冬季气温低于零下7℃的大原几乎不可能生长。所幸住在冲绳的朋友每年都会寄来一箱锦葵花。我用它给以水果为主的花果茶增添颜色和香气。锦葵茶喝剩下时,可以用它来护发,是很好的护发素。

山间清冷的空气让人舒爽,我不禁想起一句谚语:"正确生活者得长寿。"

栽培要点

喜阳光充足和排水好的土壤,必须零上7℃以上过冬,不耐寒霜,冬季在室内培育。

柿子 ★ 优秀的果实

天色渐暗。红叶的柿子树在金色的夕阳里显得异常美丽。三年前,我曾去大原附近的村子里拜访一位年轻的染色师傅。师傅向我展示了如何将未成熟的柿子捣碎后做成染料的过程。土黄色的柿子染料常用于布匹的防水处理,刺激性的味道还能驱除蚊虫,在日本自古就得到了运用。临走前,师傅告诉我,使用前,染料需要经过三年的发酵时间。

将涩柿做成柿饼,非常甘甜,而且维生素 C 丰富,对咳嗽、感冒有疗效。另外,将柿子的幼嫩叶蒸泡茶来喝,还可以净化血液、促进血液循环。直接吃甜柿,能降低血压,有强力的抗氧化作用,也能缓解宿醉。

现在,我们自己制造的柿子染料经过三年发酵,终于可以使用了。太阳西下的时候,我开始用它给木栅栏上漆,因为它也可以保护木头免受雨水腐蚀。

"吃果不忘种果人。"——越南谚语

栽培要点

柿子原产于中国和日本,喜日照良好和排水良好、肥沃的黏质土壤。春秋季需用堆肥覆盖。春季充分浇水,夏末时减少水量。秋季收获时,尽量在靠近果子处剪断枝条。柿子树和尤加利不能混养,因此应避免两者种植太近。

柿叶和柚子润唇膏
Persimmon & Yuzu Lip Cream

秋天的一天,我的朋友告诉我柿子叶对治疗嘴唇干裂有好处。以此为灵感,我做了润唇膏。

材料

柿子叶(干燥,粉碎)1 大勺
荷荷巴油 3 大勺
乳木果油 1 小勺
蜂蜜 1 大勺
蜜蜡 一勺半
柠檬精油 5 滴
柚子果汁 5 滴

1 将柿子叶浸泡在荷荷巴油里 2 周后,过滤。
2 将(1)和其他材料用锅小火煮,同时搅拌。冷却后,装到小容器里。

December

12 月

阴天，我在花园里干活，冷风吹过枫树的枝条。

花园冬眠之前

茶梅

我们的方法是每时每刻观察自己的体验。

——（日本）铃木俊隆

Our way is to see what we are doing, moment after moment.

—Shunryu Suzuki

"师走"是日本传统历法中对 12 月的称呼。"师"是指寺庙里的主持，"走"的意思是快速跑动。在日本的 12 月，即使是平时最为稳重的主持也忙得连念经的时间也没有，东奔西跑，力求在年底前完成所有的职责和差事。在西方，基督徒也会在平安夜到来之前努力完成所有必须做的事情，所以 12 月有圣诞忙之说。

今天，天还没亮，我就早早起床，搬把椅子坐在朝东的飘窗前远眺。此时大地还在沉睡，万物静寂。渐渐地，天空发亮，整座山谷都笼罩在浓雾之中。随着太阳慢慢升起，远处树木繁茂的山脊被勾勒出锯齿状的轮廓，我沐浴着晨光，静静地享受着宁静。

忽然，房前田地里跑过一只狐狸，我心跳加快，兴奋地注视着它，直到它消失在远处幽暗的森林中。我喜欢清晨这段时光，村庄仍在沉睡，野生动物来去自由。此时，花园里枫树的叶子已经落尽，仰望它美丽的枝干，在蔚蓝的天空中，就好像神奇的骷髅木偶。

我回忆起孩提时代的英国冬天，白天是那么阴沉，夜晚又是那么漫长，每天上午 9 点左右太阳才会升起，下午 4 点左右就会落山。平日里，天气又冷又湿，经常阴雨绵绵，还不时刮着大风。但是一旦风雨停歇，下完大雪，就是孩子们的快乐时光。孩子们穿着防雪服和长筒靴，兴奋地飞奔户外，在亮闪闪的雪地上滑着平底雪橇嬉戏。那个时候，花园里一片洁白，只有常绿树篱冬青树的果实红灿灿的。记得有一次，我们亲爱的保姆婷婷帮我们堆了一个比我们还高大的雪人，它头戴帽子，我们用石块给它当眼睛，用胡萝卜给它当鼻子。直到今天，我还能记起它的模样。

每年的 12 月，我都会给花园进行一次大扫除，这是让花园进入冬眠的准备工作。随着植物枯萎，花园里需要完成的工作也越来越少。这是一个冬藏春长的季节，一切都在静静等待来年春天的萌发。

今天，初冬的第一场雪飘然而下。我将最后一批需要搬进室内的香草搬进房间，然后给花坛里的植物遮上稻草制成的圆锥形棚。当种完最后一个球茎后，我用堆肥给花园里所有的植物都做了覆盖，这样植物们就可以温暖地度过整个冬天。

随着圣诞节临近，我总会想起母亲。因为出身于上流社会，母亲平时轻易不会流露出自己的真实情感，无论是表扬还是表达对某一个人的爱意。只有到了圣诞节，她才会让你知道你对她有多么重要。每当圣诞节来临，她会花上几天时间用绿色植物装点家里，会装饰一棵美丽的圣诞树，会偷偷地给每一个人购买礼物，包括家里的佣人。她还会花费数小时来制作肉馅饼和祖传的圣诞布丁。母亲很擅长画画，每年都喜欢设计圣诞贺卡。她总会在卡片上写一些风趣幽默的赠言。我在日本生活后，每次收到母亲的圣诞贺卡，都会想象她为大家买好礼物、为了不让孙儿们发现而藏起来的样子。这总是让我非常思念故乡。

搬来大原后，我开始遵循寇松家族的传统来过圣诞节。每年，我都会采集大量的绿色植物来装饰房间，然后制作祖传的圣诞蛋糕和圣诞布丁。

今天，是一个晴朗的好天气。我穿上厚衣服和登山鞋，拿着大提篮去附近的山上采集常绿植物。沿山路前行，我边走边挑选形状优美的松树枝和柊树枝，背包上的铃铛叮当作响，据说这样就可以保护人类免受熊和野猪的伤害。因为听说最近有人在山上发现了小熊，为了不和它不期而遇，我大声唱起了《冬青树和常春藤》《平安夜》等圣诞歌曲。

自古以来，世界各地的人们都以不同的方式庆祝冬天的到来，每想到人类是如此相似，就让我感到高兴。在西方，常绿植物作为永生的象征，人们常用它来装饰房间，迎接新的一年。而在日本，日本人喜欢在这个时候用南天竹、草珊瑚和朱砂根装饰房间，它们的果实非常鲜艳美丽，在深冬照亮了室内。

带着采集的满满一篮的枝条，一回到家，我就开始制作悬挂在玄关外的圣诞花环，这是沿袭自古罗马人的习俗，他们认为以此可以驱邪。将做好的圣诞花环挂在玄关外后，我剪下一些迷迭香，用它们和剩下的柊树枝一起制作平安夜的装饰蜡烛。做完这一切，我返回花园、准备清扫落叶、收拾花坛，然后就是安静地等待圣诞节和元旦到来了。

天空乌云密布，不远处，一群乌鸦在光秃秃的树上叫着。我的双手渐渐冰冷起来，当我扫完最后一片落叶，将工具放回园艺仓库时，忽然，夕阳冲破了云层，放射出耀眼的光芒。一只鸢鸟飞过，如同在金色的海洋中游弋。有那么一瞬间，它仿佛静止一般，随后，突然俯冲下来，落在一棵杉树上。阳光透过杉树枝洒落下来，就好像温柔地爱抚着每一根枝条，在一天即将结束的时候，这是多么动人的景象啊。

Mexican Sage
墨西哥鼠尾草

工 具 _____

雨后，灰色阴暗的天空下，
树干湿漉漉的，叶子都已落尽。
"这样的天气，没有办法做园艺了。"
我躲进园艺棚中，清扫地面，整理花盆。
12月是清洁我心爱的园艺工具的好时候，我小心翼翼地擦去刀片和手柄上的泥土，
然后涂上油，擦得闪闪发亮，以免生锈。

黄昏降临了山谷，四周的群山，仿佛美丽的水墨连在一起。
棉花般的云彩环绕着山腰，忽然，空气仿佛有了魔法，
整座大原都漂浮在了空中。

初 霜_____

清晨，天空阴沉而厚重，花园里落满了白霜。
太阳渐渐升起，透过枫树的枝丫间照射在花园里。
阳光融化了白霜，湿漉漉的叶子闪闪发光。
大地正在期待庆祝太阳复活的冬至节。

在黄昏到来之前，必须盖上简易温室的防寒罩。
它们会温柔地照顾植物，保护它们不受夜间寒气的侵袭。
植物会在来年的春天，表达它们的谢意。

现在，花园里代替花朵的是稻草做的防寒棚，
它们仿佛是冬天里的艺术品。

冬天的蜡烛_____

结束了英语学校的课程，我基本都会在黄昏前回到大原的家里。
今天，上课和城市里的空气让我头昏脑涨，
于是回来后，我骑上自行车，前往乡村市场。

灰色的云朵三三两两聚集，搬来黄昏的薄暮。
凛冽的北风从山谷中吹来，令人心旷神怡，大脑瞬间清爽。

我买了一些蔬菜，一边远眺群山，一边沿着乡间小路骑行回家。
我放下背包，走进花园，去查看防寒罩里的花苗。
因为天气预报说晚间会下雪，
所以，我在防寒罩里点燃了一支蜡烛，
散发些许热量的小蜡烛，在月光下勇敢地闪烁着光芒。

柑橘类 ★ 健康之源

日本人到了冬至的夜晚,会在浴缸内放上香橙,然后浸泡在芳香而温暖的水中,感谢太阳。

当我们第一次来大原看房子时,花园里的那棵大香橙树(日本柚子树)就令我喜出望外。香橙等柑橘类水果是人类最早栽培的农作物之一,除了含有广为人知的维生素 C,还富含维生素 A、叶酸和膳食纤维。

在冬天到来之前,我会采摘香橙,用来制作治疗感冒的温热药物和舒缓干裂嘴唇的唇膏。夏天,我会用冬天就冷冻好的香橙汁加上柠檬水做成饮品,非常凉爽。我还会保留香橙籽,用来制作爽肤水。每年年末,我的农家友人都会寄来满满一箱柑橘作为礼物,真是暖心!

我登上梯子,采收最后的香橙果实,准备用来享受今晚的香橙浴。

栽种要点

喜日照充足和肥沃的土壤,即使是潮湿地区也无妨。不耐霜冻,最低气温最好在零下 2℃以上。柑橘、金橘和柚子可以承受更低的温度。

盆栽时要注意多浇水,移栽在 2 月中旬以后为宜。冬季施肥一次,春季开花后再施肥一次。

柠檬香家具养护油
Lemon-Scented Furniture Oil

我有一张漂亮的老式松木餐桌,每年都会用小苏打和醋清理一次。将渗进木纹里的污垢擦洗干净后,再涂上我最喜欢的自制柠檬香家具养护油,结果令人惊叹,桌子看起来像新的一样。

材料

橄榄油 250mL
柠檬精油 20 滴
材料混合好后,放入小的葡萄酒瓶里存放。

橙汁三文鱼

Grilled Salmon with Citrus Juices

最适合烧烤餐会的一款食谱。

材料

三文鱼 4 片
葡萄柚（去皮）1 片
橙子（去皮）1 片
细香葱（新鲜，切碎）2 根　　　　┐
白葡萄酒（辣口）60mL　　　　　　│
橙汁 2 大勺　　　　　　　　　　　├ 腌料
凤梨鼠尾草叶（新鲜）8 大片　　　│
迷迭香（新鲜或干燥）4 枝　　　　┘
黄油 2 大勺
盐、黑胡椒 适量

1　将腌料的所有材料混合，然后用来腌制三文鱼，冰箱冷藏 2 ~ 3 小时。
2　将腌好的三文鱼每片都涂抹上黄油，撒上胡椒和盐，用铝箔包好，两端拧紧，以免汁液漏出。
3　放在烧烤台或烤箱里烤 7 分钟，没必要翻面，为了烤均匀，可以偶尔变换位置。

金橘蜂蜜

Kumquat Honey

金黄色的小金橘富含维生素 A 和 C，用蜂蜜浸渍后，可用于料理。也可以代替砂糖加入红茶中，切 2 ~ 3 片生姜一起浸泡，可以治疗喉痛和咳嗽。

材料

蜂蜜 约 1 瓶
金橘 适量

1　将去蒂的金橘放入煮沸消毒的瓶里。
2　倒入蜂蜜盖住金橘，浸泡约 1 个月后使用。

迷迭香 ★ 记忆的香草

当我准备晚餐时,黄昏悄然而至。为粉红色的晚霞所吸引,我走到花园里,采摘迷迭香的枝条。

迷迭香用途广泛,比如提高记忆力、补充能量、改善血液循环和健脑,还可用来预防阿尔茨海默症。

迷迭香可以用于各种美味佳肴,比如,迷迭香面包、蛋糕、土豆泥、烤鸡……迷迭香泡红酒醋也不错。孕期避免大量使用迷迭香。

因为具有强大的防腐和抗氧化特性,迷迭香成为我在制作美容护理和家庭清洁产品(如洗涤液、洗发水和燕麦皂)时最常用的香草。疲劳的时候,可以在浴缸里放上迷迭香,能帮助恢复元气。迷迭香还有刺激发根的作用,据说一天两杯迷迭香草茶,能促进头发生长。用迷迭香精油按摩,可缓和风湿和肌肉酸痛。

在拉丁文中,迷迭香的语源来自"海之露珠",关于它的传说和习俗也有很多。在西方,结婚仪式上,新娘会将迷迭香编入发辫作为花饰,作为忠诚的象征。新婚夫妇还会在他们的花园里种植一株迷迭香,如果它长得好,这对他们的婚姻和家庭来说都是一个好兆头。

栽种要点

多年生灌木,喜日照充足和排水良好的轻质土壤。随时采摘。如果变得太散乱,可修剪。

★ 迷迭香可以驱蚊。
★ 蜜蜂喜欢迷迭香。

迷迭香和海带洗发水
Rosemary & Kombu Shampoo

迷迭香有护发作用,能够让头发呈现自然的优美黑色。用这种洗发水刺激发根,可以促进头发再生,防止脱发和秃顶。富含矿物成分的海带,可以增加洗发水的黏稠度,让头发更有光泽,再加入几根芦荟也不错。经过一段时间,洗发水会变成褐色,但在使用上是没有问题的,在两个月内用完就可以。冬季寒冷时节会冻结,稍微加热或加入开水即可。

材料

迷迭香(干燥或新鲜,10cm 左右的枝条)6 枝
干燥海带(约 10cm 方块)1 片
迷迭香(新鲜,装饰用)1 枝
迷迭香精油 2 滴
山茶油 1 小勺
水 3 杯
有机皂粉 2 大勺

1 将迷迭香和海带放入水中煮沸。
2 沸腾后转小火,20～30 分钟煎煮成液体(尽量通过加减水分,让液体数量控制在 2 杯左右)。
3 过滤,加入有机皂粉,溶解。
4 加入迷迭香精油和山茶油,用迷迭香枝条装饰。

意大利迷迭香面包
Italian Rosemary Bread

我十岁时,全家驾船抵达了意大利西北海岸一个名叫波多费诺的小渔村。这种意大利迷迭香面包总让我回想起那段时光。

材料(1.5kg)

砂糖 1 小勺
温水 4 杯
干酵母 1 大勺
强力粉 12 杯
海盐 1 大勺
罗勒、迷迭香(新鲜,切碎)合计 5 大勺
干番茄(切碎)1 杯
初榨橄榄油 2/3 杯
迷迭香(新鲜枝叶、装饰用)适量
橄榄油 适量
盐 少许

1 砂糖放入碗里,加入温水 2/3 杯,放干酵母,趁温热放置 10~15 分钟,直到发泡。
2 将面粉和盐、罗勒、迷迭香、干番茄放入一个大碗中,混合在一起。
3 加入初榨橄榄油和(1),然后用勺子一点一点加入剩余的温水。
4 将面团揉至柔软但不粘手,然后刷上油,用保鲜膜盖住表面,放置在温暖的地方约 40 分钟。
5 将面团再次揉匀,分成三份。然后放在涂了油的烤盘上,并划十字。
6 刷上少许橄榄油,撒上迷迭香和盐。在 200℃烤箱中烘烤 25 分钟。

香草烤蔬菜
Roasted Vegetables with Herbs

天气晴朗的日子,我经常去邻村静原短途徒步。出发前,我有时会在当地的一家有机咖啡馆 Café Millet 预订午餐。在那里,我第一次吃到这种料理,简单易做,是吃大量蔬菜的好方法。现在它是我们的家庭食谱之一,搭配刚烤好的面包,非常美味。

材料

洋葱(有机可带皮,切碎)1 个
胡萝卜(有机可带皮,切块)2 个
番茄(切 4 块)2 个
甜椒(切丝)2 个
红椒(切丝)2 个
红薯(有机可带皮,切片)1 个
橄榄油 8 大勺
迷迭香(新鲜)2 枝
黑胡椒 适量
盐 适量

1 大碗里放入橄榄油,加入蔬菜、盐和黑胡椒搅拌均匀。
2 放入烤盘中,在上面撒上迷迭香。
3 将烤箱预热至 200℃,烘烤约 30 分钟,直至蔬菜熟透。

鼠尾草 ★ 拯救和治愈的香草

冬天，空气寒冷而清新，太阳照耀着大地，一切都熠熠闪光。我去花园里剪了一些鼠尾草的枝条，冻得哆哆嗦嗦拿回家，准备用它制作预防感冒的漱口水。

鼠尾草常见于南欧的山坡上，拉丁文名字叫 Salvia，意思是拯救和治愈。它的叶子常用于猪肉香肠的调味，在意大利，也用于小牛肉料理。在英国，被用在烤鸡或圣诞火鸡的传统馅料中。而在日本，则直接裹上面糊做油炸天妇罗，非常美味。我烹饪时会用味道浓郁的普通鼠尾草，药用时则用紫色鼠尾草。

鼠尾草富含植物雌性激素，有助于缓解更年期综合征，我借助鼠尾草的帮助顺利度过了这段时期。用它做香草茶，对净化血液和增强记忆力有帮助。

如果将鼠尾草制成护发素，可以润滑干燥的头发，使头发丰盈且有光泽。如果制成面膜，对收缩毛孔有帮助。将鼠尾草制成漱口水，有助于治愈牙龈出血和口腔溃疡。

从很早以前开始，鼠尾草一直就是健康、智慧和长寿的象征。

栽种要点

耐寒多年生低矮灌木。喜日照充足和排水好、较为肥沃的土壤。大原多雨，我通常用花盆种植鼠尾草，并将它们放在有遮蔽、阳光充足的地方。

★ 鼠尾草可以驱蚊。
★ 蜜蜂喜欢鼠尾草。

治疗喉痛的喷雾
Sore Throat Spray

觉得要感冒了，赶紧用这种喷雾剂对着喉咙喷几下，可以帮助身体抵抗和减轻痛感。

材料

鼠尾草叶(新鲜或干燥)5 片
胡椒薄荷叶(新鲜或干燥)5 片
丁香 3 个
枇杷叶酊剂 30mL

1 将材料全部放入大玻璃容器内，在阴凉处静置两周左右。
2 过滤液体，将其储存在已消毒的喷雾瓶中。

脚气粉
Athlete's Foot Powder

这种粉末可以用于治疗脚气，大量喷洒持续治疗，直至症状消失。

材料

玉米淀粉(或玉米粉) 70g
碳酸氢钠 70g
鼠尾草叶子(干燥) 4 大勺
茶树精油 24 滴

1 将所有材料放入研钵或料理机中粉碎。
2 晚上洗脚后擦干，将粉末涂抹于患处。
3 穿上袜子睡觉。

★ 脚臭的时候，可以用浸泡鼠尾草的热水泡脚。

榅桲 ★ 爱和幸福的象征

远处,群山连绵,山上深绿色的杉树林中白雾升起。大原的山野重返宁静,空气中漂浮着落叶的香气。散步途中,我看到一棵野生榅桲树,结满了明亮的金黄色果实。早晨的景色是多么美丽啊。

榅桲原产于暖温带地区,现在许多国家都有种植。它是最古老的栽培植物之一,曾经是欧洲乡舍花园必种的植物,常用于制作家用果胶、糖果和果酱,取代了酸橙(玳玳花)。作为曾经重要的园林树木,后被苹果和梨取代。秋天,榅桲的叶子由深绿转为明亮的黄色。

直接食用榅桲,有助于促进消化和缓解腹痛、肌肉疼痛。若被制成糖浆或利口酒,可以舒缓喉咙痛和咳嗽。在一些国家,包裹榅桲种子的凝胶状物质被制成头发造型剂。另外,如果将榅桲种子浸泡在水中 1 小时,形成的天然黏液,是温和的睫毛膏。

★ 作为赠送爱神阿芙洛狄忒的果实,榅桲自古以来就是爱情和丰收的象征,是爱的誓言。

★ 分分秒秒的选择累积,最终成就了爱情。

栽培要点

耐寒落叶乔木,喜阳光充足和重黏土壤。榅桲根系浅,所以在树根处挖掘时要小心。远离根基处萌蘖出的新株和新枝,请将其去除,因为它们很少会开花和结果。

烤箱烤榅桲
Baked Quince

在寒冷的北风吹的冬日,从花园里采摘一些榅桲,制作这道简单美味的甜点,糖量自定。

材料

榅桲(带皮)2 个
黄砂糖 4 大勺
香橙(日本柚子)果汁 1 个
新鲜奶油 200mL
薄荷叶 适量(装饰用)

1 将榅桲放在烤盘上,放入烤箱,以 180℃烘烤约 1 小时至软。
2 挖出榅桲果肉压碎,与柚子汁、黄砂糖和少许奶油一起捣碎成泥。
3 搅打剩余的奶油至发泡,放到榅桲上(糖量自定)。
4 将榅桲泥分入 4 个碗中,用薄荷装饰。

后记：烹饪和香草的启蒙

安心吃一片硬面包，
胜过不安吃大餐。

——《伊索寓言》

A crust eaten in peace
 is better than
a banquet partaken in anxiety.

— Aesop's Fables

母亲非常喜欢法国料理，尤其是以贝类、香草和葡萄酒为特色的地中海风味，是她的最爱。我们家的厨师多半来自西班牙或葡萄牙，他们所做的菜肴也反映了母亲的这个爱好。年少时，每到暑假，我都会前往瑞士和父亲一起生活，有时候还会和他在法国南部普罗旺斯艾克斯附近过冬，父亲在那里有一座小别墅，别墅里的香草花园非常美妙。

1955年，我们随母亲和她的第三任丈夫达德利·坎立夫·欧文搬到西班牙巴塞罗那附近生活了一年左右。我们住在一栋美丽的白色别墅里，别墅里有一座可以俯瞰地中海的庭院花园。这是我第一次品尝西班牙海鲜饭的地方。

离开西班牙后，我们搬到了海峡群岛中的泽西岛生活。泽西岛的面积与日本的淡路岛差不多，虽然岛上居民多以法语为主，但是因为海峡群岛属于英国领土，所以英语也被广泛使用。泽西岛的税率很低，因此居民大多都来自富裕阶层，我们的邻居就是卡地亚家族。

泽西岛以龙虾、泽西土豆和浓郁的泽西牛奶而闻名。由于它距离法国东北部布列塔尼乘船仅约两小时，所以母亲和继父达德利叔叔经常带我们乘船前往布列塔尼过周末，品尝当地著名的牡蛎、肉酱、奶酪和其他法国美食。母亲总是拿着她的米其林指南，四处寻找好吃的餐馆，然后将菜谱带回家，自己尝试制作。与英国很多家庭不同，我大部分时间都是在地中海沿岸度过的，所以从小就非常熟悉如何运用香草和葡萄酒制作料理。

我第一次被允许做饭是在11岁的时候。一个春天的早晨，继父达德利叔叔来到儿童游戏房，告诉我们："从现在开始你们不用去学校了，我要带你们去冒险，在船上生活三个月。"听到这个消息，我们都兴高采烈地欢呼起来："太棒了，不用去上学了！"

达德利叔叔告诉我们，他将带领我们从圣赫利尔港出发，然后沿塞纳河抵达巴黎，之后再沿罗纳河到里昂，最后到马赛。达德利叔叔说，他计划让弟弟查尔斯负责导航，我负责烹饪，妹妹卡罗琳做我的助手。我们高兴地异口同声回答道："好的，船长！"

我们的船名叫"莫德·阿尔德里克"号，是一艘全长约20m的旧帆船，有两根高桅杆、三间卧室和一个小厨房，以及一个淋浴间和一个卫生间。在一个寒冷多云的日子，我们从圣赫利尔港出发，沿着海岸向北航行，经过瑟堡半岛，然后向东前往勒阿弗尔。英吉利海峡风浪汹涌，根本无法在摇晃的厨房里做饭，我们只能吃自带的面包、奶酪和沙拉。

当帆船驶入塞纳河口后，终于开始风平浪静。我们将船帆放下，依靠船的发动机慢慢航行。在此之前，我们所见都是阴暗冰冷的大海。现在终于又可以在河流的两岸看见村庄、房屋和田野，分外觉得亲切。黄昏时分，我们停泊在一个码头，达德利叔叔递给我一些法郎和篮子，让我上岸去买水果、酸奶、欧芹和龙蒿，他说要教我做香草蛋包饭。我忐忑不安地沿着鹅卵石街道走进小镇，心中一直担心自己蹩脚的法语是否够用。镇上的人看见我独自一人，也非常惊奇，当他们了解我的来意后，都热心地帮助我。至今，我还记得那些做厨师的日子：每天很早起床，然后循着法式面包的香气，找到小镇上最早开门的面包店；去菜市场和熟食店买新鲜的蔬菜和好吃的奶酪；挑选成熟的甜瓜、桃子和洋梨。每天，我会做早餐和午餐，晚餐则通常一起出去在河边咖啡店或是餐厅吃。这是一次令人愉快的地中海之旅。如果环游法国，我首推乘船之旅。

在船上，当我慢慢对烹饪有自信后，达德利叔叔教给了我很多简单的菜肴。每当我烹饪成功，他都高兴地笑了。现在，这一切是我最幸福的回忆。

这段时间，虽然我只了解了一些烹饪的基础知识，但却激发了我对每种水果、蔬菜和香草的多种使用性的好奇心。在抵达马赛后，我们周游了戛纳、尼斯、安提布、摩纳哥等地。达德利叔叔曾是英国一家著名烟草公司的继承人，他非常喜欢赌场的繁华和刺激，我们跟着他去了各处的赌场，在那里见到了很多他的朋友，如格蕾丝·凯莉、肖恩·康纳利、阿里斯特雷斯·奥纳西斯等。有时候，他还会带我们去看赌场的夜间秀，受此影响，我开始对唱歌和跳舞充满了兴趣。

航行结束后，我进入了距离伦敦不远的阿斯科特附近一所名为希思菲尔德的小型寄宿学校，学校里有香草园和蔬菜园，在那里我继续学习烹饪知识。小时候，母亲经常让我帮忙去菜园里采摘欧芹、龙蒿和虾夷葱等香草，她喜欢用虾夷葱制作凉土豆汤，用龙蒿制作用来浇在鸡肉上的白酱，或者用迷迭香制作羊排，那是她最喜欢的菜肴之一。在我们家里，平时都由厨师来准备饭菜，但每周1~2次的晚餐会，母亲会亲自下厨。每当这时候，她都专心致志，不希望孩子们打扰她。1964年，母亲第四次结婚，我们成为了一个拥有7个孩子的大家庭。

14岁时，母亲认为我到了应该独立的年龄，于是将伦敦的一套公寓给了我。在那里，我开始挑战不同的食谱和招待朋友。母亲觉得如果想要幸福，就必须和一位贵族结婚。但是，我和母亲很多观点都不同，我有自己的人生规划，我开始阅读西方哲学、东方神秘主义、瑜伽、佛教和赫尔曼·黑塞的著作，试图寻找生命的真正意义。

虽然如此，我还是听从了母亲的安排，以社交新人的身份参加了首场社交舞会。但是我厌恶上流社会的世界，觉得人生无聊莫过如此。我决定离开英国，去寻找自己的人生方向。我想找到一条精神之路，将自己从对日常生活的消极和恐惧中解脱出来。我需要了解自己到底是谁。对我来说，最终的目标是希望能够每时每刻都遵循内心生活。

在前往位于德比附近的凯德尔斯顿庄园向祖父告别时，我参观了设在大厅里的东方美术馆，我曾祖父的哥哥曾担任过6年（1898—1905年）的印度总督，东方美术馆的玻璃柜里所展示的各种印度珍品，大部分都是他在任期间收到的礼物。就在那时，我仿佛听到了印度的召唤。于是回到伦敦后，我卖掉了初次社交舞会所穿戴的珠宝和礼裙。

我听说有一群年轻人打算驾驶一辆旧面包车，从陆路前往印度拜访一位住在德拉敦的12岁的瑜伽大师，就请求加入了他们。沿途我们大都住在村庄里，我负责给大家做饭。这段旅程是我关于香料和香草的启蒙。

我们沿着漫长的土路途经希腊、土耳其、伊朗、阿富汗和巴基斯坦等地。每到一处村庄，当地人都很好奇我们是做什么的。因为所遇到的大多数人都不会说英语，所以当我们询问是否可以就地搭帐篷时，都需要通过手势进行交流。为了减轻村民们的戒备心，我们其中一位成员（通常是年轻的美国牛仔）会拿出吉他，弹唱民谣歌曲，我们也跟着他一起唱。有时，村民们也会跟着打拍或跳舞，甚至有的人还拿出自己的乐器一起演奏。虽然语言不通，但是音乐打破了所有壁垒。当我们在营地里做炖菜和咖喱时，当地人不仅会鼓励我们尝试他们的香草和香料，而且还会给我们拿来面包或馕饼，以及他们自己种的蔬菜或水果。

在这次长途旅行中，我们与沿途的人们，通过食物和音乐聚集在一起。每个国家的风景、文化和美食都是那么不同，但这种变化是渐进的，让我意识到我们其实是多么相似。每天晚上，由于当地食材的不同，炖菜或咖喱的味道也会有所不同。

经历了很多有趣的事情，也经历了很多可怕的事情，一路上风餐露宿，我们终于在10月底到达了印度。在上师门下修习期间，我被称为"不辣"厨师，用印度的香料和香草给来自四面八方追随老师学习的人们制作食物。

虽然，我没有因此成为一名烹饪大师，但是直到今天，我仍然很喜欢为家人和朋友们做饭，尤其是给先生阿正。在大原夏日的傍晚，用菜园里的香草和蔬菜，加入橄榄油和大蒜做一道简单的开胃菜，对我来说，就是告别一天的最好方式。然后和先生阿正一边喝着葡萄酒，一边聊天，则是我最大的乐趣。

Ohara Cottage in the summer.

Love will find a way

花园四季之花

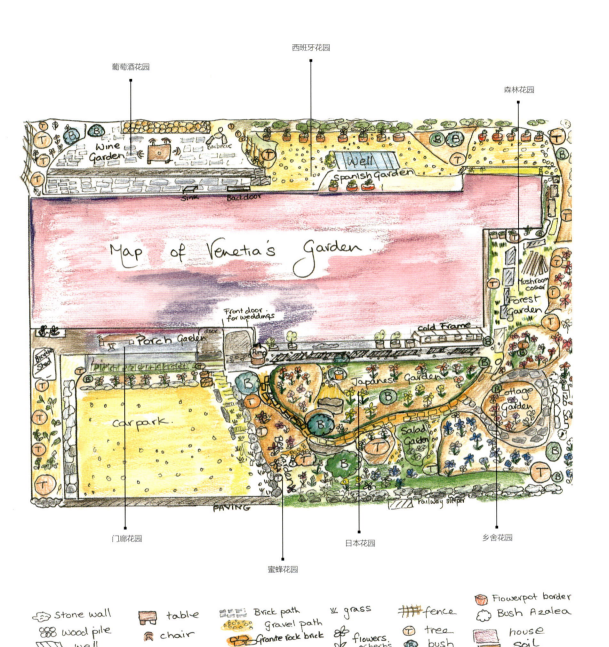

我的种植计划，就是每个花园都四季花朵常开。下面是每个花园具有代表性的花和香草。

春 3—5月

葡萄酒花园
山茶花
郁金香
三色堇
苹果玫瑰
月桂树

西班牙花园
三色堇
天竺葵
茶树
银叶金合欢
葡萄风信子
旱金莲

森林花园
花韭
洋水仙
圣诞玫瑰
野芝麻
贝母
枇杷

乡舍花园
香堇菜
忘都菊
梅花
毛地黄
金盏花
铁线莲
勿忘我
蛇莓
欧石楠
樱桃鼠尾草
迷迭香
日本水仙
番红花
香鸢尾

山茶花
月桂树

日本花园
琉璃苣
柠檬香蜂草
雪滴花
郁金香
三色堇
天竺葵
忘都菊
锦葵
木香
药用鼠尾草
芸香
水仙
蔓长春花
雪滴花
野芝麻

蜜蜂花园
百里香
鱼腥草
迷迭香

门廊花园
樱桃鼠尾草
水仙
立金花
旱金莲
蔷薇

夏 6—8月

葡萄酒花园
栀子花
栎叶绣球
薰衣草
柠檬马鞭草

西班牙花园
百合
三叶黑心菊
天竺葵
虾夷葱
芳香天竺葵
筑紫蔷薇
旱金莲
秋海棠

森林花园
玉簪
藿香蓟
柠檬香茅
枇杷

乡舍花园
忘都菊
风铃草
金盏花
毛地黄
泽兰
铁线莲
马薄荷
佛手柑
牛至
柠檬香蜂草
草地鼠尾草
矢车菊
马鞭草

日本花园
蛇莓
琉璃苣
柠檬香蜂草
茴香
罗勒
天竺葵
芳香天竺葵
松果菊
锦葵
安娜贝拉绣球
皋月杜鹃
药用鼠尾草
佛手柑
肥皂草
芸香
蜀葵
箱根草
忘都菊
鱼腥草

蜜蜂花园
苹果薄荷
普列薄荷
海索草
薰衣草
百里香
藿香蓟

门廊花园
薰衣草
福禄考
蛇莓
樱桃鼠尾草
秋海棠
西洋人参木
三叶黑心菊
新风轮菜
大丽花
啤酒花
蔷薇

秋 9—11 月

葡萄酒花园

木槿
铜色泽兰
茶梅

西班牙花园

无花果
玛格丽特波斯菊
王瓜
秋海棠
茶树
迷迭香
凤梨鼠尾草
三叶黑心菊

森林花园

美洲升麻
香橙（日本柚子）
杜若
枇杷
藿香蓟
茶梅
迷迭香

乡舍花园

除虫菊
波斯菊
三叶黑心菊
花叶随意草
波菊
鬼针草
迷迭香
泽兰
菊花
马薄荷
地榆
藿香蓟
草地鼠尾草

日本花园

钴蓝鼠尾草
随意草
日本银莲花
凤梨鼠尾草
景天
墨西哥鼠尾草
迷迭香
雁金草
泽兰
箱根草
杜鹃草
风雨兰
天蓝鼠尾草
大吴风草
石蒜

蜜蜂花园

苦薄荷
兰香草
藿香蓟
新风轮菜
迷迭香

门廊花园

秋海棠
金线草
新风轮菜
啤酒花

Phlox

冬 12—翌年 2 月

葡萄酒花园

三色堇
茶梅

西班牙花园

三色堇
寒莓
迷迭香

森林花园

柊树
洋水仙
圣诞玫瑰
西洋柊树
迷迭香
朱砂根
草珊瑚
枇杷
茶梅

乡舍花园

香堇菜
迷迭香
洋水仙

日本花园

雪滴草
三色堇
迷迭香
朱砂根
欧报春
草珊瑚

蜜蜂花园

藏红花
兰香草
洋水仙
迷迭香

门廊花园

洋水仙

237

提　示

香草的效用和副作用来自经验与智慧传承，根据临床研究而来的科学证据尚属不足，请理解现状后阅读本书，特别是用香草做治疗时，对妊娠、哺乳期妇女及婴幼儿、高龄人士或正在接受疾病治疗的人士，可能产生意想不到的副作用，必须提前向医生咨询。

图书在版编目（CIP）数据

人生的花园：英国贵族凡妮莎奶奶的四季之庭 /
（英）凡妮莎·斯坦利·史密斯 著 :（日）梶山正摄 : 药草花园译
北京：中国林业出版社，2024.7.-ISBN 978-7-5219-2748-1
I.S6
中国国家版本馆 CIP 数据核字第 2024WD9436 号

VENETIA NO NIWA-DUKURI =
Venetia's gardening Diary: Herb to Kurasu 12KAGETSU by Venetia Stanley Smith
Copyright©Venetia Stanley Smith, Tadashi Kajiyama, 2013.
All rights reserved.
Original Japanese edition published by Sekaibunka Holdings Inc., Tokyo.

This Simplified Chinese language edition is published by arrangement with
Sekaibunka Holdings Inc., Tokyo in care of Tuttle-Mori Agency, Inc., Tokyo
through Future View Technology Ltd., Taipei

人生的花园——英国贵族凡妮莎奶奶的四季之庭

著者：【英】凡妮莎·斯坦利·史密斯
摄影：【日】梶山正
译者：药草花园

出版发行：中国林业出版社（100009 北京市西城区刘海胡同 7 号）
电话 :010-83143565
印刷 : 鸿博昊天科技有限公司
版次 :2024 年 8 月第 1 版
印次 :2024 年 8 月第 1 次
京权图字 :01-2024-2553
开本 :170mm x240mm 1/16
印张 :15
字数 :200 千字
定价 :98 元